科学出版社"十四五"普通高等教育本科规划教材

植保生物技术
（第二版）

易图永　李　魏　王　冰　主编

科学出版社
北京

内 容 简 介

本教材共 6 章,分别介绍了植物保护与生物技术、植物组织培养技术在植物保护上的应用、基因工程技术在植物保护上的应用、微生物发酵技术在植物保护上的应用、分子检测技术在植物保护上的应用及高通量测序技术在植物保护上的应用。

本教材可作为植物保护专业本科生和研究生的选用教材,也可供作物学、园艺学、生物学等相关专业的研究生、教师和科技工作者参考。

图书在版编目(CIP)数据

植保生物技术 / 易图永,李魏,王冰主编. —2 版 —北京:科学出版社,2023.3

科学出版社"十四五"普通高等教育本科规划教材

ISBN 978-7-03-074113-4

Ⅰ.①植… Ⅱ.①易… ②李… ③王… Ⅲ.①植物保护-生物工程 Ⅳ.①S4

中国版本图书馆 CIP 数据核字(2022)第 233427 号

责任编辑:张静秋 赵萌萌 / 责任校对:严 娜
责任印制:张 伟 / 封面设计:无极书装

科 学 出 版 社 出版
北京东黄城根北街 16 号
邮政编码:100717
http://www.sciencep.com

北京科印技术咨询服务有限公司数码印刷分部印刷
科学出版社发行 各地新华书店经销
*

2007 年 8 月第 一 版 开本:787×1092 1/16
2023 年 3 月第 二 版 印张:12 1/2
2025 年 1 月第六次印刷 字数:328 000
定价:49.80 元
(如有印装质量问题,我社负责调换)

《植保生物技术》（第二版）编写委员会

主　编　易图永　李　魏　王　冰

副主编　周　倩　羊　健

编写人员（以姓氏拼音为序）

崔江宽	河南农业大学	贺华良	湖南农业大学
李　魏	湖南农业大学	刘清波	湖南农业大学
石　力	湖南农业大学	宋　娜	湖南农业大学
王　冰	湖南农业大学	王　悦	湖南农业大学
王运生	湖南农业大学	薛　进	湖南农业大学
羊　健	宁波大学	易图永	湖南农业大学
钟　杰	湖南农业大学	周　倩	湖南农业大学
周泽华	湖南农业大学	朱宏建	湖南农业大学

　　植物保护学科是在人类长期与植物有害生物进行斗争的过程中发展起来的一门综合性学科，主要研究植物有害生物的分类鉴定、生物学特性及其发生消长规律，并对其进行预测、预报和综合治理。新兴的生物技术在近几十年里迅猛发展，应用越来越广泛，与多个学科形成交叉。植物保护学科的发展促进了生物技术的进步，二者相互促进、共同发展，交叉融合形成了植物保护生物技术这一新型交叉学科。植物保护生物技术是植物保护领域的师生、科研人员，乃至相关农技人员、海关人员等群体需要掌握的一门实用性、操作性很强的专业基础学科。然而，除《植保生物技术》第一版外，国内并没有系统、全面阐述植物保护生物技术基本内容和最新进展的教材。由于该领域近十几年的快速发展，新技术、新方法和新研究不断涌现，因此，对该教材第一版进行与时俱进的重新编写和更新很有必要，也是一项非常有意义的工作。

　　《植保生物技术》（第二版）由湖南农业大学、宁波大学和河南农业大学从事植物保护与生物技术的教学、科研人员分工协作、精心编写而成，其内容覆盖面广，介绍了植物保护与生物技术的产生、发展概况及相互推动作用，重点阐述了植物组织培养、基因工程技术、微生物发酵技术、分子检测技术、高通量测序技术在植物保护上的应用。各章节素材与案例丰富，关于各项生物技术的基本原理、操作步骤和应用情况阐述翔实，既包括了沿用至今的经典内容，又更新、增加了当下相关领域研究的新技术、新趋势。该教材可供植物保护、农学、生物工程专业本科生和研究生学习、实践与科研参考，期望该教材在我国植物保护生物技术的教学与科研过程中发挥重要的促进作用。

中国工程院院士　陈剑平

2023 年 3 月

近年来生物技术取得了飞速发展，逐渐成为科技革命和产业变革的核心，极大推动了农业、工业、医学、食品、能源等多学科与领域的发展，给人类社会带来巨大效益。基因组的研究由"结构基因组"向"功能基因组"转变，各类高通量研究的组学发展迅速，挖掘、利用优良基因进行分子育种取得了诸多重大突破，在解决人类所面临的粮食安全、环境恶化、资源匮乏等问题上发挥着巨大作用。

随着我国实现全面脱贫和实施乡村振兴战略，中华民族比以往任何时候都更加接近国际舞台的中心。我国以占世界面积9%的耕地、6%的淡水资源，养育了世界近1/5的人口，把中国人的饭碗牢牢地端在了自己手中，其中植物保护技术对于保障粮食生产安全与产量、维持国家与社会稳定做出了重要贡献。经过近十年努力，植保技术逐渐向绿色、环保、安全的方向发展，我国已全面跨入绿色植保技术的新时代。将植保技术与现代生物技术进行有机结合，可充分发挥植保生物技术的优势，保障农业生产尤其是种业安全，加速推进我国生态文明建设。

《植保生物技术》（第二版）在保持第一版风格的基础上，充分考虑现代植物保护技术与现代生物技术的最新发展，体现了学科发展和行业的最新变化与趋势。全书共分六章，分别介绍植物保护与生物技术、植物组织培养技术在植物保护上的应用、基因工程技术在植物保护上的应用、微生物发酵技术在植物保护上的应用、分子检测技术在植物保护上的应用和高通量测序技术在植物保护上的应用。第一章由易图永组织编写，参编人员为易图永、崔江宽、宋娜；第二章由刘清波组织编写，参编人员为刘清波、周倩、钟杰；第三章由李魏组织编写，参编人员为李魏、王冰、羊健、宋娜；第四章由易图永组织编写，参编人员为易图永、朱宏建、贺华良、薛进；第五章由李魏组织编写，参编人员为李魏、石力、王悦、周泽华；第六章由王运生组织编写，参编人员为王运生、周倩。

本书在编写过程中得到了湖南农业大学、宁波大学、河南农业大学的大力支持，在此深表感谢！由于编者水平有限，疏漏之处在所难免，敬请读者批评指正。

编　者
2023 年 3 月

目 录

第一章

植物保护与生物技术

植物保护学科是研究植物有害生物的分类鉴定、生物学特性及其发生消长规律，并对其进行预测、预报和综合治理，以保证植物健康生长的一门科学。它的任务主要是控制各种农林作物和野生植物上的病、虫、草、鼠害，确保农业生产、林业生产及生态环境安全。现代植物保护学科的总趋势是朝着微观、宏观两个方向发展，在宏观指导下进行微观研究，并将微观资料进行宏观分析和处理，不断发展病虫治理新理论和新技术。在宏观方面，应用生态学和系统工程学的原理和方法建立农业生态系统中病、虫、草、鼠害监控决策体系；在微观方面，以分子生物学和基因工程的理论与技术为基础对病虫灾变机制进行研究和分析，并为决策提供依据。21 世纪植物保护学科的发展必将为建立有利于提高农业的综合生产能力、有利于保护生物多样性、有利于控制环境污染和节约能源的植物保护技术提供理论知识和技能，并通过农业生态系统的有效调控，提高农作物生物灾害控制工作的系统性、综合性、科学性和可持续性，为农业的可持续发展和生态环境的保护提供保障。

生物技术是指人们以现代生命科学为基础，结合其他基础科学的科学原理，采用先进的科学技术手段，按照预先的设计改造生物体或加工生物原料，为人类生产所需产品或达到某种目的的技术方式。生物技术是对微生物、动植物等多个领域的深入研究，利用新兴技术对物质原料进行加工，从而为社会服务提供产品。生物技术是 20 世纪 70 年代初在分子生物学、细胞生物学等学科的基础上发展起来的一门综合性的科学技术，主要包括转基因育种技术（基因工程）、组织培养技术（细胞工程）、微生物发酵技术（发酵工程）等。现代生物技术以分子生物学、细胞生物学、微生物学、免疫学、遗传学、生理学和系统生物学等学科为支撑，结合了化学、化工、计算机和微电子等学科，从而形成了一门多学科互相渗透的综合性学科。

植保生物技术是以上这两门学科交叉而形成的一门新学科。

第一节 植物保护学科的发现对生命科学的影响

最先发现的植物病毒——烟草花叶病毒（Tobacco mosaic virus，TMV）后来成为了生命科学研究的模式工具。此外，植物病理学家还发现了可转移到植物基因组中，随同植物 DNA 一同复制和表达的转移 DNA（T-DNA）和五大激素之一的赤霉素。

一、发现烟草花叶病毒——病毒域的首个成员

1898 年，荷兰代尔夫特理工大学的微生物学教授贝叶林克（Beijerinck）报告了烟草花叶病的病原是一种可通过细菌过滤器的传染性"活"液，能在活体内"繁殖"，因而不是毒素，也不同于小型微生物，是一类全新的分子生物，从而改写了生物的定义，并实质上促进了病毒学的诞生。1993 年在苏格兰召开了一次国际病毒学大会，正式将 1898 年定为病毒学诞生年。在此之前，曾有其他研究者也做了大量工作，其中以迈尔（Mayer）和伊万诺夫斯基（Ivanovski）的研究最为有名。

（一）迈尔发现烟草花叶病有传染性

19 世纪末，烟草在荷兰已大面积种植，但烟草的生产受到花叶病的严重阻碍，甚至有些土地因为花叶病而不能继续种烟草。迈尔是荷兰瓦格宁根农业试验站站长，他首先分析了病株和健株的化学组成，分析了病株周围的土壤和线虫及光、温、肥，尝试了鉴定病原，结果排除了营养因素、动物因素和环境因素。后来，他将患有花叶病的烟草植株的压榨液用毛细管吸取后接种到室外生长的无病烟草植株的叶和茎上，几周后观察到后者发病，从而首次证明了烟草花叶病有传染性。1886 年他发表了研究结果，将此病命名为"烟草花叶病"，并详细描述了症状。

接下来，迈尔尝试遵循科赫法则来鉴定病原。科赫法则有 4 条：一是只要有某种疾病发生就必有某种微生物存在；二是能从生病的生物体分离到这种微生物并得到纯培养物；三是用分离纯化的微生物接种到同种生物的无病个体上能重现疾病的症状；四是从接种后生病的生物体再次分离到同种微生物。当时，要证明一种疾病的病原，这 4 条都必须满足。虽然迈尔成功地从研磨液中分离和培养了微生物，但分离到的微生物没有一个在接种健株后可重现病害症状。他又试着用大量的已知细菌和动物粪便、变质奶酪、腐败的豆类来接种，结果无一成功。对他来说，病原只剩两个可能：一是酶；二是某种微生物。他觉得病原是酶的说法是荒谬的，因为酶不能自我复制。然后他用双层滤纸将病株研磨液过滤，再接种到健株上，发现过滤液可传病，排除了真菌因素。而过滤液经多次过滤得到的"清液"不能传病，因此他认为病原是一种细菌。尽管迈尔对病原做出的结论是错误的，但他的名字应该留在病毒这一分子生命发现史的丰碑上，因为他发现了烟草花叶病有传染性。迈尔活到了 1942 年，这使他有机会看到了病毒学现代理论发展，包括 1935 年斯坦尼（Staney）对烟草花叶病毒的提纯。迈尔的发现及他研究病原的方法给后来伊万诺夫斯基和贝叶林克的研究以启示。

（二）伊万诺夫斯基发现烟草花叶病的病原可通过细菌过滤器

伊万诺夫斯基是俄罗斯植物病理学家，他于 1892 年在圣彼得堡向俄罗斯科学院提交了简短报告，对迈尔的烟草花叶病病原可通过双层滤纸的发现表示怀疑。他用张伯伦（Chamberland）氏滤菌器（可最终阻止细菌的过滤器）做了大量试验，得到的结果让他惊讶不已——过滤液始终可以传病。他一开始怀疑是不是过滤器有问题，通过对过滤器进行检查，发现过滤器没有问题，排除了细菌病原。于是他得出了烟草花叶病是由细菌分泌的毒素引起或者是由一种可通过细菌过滤器的细菌引起的结论。他说："根据当今流行的观点，对我来说，假设细菌分泌且溶解在滤液中的毒素引起花叶病，是最简单不过的解释。但是还可以有一种同等可接受的解释，即烟草植株上的细菌透过了细菌过滤器的孔口，即使每次试验我都检查了过滤器，并确认过滤器没有漏洞和缺口"。

伊万诺夫斯基于 1903 年发表了关于烟草花叶病的最终报告，详细报告了对病组织细胞中发现的两类内含体的显微镜观察，以及在培养病原的尝试上所做的大量无效劳动。尽管贝叶林克已经在 1898 年发表了病原病毒说的论文，但受当时盛行的巴斯德细菌病原说影响，伊万诺夫斯基的最终结论是烟草花叶病的病原是一种不可培养的细菌，十分遗憾，他与病毒的发现失之交臂。

（三）贝叶林克发现烟草花叶病的病原为传染性"活"液并命名为"病毒"

在迈尔研究烟草花叶病毒时，贝叶林克也在荷兰瓦格宁根工作。1885 年迈尔给贝叶林克看了他的试验结果，但贝叶林克在寻找引致花叶病的微生物方面也无能为力。贝叶林克接着转向研究土壤细菌，1887 年发现了根瘤细菌，接着他又继续研究烟草花叶病，他试着改用烧结石过滤器来过滤，结果过滤液仍有传染性；他试着寻找其中的微生物，不仅做了好氧菌的分离，也做了厌氧菌的分离，结果表明过滤液是无菌的；他又用一滴病株榨取液接种健株，再取接种后发病的植株榨取液接种新的健株，经多次循环后，发现这一滴病株榨取液可传染无数植株。由此他猜想病原在病株中自制了它自己，是一种传染性"活"液。为了证明病原不是一种细菌，他做了一个琼脂扩散试验，让病株榨取液在较高浓度的琼脂胶平板上扩散，结果致病因子在 10 天内扩散了至少 2 mm，说明病原不是细菌，而是一种液体或是可溶性的物质。他还发现病原在 3 个月的试验中很稳定，提取物的致病力既没有降低，也没有增加，进一步证明了其不是细菌；病原在叶组织干燥后仍然是活的，侵染强度不减；提取液加热到 90℃可使病原失活。1898 年，贝叶林克发表了著名的题为"Ueber ein contagium vivum fluidum als Ursache der Fleckenkrankheit der Tabaksblätter"（"Concerning a Contagium Vivum Fluidum as a Cause of the Spot Disease of Tobacco Leaves"）的论文，在这篇论文中，他将病原称为"virus"（病毒）。病毒学由此诞生。

二、发现马铃薯纺锤形块茎类病毒——类病毒域的首个成员

1971 年美国植物病理学家迪纳（Diener）报告，将患有马铃薯纺锤形块茎病的植株通过多种化学方法提纯，发现了一种比病毒还小的病原生物，这种病原生物没有蛋白质外壳，仅含有一个分子量很小的环状 RNA。迪纳将其称为类病毒（viroid）。从此宣告了一种新分子生物的诞生。

1971 年前盛行的科学教义是一种没有蛋白质的生物是不可能自发自制的，即便有宿主细胞的帮助。科学家还相信侵染所需的最小分子量是 100 万，一个像马铃薯纺锤形块茎类病毒（PSTV）那样小的实体（分子量为 130 000）不可能侵染任何生物，即使是马铃薯。不过，这个科学教义对迪纳没有什么影响，他还是非常认真地证明了类病毒确实存在，为此他付出了整整 6 年的艰辛劳动。

最早研究马铃薯纺锤形块茎病的是美国植物病理学家雷默（Raymer），20 世纪 60 年代早期，他在位于美国马里兰州贝尔茨维尔（Beltsville）的美国农业研究局（ARS）马铃薯病害研究室工作，并启动了发现类病毒的研究计划。在研究中他遇到了一个难题，马铃薯纺锤形块茎病在马铃薯中要过几年才显示症状，许多试验的结果出来得很慢。后来，雷默和他的同事植物病理学家穆里尔（Muriel）发现这种未知的病原容易在番茄中传染，只要 2 周时间番茄植株就会明显矮化。于是，他们改用番茄作为生物测定和繁殖寄主，方便提取马铃薯纺锤形块茎病的病原。有了这种方法，就可很快得到大量的病叶，可以用提纯病毒的高速离心法提取病原。但是用这种方法得到的病原很少使健株发病，显然该病原不是一种典型的病毒。带着困惑，雷默来到了迪纳的办公室，并从 1965 年开始合作。一年后，他们基本认定此病是由一

种病毒造成。然后他们试用了 ARS 化学家发明的一种不同的离心方式，即密度梯度离心，这种方法证明该病原小且轻。因此迪纳认为病原不可能是一种传统的病毒核蛋白，更有可能是一种游离核酸。迪纳和雷默接着做了酶化学试验，用 RNA 酶处理番茄病叶的提取液，去除 RNA，结果发现处理液不能像酶处理前那样侵染健康番茄，而用 DNA 酶和蛋白酶处理则不影响侵染番茄的能力。结果表明病原是一种 RNA，不含蛋白质。

1966 年，就在类病毒即将发现的这个关键时刻，雷默离开实验室到一家私人企业工作。迪纳又花了 5 年时间分离病原并研究其特征，核实他做过的试验，填补漏洞，准备应对怀疑论者的挑战。1971 年，迪纳正式在《病毒学》（*Virology*）上发表了他的研究结果，题目为 "Potato spindle tuber 'virus'. Ⅳ. A replicating, low molecular weight RNA"，文中将病原称为 "viroid"（类病毒）。他的理论的确遇到了阻力，阻力主要是来自不熟悉他先前所做工作的动物病毒学家和医学研究者，但他准备充分，证据极具说服力。大致在同一时间，另一个项目组在另一种病害的研究中报告了类似的发现。自此，类病毒的存在得到了公认。目前只在植物体内发现类病毒。

第二节　植物保护学科对生物技术的推动作用

一、对转基因育种的推动作用

（一）植物病原的核酸序列成为植物转化的载体

T-DNA 的发现使人们联想到可利用其对植物进行转化。不过，用天然 Ti 质粒作载体有四大缺点：①分子量太大；②限制性酶切位点太多；③被转化的植物细胞生成肿瘤而不分化；④在大肠杆菌中不能复制，不便于操作。后来，有人试图将 Ti 质粒分解成两个质粒：一个是 T-DNA 区以外的部分，含有 vir 区和土壤杆菌内复制起点，是一个大质粒，约 170 kb；另一个是 T-DNA 区加上土壤杆菌内复制起点，是一个小质粒。将两个质粒单独或组合转化无质粒的土壤杆菌，结果只转入一个质粒的不能引发癌肿，而同时转入了两个质粒的菌系可引发癌肿。将小质粒上 T-DNA 区内的生长素合成酶基因、细胞分裂素合成酶基因及根癌碱合成酶基因去掉，保持了 T-DNA 的左边界和右边界，另外加上选择标记基因、供外来基因插入的多克隆位点和大肠杆菌复制起点，得到的载体被称为双元载体（binary vector）。

花椰菜花叶病毒（Cauliflower mosaic virus，CaMV）能引起花椰菜等植物的花叶病，该病毒是一种双链 DNA 病毒，大小为 7.8～8.1 kb。花椰菜花叶病毒可用作基因工程的载体，其主要有三大优点：①该病毒是一个比较小的双链 DNA，便于体外操作；②克隆的病毒 DNA 可以通过摩擦接种侵染植物；③病毒可分布到整个植物中，并在大部分细胞中达到较高复制水平。但一方面花椰菜花叶病毒载体承载插入片段的能力有限，只能插入很小的片段；另一方面花椰菜花叶病毒的寄主范围非常窄，主要是十字花科芸薹属植物，如芜菁、甘蓝和花椰菜等，无法应用于经济意义较大的单子叶作物。所以花椰菜花叶病毒作为克隆载体还需要进一步改造。

（二）植物病原的核酸序列成为抗病基因工程中的目的基因

烟草野火病菌毒素（tabtoxin）是由烟草野火病菌（*Pseudomonas syringae* pv. *tabaci*）等产

生的一种非寄主专化性毒素，对植物、动物、藻类和细菌都有毒，但本身不受毒害。该毒素通过不可逆地抑制谷氨酰胺合成酶的活性，使受侵染植物不能解氨毒而在受侵染部位形成黄晕，最终叶片褪绿。后来发现烟草野火病菌具有一种解毒酶，将编码此酶的基因导入烟草中，转基因烟草能够抗野火病菌毒素。

此外，病毒的衣壳蛋白基因、复制酶基因等也被导入植物中育成抗病毒的品种。转衣壳蛋白基因得到抗病毒植物品种的机制：转基因植物表达病毒衣壳蛋白，干扰了病毒侵染时的脱衣壳，病毒的核酸不能外露，也就无法复制和翻译。通过转基因技术，烟草花叶病毒（TMV）、黄瓜花叶病毒（CMV）、烟草脆裂病毒（TRV）、大豆花叶病毒（SMV）、苜蓿花叶病毒（AMV）、水稻条纹病毒（RSV）、马铃薯 X 病毒（PVX）和马铃薯 Y 病毒（PVY）等 30多种植物病毒的外壳蛋白基因已被克隆并导入番茄、烟草和马铃薯等十多种双子叶植物中。美国夏威夷大学育成的转病毒衣壳蛋白的番木瓜能有效抗病毒病，已被美国政府批准种植。还有转病毒衣壳蛋白基因的南瓜等作物也已登记为品种。此外，使用病毒复制酶基因作为目的基因转化植物可干扰病毒的复制，如将 PVX 完整的复制酶基因片段及其氨基末端区导入番茄，则番茄的抗病毒侵染能力会显著增强。

（三）植物病原的核酸序列用作目的基因的启动子和终止子区

在植物基因工程中用得最多的启动子是双链 DNA 病毒花椰菜花叶病毒（CaMV）35S 启动子，转录产物 RNA 分子的沉降系数为 35S。该启动子在大多数植物的几乎所有发育阶段、所有组织中高效表达，具有持续性，不表现时空特异，因而被广泛用于构建转基因作物，如玉米、棉花、大豆和番茄等。该启动子在大多数植物细胞内都能启动外源基因的组成性强表达。据报道，80%～85%的转基因植物的构建使用花椰菜花叶病毒 35S 启动子。CaMV 基因组呈环状（图 1-1），大小约为 8 kb，含有 7 个可读框（ORF），双链 DNA 上有 3 个缺刻，1 个（Δ1）在负链上，另外 2 个（Δ2 和 Δ3）在正链上。35S RNA 是大于基因组长度的转录本，它可以进一步作为子代病毒 DNA 合成的模板，以及编码合成大部分病毒蛋白质。

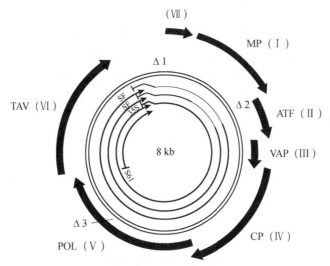

图 1-1　花椰菜花叶病毒的基因组

图中罗马数字为 ORF 序号。MP. 细胞间运动蛋白；ATF.蚜虫传染因子；VAP.与病毒粒体相联系的蛋白质；CP.衣壳蛋白；POL.蛋白酶、逆转录酶、RNA 酶 H 等；TAV.反式激活酶；ORFⅦ的功能未知

根癌土壤杆菌 Ti 质粒 T-DNA 区的胭脂碱合成酶基因的终止子区常被用作目的基因的终止子区。据报道，以编码新城疫病毒融合蛋白（NDV-F）基因为外源基因，与玉米泛素蛋白（Ubi）启动子和农杆菌胭脂碱合成酶基因（*NOS*）终止子组合成嵌合基因，可构建适于农杆菌介导转化水稻的表达质粒 pUNDV。

二、对植物细胞工程的推动作用

首先，植物病理学对细胞工程的最大贡献是发现了植物的顶端分生组织不存在病毒，从而可以通过茎尖分生组织培养的方法脱去病毒，得到无病毒的良种。贝尔肯格伦（Belkengren）和米勒（Miller）最早应用组培法获得了草莓无病毒苗，如脱番茄斑萎病毒（TSWV）、脱黄瓜花叶病毒（CMV）及脱菊花 B 病毒（CVB）的再生苗等，脱毒后的植株产量和品质都有一定提高，病害发生率下降。例如，甘薯脱毒后，体内淀粉含量与未脱毒时相比提高了51.91%；怀地黄脱毒后，增产幅度在 77.35%以上，药用成分梓醇含量提高了 32.90%；草莓脱毒后，其果实发病率从 17.33%降低到 2.66%。此外，茎尖培养法可以获得无病毒草莓苗和蝴蝶兰苗，且发现在添加 30 mg/L 的三氮唑核苷进行化学抑制病毒的处理后，可使脱毒率提高 22.30%。

其次，植物病原毒素是致病性决定因子，或与植物主要症状有关，因此可以通过在组织培养过程中添加毒素对愈伤组织进行筛选，得到耐毒素且抗病的再生植株。该策略已得到大规模应用，如培育出了抗黑胫病烟草品种、抗赤霉病小麦品种、抗疫病辣椒品种和抗根腐病苜蓿品种等。通过禾谷镰刀菌毒素胁迫筛选抗镰刀菌毒素变异细胞系，为小麦抗赤霉病细胞工程定向改良提供了有效的方法。利用甲基磺酸乙酯（EMS）和强致病炭疽菌 Nj-2 的粗毒素为筛选压力进行诱变，成功获得了抗草莓炭疽病的草莓突变体。

三、对发酵工程的推动作用

（一）发现赤霉素的推动作用

赤霉素是日本植物病理学家研究水稻恶苗病时发现的，现已从真菌和植物组织中发现了136 种赤霉素，并按照赤霉素被发现的时间依次命名为 GA1～GA136，其中具有生理活性的只有 GA1、GA3、GA4 和 GA7，其余类型属于活性赤霉素的前体物质或非活性代谢物。赤霉素是五大植物激素之一，最突出的作用是促进细胞伸长，在促进多种作物的生长发育、提高产量及杂交水稻制种等方面都有明显作用；可打破休眠，能促进马铃薯、水稻、麦和蔬菜种子萌发；具有拮抗脱落酸的作用，故能提高柑橘、苹果、梨、山楂、枣和核桃等果树的坐果率，防止落果；能诱导无籽果实形成，促进柑橘、葡萄、枇杷、猕猴桃、草莓、番茄和梨等果实膨大，提高果实品质；能诱导开花，如促进茶花、牡丹、水仙、含笑、茶梅和杜鹃等花卉植物开花；延缓衰老及保鲜，在生产上可通过喷施赤霉素溶液延缓黄瓜、西瓜和蒜薹等果蔬衰老，起到保鲜的作用；能刺激 α-淀粉酶形成，促进大麦胚乳内淀粉水解，因而在啤酒生产中制备麦芽时，可用于活化麦芽中 α-淀粉酶和提高其含量。我国是赤霉素的生产大国，生产厂家接近 50 家，部分统计结果显示，每年国内自销的赤霉素总量超过 100 t，同时每年也有近 200 t 的赤霉素出口世界各地，直接产生近 10 亿元的经济价值。

（二）发现苏云金芽孢杆菌杀虫效果的推动作用

1901 年日本细菌学家石渡繁胤（Ishiwata）从一个家蚕养殖场患有猝死病的家蚕虫体中分离到一种细菌。1911 年德国植物保护学家伯林纳（Berliner）发现这种细菌对地中海粉螟有杀灭作用，并根据发现地德国小镇图林根（Thuringia）的名字将此菌定名为苏云金芽孢杆菌（*Bacillus thuringiensis*，*Bt*），他还于 1915 年发现 *Bt* 有类似于孢子的内含体（即现在所说的芽孢）的存在。20 世纪 20 年代后期 *Bt* 首次用作杀虫剂，1961 年在美国作为杀虫剂首次登记。现已鉴定出 67 种以上的 *Bt* 亚种，一些亚种已商品化应用。其中，库斯塔克（*kurstaki*）亚种防治各种鳞翅目害虫；以色列（*Israelensis*）亚种对蚊子、黑蝇有效；拟步甲（*tenebrionis*）亚种（曾用名圣地亚哥亚种）对某些甲虫（如叶甲）和棉铃象甲有效；日本（*Japonensis*）亚种对某些金龟子有效；鲇泽（*aizawai*）亚种用来防治蜂巢中的蜡蛾幼虫。*Bt* 的杀虫活性成分主要是一种名为 δ-内毒素的杀虫晶体蛋白质（insecticidal crystal protein，ICP），该蛋白质由伴孢晶体形态 *cry* 基因编码，例如，*cry1* 型基因编码菱形晶体（图 1-2），*cry2* 型基因编码立方形晶体，*cry3* 型基因编码方形晶体，*cry4* 型基因编码无定形晶体，*cry8* 型基因编码球形晶体等。

图 1-2　苏云金芽孢杆菌产生的菱形晶体毒蛋白扫描电镜图

cry 蛋白主要针对鳞翅目（蝴蝶和蛾类）、鞘翅目（甲虫和象鼻虫）与双翅目（苍蝇和蚊子）昆虫；然而，有报告称其对膜翅目昆虫（黄蜂和蜜蜂）与线虫也具有毒性。截至 2018 年底，全球共克隆得到 17 个 *cry3* 类基因和 60 个 *cry8* 类基因，它们对金龟总科（Scarabaeoidea）、象甲科（Curculionidae）等多种鞘翅目害虫具有杀虫活性。近年来，从苏云金芽孢杆菌中克隆到的 *cry3Aa* 基因是一种新的对鞘翅目昆虫有高毒力的基因。苏云金芽孢杆菌是目前世界上用途最广、产量最大的微生物杀虫剂，我国已有二十多家企业登记了三十多个产品，年产量达 3 万 t。我国针对苏云金芽孢杆菌伴孢晶体相关应用的研究起步相对较晚。曹骥于 1955 年在从法国引进的商品制剂中分离到苏云金芽孢杆菌，并在实验室内制备了防治玉米螟的菌剂，具有良好效果。1959 年，刘筼乐将分离到的苏云金芽孢杆菌在实验室条件下进行培养扩繁，大量制备成用于杨扇舟蛾、菜粉蝶、松毛虫生物防治的菌剂，效果显著。1996 年，我国自主研发的转基因抗虫棉开始示范推广种植，目前我国国产抗虫棉的种植面积已占全国抗虫棉种植面积的 95%，在很大程度上缓解了棉铃虫为害的问题，带来了巨大的经济效益。中国农业科学院植物保护研究所研制的苏云金芽孢杆菌 G033A 对鳞翅目、鞘翅目叶甲科害虫均具有较高毒力，2020 年 11 月获批登记用于草地贪夜蛾的防治，在安徽宣城、河南新乡和广西南宁等地进行了春玉米、夏玉米和秋玉米草地贪夜蛾防治田间应用，整体防治效果达到 80% 以上。

（三）发现植物病原产黄原胶的推动作用

黄原胶也称黄单胞胶，是 20 世纪 50 年代由美国农业部北方区域研究所的科学家从野油菜黄单胞菌（*Xanthomonas campestris* pv. *campestris*）中发现的。1960 年首次工业化生产，1964 年进入市场，美国食品药品监督管理局于 1969 年批准其用于食品，随后在 1974 年得到联合国粮食及农业组织/世界卫生组织标准委员会（FAO/WHO specification）批准。2021 年欧盟食品安全局（EFSA）对黄原胶作为所有动物饲料添加剂的安全性和有效性进行评估，在建议使用的条件下，黄原胶被认为是动物饲料中有效的稳定剂和增稠剂。

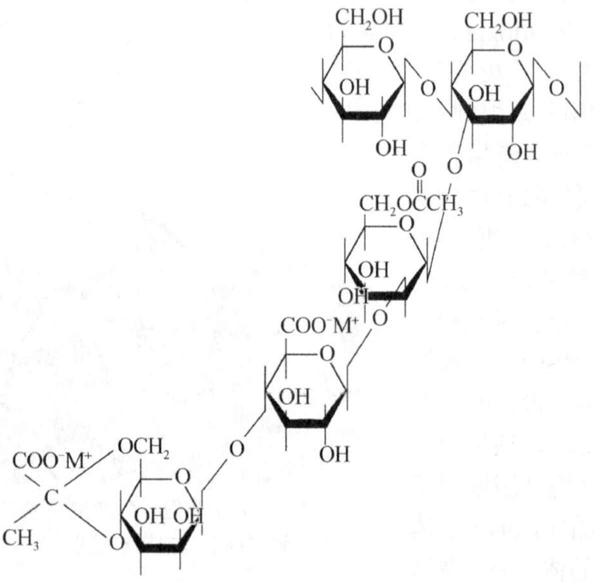

黄原胶特殊的分子结构（图 1-3）使其具有良好的水溶性、增黏性、假塑性，耐酸碱、盐、酶解和高温性，同时又与其他物质具有很好的相容性，在制药工业、食品工业、石油纺织和建材工业都得到广泛应用。

黄原胶具有高分子量、pH 稳定、生物相容性和凝胶特性等优良性能，因此可制备成水凝胶、微乳、纳米颗粒等用于药物的包装传递和定点控释，在稳定载药颗粒方面有着巨大优势。比较相同条件下制得的黄原胶-谷蛋白和果胶-谷蛋白乳剂显示：含黄原胶的乳液在高 NaCl 浓度下可以保持稳定，而含果胶的乳液仅在低盐水平下才稳定。通过添加黄原胶构建核-壳纳米颗粒可以有效解决 pH 1.2 时虫胶聚集的问题。此外，黄原胶在药物的缓释和控释方面也有非常不错的表现，定向释放 omega-3 不饱和脂肪酸的黄原胶微球和凝胶，能够有效抑制人体内结肠癌细胞的生长能力。

图 1-3　黄原胶的分子结构

（四）发现植物病原产果胶酶的推动作用

果胶酶是能降解果胶物质的一类酶的总称。果胶酶基于其作用机制可分为三大类：①原果胶酶，使不溶性原果胶水解成水溶性果胶；②去酯化酶，通过多链机制起作用水解底物的特定基团；③果胶裂解酶，通过反式消除作用切割 α-1,4 糖苷键，降解去甲酯化果胶产生寡聚糖。根据其作用位点，它们还可以分为在果胶的内部连接处随机切割的内果胶酶和在长链多糖的外部单元处切割的外果胶酶。根据生产部位可以分为胞外的、很容易从培养基中提取的胞外果胶酶和在细胞内产生的、保留并发挥作用的胞内果胶酶。根据它们在不同温度下的应用，还可分为嗜温性果胶酶、嗜冷性果胶酶和嗜热性果胶酶。根据在不同 pH 下的应用，可以分为酸性果胶酶或碱性果胶酶。这些果胶酶可能来自微生物或其他生物，如植物、线虫和昆虫。50%的果胶酶由真菌和酵母产生，35%来自细菌，其余 15%来自植物或动物。产果胶酶的植物病原细菌主要是果胶杆菌属（*Pectobacterium* spp.），产生的酶主要是果胶酸裂解酶（Pel）。例如，迄今已报告的菊果胶杆菌（*P. chrysanthemi*）产生的果胶酶有 PelA、PelB、PelC、PelD、PelE、PelI、PelL、PelX、PelZ 共 9 种，除 PelX 为外切酶外，其余均为内切酶。胡萝卜软腐果胶杆菌（*P. carotovorum*）除产生果胶酸裂解酶外，还产生果胶裂解酶（Pnl）。产果胶酶的植物病原真菌主要是曲霉菌（*Aspergillus* spp.）和灰霉菌（*Botrytis cinerea*）。黑曲霉（*Aspergillus niger*）通常被认为是安全的，而且它的代谢物在性质上无毒，具有良好的经济效益。塔宾曲霉（*Aspergillus tubingensis*）是一种突变果胶酶产生菌，在较短的发酵时间内具有较高的酶活性。目前人们还使用昆虫来生产果胶酶，它们在工业中可充当新的替代来源。近年，从甘蔗象甲（*Sphenophorous levis*）的基因组和转录组中获得了两种昆虫果胶酶——甘蔗象甲果胶甲酯酶（Sl-PME）和甘蔗象甲果胶内切酶（Sl-EPG），可在毕赤酵母中表达，它们是工业上高效的果胶酶生产者。果胶酶在食品、动物饲料、纺织、造纸和燃料等行业都有潜在的应用（表 1-1）。

表 1-1　果胶酶在不同行业的应用（John et al., 2020）

行业类型	应用	作用功能
食品工业	稠化剂	使食物变稠并稳定
	果汁提取	细胞壁的酶促分解
	澄清	降低果汁的黏度
医药行业	给药系统	药物控制释放
纺织工业	生物精炼，去除棉花中的上浆剂	增强织物的吸水性
	植物韧皮纤维的脱胶/浸胶	分解果胶和非纤维素材料
咖啡和茶发酵	破坏茶叶的起泡性	加速茶叶发酵
	去除咖啡豆的外皮	去除黏液涂层
造纸和纸浆行业	解聚果胶	细胞壁软化
	强力浸渍	生物漂白活性
动物饲料	反刍动物饲料的生产	降低饲料黏度
石油工业	用于橄榄油制备	用于酶提取
酿造业	啤酒澄清和麦芽制造	更高的稳定性
	色彩特性	提高酒的色度和光度

（五）发现植物病原产杀草活性物质的潜在推动作用

除草剂的滥用，一方面造成了杂草的抗药性，另一方面造成了生态环境的污染，偏离了农业可持续发展道路。近年来研究发现，许多植物病原菌产生的毒素具有杀草活性，可使杂草白化、萎蔫、生长受抑制或被杀除。隶属灰葡萄孢属（*Botrytis*）的灰葡萄孢菌（*B. cinerea*）是一种寄主范围很广的植物病原真菌，国内外报道其产生的毒素约有 17 种相关成分，目前报道较多的是以灰霉二醛为骨架的一类低分子量有机化合物。这类毒素有的毒性很高，如葡双醛霉素（botrydial）在 1 mg/L 的浓度下就可以使植物叶片表现典型症状；毒素 botcinolide 在浓度为 10^{-3} mol/L 时对某些单子叶和双子叶植物有很强的抑制或杀除作用；毒素 cinereain 可防除禾本科杂草。燕麦德氏霉（*Drechslera avenae*）的一个致病型产生一种毒素吡啶酚（pyrenophorol），在 320 µmol/L 浓度下即对野燕麦叶片有致死作用。链格孢菌、镰孢菌、炭疽菌等真菌可产生具有除草活性的真菌毒素，如神经真菌毒素（AAL-toxin）、科尼西丁（cornexistin）和腾毒素（tentoxin）等。画眉草弯孢（*Curvularia eragrostidis*）的发酵液中分离出的长孺孢素（helminthosporin）对马唐、藜、莴草、萹蓄和日本看麦娘等恶性杂草毒性强，对棉花和番茄没有毒性，但对玉米和小麦毒性较强。菜豆晕枯病菌产生的菜豆菌毒素（phaseolotoxin）能使植物的叶片出现大面积黄晕，严重时导致植物叶片坏死，有可能成为一种灭生性除草剂。放线菌酮（actidione）是最早发现的具有除草活性的放线菌代谢产物，叶面处理及土壤处理均有明显的防治效果，可防治稗草、阔叶杂草和牛毛草等，且对水稻无害。

第三节 生物技术在植物保护上的应用概况

一、组织培养技术的应用概况

组织培养技术在植物保护上的应用主要包括以下三个方面：一是组织培养脱病毒和快速繁殖；二是抗病离体筛选；三是单倍体抗病育种。

组织培养脱病毒的原理：一是植物细胞的全能性；二是植物病毒一般不存在于植物快速分裂的尖端分生组织中。茎尖培养能够除去病毒，是由于病毒主要是通过维管束传导的，维管束越发达的部位，病毒分布越多，而生长点内无组织分化，即尚未分化出维管束，因此通常不存在病毒。在无菌条件下取茎尖几毫米组织进行组织培养或直接嫁接到抗病毒砧木上，可得到无病毒苗木。由于茎尖培养脱毒效果好，后代遗传性稳定，而且还可同时脱除类病毒、细菌和真菌，因此是植物无病毒培育应用最广泛的一个途径。试管微芽嫁接法脱病毒可以说是茎尖培养脱毒的一种改良方法，主要用于茎尖培养较困难的植物。这一技术在国内外已取得相当大的进展，我国已开展马铃薯、甘薯、甘蔗、大蒜、洋葱、百合、唐菖蒲、康乃馨、草莓、香蕉、苹果、梨、大樱桃、龙眼、葡萄及泡桐等植物脱毒和无毒苗快速繁殖的研发和应用。目前香蕉、甘蔗和马铃薯等作物的无病毒苗已经进行工厂化生产。

抗病离体筛选的原理是体细胞无性系变异，在愈伤组织培养期间添加病菌毒素进行筛选，将抗毒素的突变细胞筛选出来，再经愈伤组织培养过程得到抗病再生植株。这项技术要求植物对毒素的抗性与抗病性相关。目前已报道水稻抗稻瘟病菌、小麦抗赤霉病菌和根腐病菌、玉米抗赤霉病菌和小斑病菌 C 小种、烟草抗黑胫病菌和抗野火病菌、棉花抗黄萎病菌、油菜抗黑胫病菌离体筛选等成功例子。

单倍体育种是一种先利用植物组织培育技术对植物的单性生殖细胞（如花药）进行离体培养，产生单倍体植物，再经过药物（如秋水仙碱）或者低温诱导形成二倍体纯合植株的方法，该方法可大大缩短育种年限。到目前为止，已报道了几百种通过花粉或花药培养获得的单倍体植株。单倍体育种最早起源于曼陀罗花，1921 年意大利植物学家 Blakesly 和 Guha 首次利用曼陀罗花药获得单倍体植株，并成功将其加倍形成纯合品系，自此单倍体花药育种成为植物育种的新手段。我国自 20 世纪 70 年代开始进行该领域的研究，已经培育了四十余种由花粉或花药发育成的单倍体植株，其中有十余种为我国首创。玉米获得了一百多个纯合的自交系；橡胶获得了二倍体和三倍体植株。单倍体育种能进一步提高诱导频率并与杂交育种、诱变育种和远缘杂交等相结合，在作物品种改良上的作用将更加显著。目前，我国已应用单倍体育种法改良作物品种，与杂交育种相结合，获得了矮秆高抗的小麦品种。

二、转基因育种技术的应用概况

世界上的转基因植物大多与植物保护有关。1983 年首次获得转基因烟草，1986 年首批转基因植物被批准进入田间试验。2019 年，全球转基因作物的种植面积在 1.9 亿 hm² 以上，是 1996 年种植面积的 112 倍。目前，全球主要的转基因作物为大豆、玉米、棉花和油菜等，其中已经实现商业化的作物达 30 种。根据国际农业生物技术应用服务组织（ISAAA）公布的数据，2019 年四大主要转基因作物的种植面积占全球转基因作物种植面积的 99.1%，其中转基因大豆在全球范围内仍是主要的种植品种，种植面积为 9190 万 hm^2，其次是转基因玉米（6090 万 hm^2）、转基因棉花（2570 万 hm^2）和转基因油菜（1010 万 hm^2）。转基因植物涉及的性状包括抗虫、抗病毒、抗细菌、抗真菌、抗除草剂、抗逆境和品质改良，以及通过对生长发育的调控来提高产量潜力等。目前转入并得到普遍应用的是抗虫基因和抗除草剂基因，其不以增产为目的，但由于减少了农药使用，增加了种植密度，通过节本增效减少损失，客观上增加了作物产量。此外，转基因作物在减少农药施用、改善环境、减少劳动力投入上也有巨大的经济效益。全球转基因种子的市场份额为 54.3%，传统大田作物种子占比 31.9%，传统蔬菜种子占比 13.8%。

我国积极稳慎地推进转基因科研成果产业化，按照"非食用—间接食用—食用"的路径逐步发展。2008 年以来，7 个中央一号文件均对转基因工作提出了要求，形成了系统部署，强调要加大研发力度，尽快培育一批抗病虫、抗逆、高产、优质、高效的转基因新品种，要科学评估，依法管理，做好科学普及，在确保安全的基础上推进产业化。截至 2019 年末，我国农业农村部批准了两类安全证书：一类是自主研发的抗虫棉、抗病毒番木瓜、抗虫水稻、高植酸酶玉米、改变花色矮牵牛、抗病甜椒、延熟抗病番茄 7 种生产应用安全证书，目前商业化种植的只有转基因抗虫棉和抗病毒番木瓜；另一类是国外公司研发的大豆、玉米、油菜、棉花、甜菜 5 种作物的进口安全证书，进口的转基因作物仅批准用作加工原料。2021 年，为解决当前农业生产中面临的草地贪夜蛾和草害问题，农业农村部对已获得生产应用安全证书的耐除草剂转基因大豆和抗虫耐除草剂转基因玉米开展了产业化试点。从试点结果看，转基因大豆和转基因玉米抗虫耐除草剂特性优良，增产增效和生态效果显著。其中，转基因大豆对杂草的防治率达到 95% 以上，可降低除草成本 50%，增产 12%；转基因玉米对草地贪夜蛾的防治率可达 95%，增产 6.7%～10.7%，大幅减少防虫成本。同时，转基因玉米由于害虫的危害轻而较少发霉，所以霉菌毒素含量低，品质好。转基因大豆和转基因玉米使用同一种低残留除草剂，能够解决大豆/玉米田使用不同除草剂互相影响的问题，有利于进行大豆玉米间作和轮作，实现高效生产。

三、发酵技术的应用概况

我国于 20 世纪 60 年代从苏联引进苏云金芽孢杆菌杀虫剂，简称 *Bt* 杀虫剂。在我国，先是在武汉建成国内第一家 *Bt* 杀虫剂工厂，开始发酵生产 *Bt* 杀虫剂，代号"青虫菌"；随后我国自己筛选 *Bt* 菌株并生产。*Bt* 转基因棉花于 1997 年获准在中国种植和商业化。第一年，国内共种植约 10 万 hm^2 的 *Bt* 转基因棉花。此后，种植面积迅速扩大，特别是在黄河地区和长江地区。2007 年种植面积达到 390 万 hm^2，到 2015 年保持相对稳定，约为 400 万 hm^2。2017 年，由于棉花产业结构的政策变化，中国棉花种植面积减少至 290 万 hm^2。目前在中国种植的 *Bt* 棉系表达对鳞翅目害虫具有毒害作用的 *cry1Ac*、*cry1Ab/Ac* 或 *cry1A+CpTI* 基因。

微生物发酵生产的抗生素已在植物保护上广泛使用，目前我国已成为世界上最大的井冈霉素和阿维菌素生产国，这两种抗生素是我国杀菌剂和杀虫剂农药销售与使用量名列前茅的类型。

井冈霉素是由沈寅初在 20 世纪 70 年代从中国井冈山地区土壤中分离的吸水链霉菌井冈变种（*Streptomyces hygroscopicus* var. *jingganggensis*）产生的多组分葡糖苷类抗生素，它含有

A、B、C、D、E、F 共 6 个组分，其主要活性物质为井冈霉素 A，其次为井冈霉素 B。其中 A 组分的活性最强，含量最高，它是控制水稻纹枯病的主要有效成分。井冈霉素具有保护和治疗双重作用，是内吸性很强的农用抗生素，接触水稻纹枯病病菌的菌丝后很快被菌体细胞吸收并在菌体内传导，干扰和抑制菌体细胞正常生长发育，使病菌失去侵害能力，从而起治疗作用。具有高效、持效期长、耐雨水冲刷、发酵效价高、应用成本低、未发现抗药性等优点。

阿维菌素是由日本北里大学大村智等和美国 Merck 公司开发的一类具有杀虫、杀螨、杀线虫活性的十六元大环内酯化合物，由阿维链霉菌（*Streptomyces avermitilis*）发酵产生，具有胃毒、触杀和内渗作用，能杀死潜叶害虫，但无杀卵作用。该药剂是一种神经性毒剂，以干扰害虫神经的生理活动来杀死害虫，与常用杀虫剂的作用机制不同，产生的药害风险小。阿维菌素主要用于防治螨类、小菜蛾、潜叶蛾、梨木虱和斑潜蝇等害虫，对小菜蛾和斑潜蝇有特效。

四、分子生物学技术的应用概况

（一）在植物病虫草分类上的应用

在细菌分类鉴定上采用 16S rDNA 全长聚合酶链式反应（polymerase chain reaction，PCR）扩增并测序，然后经基于局部比对算法的搜索工具（basic local alignment search tool，BLAST）相似性比对和系统发育学分析，结合细菌学生理生化性状鉴定到种。真菌和菟丝子分类的分子生物学鉴定与细菌基本一样，只不过是使用 18S rDNA。

（二）在植物病原检测上的应用

采用的方法主要有由酶联免疫吸附测定（enzyme-linked immunosorbent assay，ELISA）衍生出来的血清学方法和由 PCR 衍生出来的核酸检测方法。

ELISA 是将抗体与能催化显色反应的酶标记，酶标记的抗体既保留其免疫学活性，又保留酶学活性。酶的催化作用放大了血清学反应的结果，提高了检测的灵敏度。ELISA 法有双抗体夹心法、双抗原夹心法、直接法、间接法、竞争法、捕获包被法和亲和素生物素系统（ABS-ELISA）法等。

PCR 是利用一种耐高温的 DNA 聚合酶在含模板 DNA、引物对、底物（4 种 dNTP）和缓冲液的反应体系中，经 n 次（$n > 20$）DNA 变性—复性—合成循环，将一对引物间的 DNA 序列扩增 $2^n - 1$ 倍，再进行电泳检测，大大提高了检测灵敏度。由普通 PCR 衍生出的方法有随机扩增的多态性 DNA（random amplified polymorphic DNA，RAPD）、逆转录（reverse-transcription，RT）PCR、实时（real time）定量 PCR、免疫捕捉（immuno-capture）PCR、巢式（nest）PCR、等位基因特异（allele-specific，AS）PCR 等。

PCR 与 ELISA 还可结合成 PCR-ELISA 法和 RT-PCR-ELISA 法。这些方法正应用于植物病虫草的检测，尤其是入境植物检疫上。

第二章

植物组织培养技术在植物保护上的应用

植物组织培养技术是以植物细胞全能性为理论基础发展起来的一项无性繁殖新技术，是在无菌条件下，将植物的组织、器官、细胞或原生质体等材料，接种在含有各种营养物质及植物激素的人工培养基上，在合适的温度、光照等条件下，诱导出愈伤组织、不定芽、不定根，最后形成完整植株的技术。植物组织培养技术在植物抗病细胞突变体筛选、抗病虫细胞工程育种和茎尖脱毒等方面都有很好的应用。

第一节　植物组织培养的基本原理、发展简史和一般程序

一、植物组织培养的基本原理及发展简史

植物组织培养是在无菌和人为控制外因（营养成分、光、温、湿）的条件下，培养、研究植物组织器官，进而从中分化、发育出整体植株的技术。

植物组织培养的历史可以追溯到 20 世纪初，当时德国植物学家哈伯兰特（Haberlandt）预言"植物细胞具全能性"，但由于技术上的限制，他的离体培养细胞未能分裂。不久之后，汉宁（Hanning）在他的培养基上成功培育出能正常发育的萝卜和辣根菜的胚，成为植物组织培养的鼻祖。到了 20 世纪 30 年代，植物组织培养取得了长足的进展。中国植物生理学创始人李继侗、罗宗洛和罗士伟相继发现银杏胚乳和幼嫩桑叶的提取液能分别促进离体银杏胚和玉米根的生长，为维生素和其他有机物成为培养基中不可缺少的成分提供了重要的依据。1934 年美国人怀特（White）以番茄根为材料建立了第一个能无限生长的植物组织。1956年米勒（Miller）发现了激动素，并指出激动素能强有力地诱导组织培养中的愈伤组织分化出幼芽，这是植物组织培养中的一项重要进展，两年后斯图尔德（Steward）顺利地从胡萝卜的组织培养中分化长出了胚状体乃至完整植株。此后，植物组织培养方法培育完整植株的探索便在世界范围内蓬勃开展。现在已有 600 多种植物能够借助植物组织培养的手段进行快速繁殖，多种具有重要经济价值的粮食作物、蔬菜、花卉、果树和药用植物等实现了大规模的工业化、商品化生产。虽然从整体上看中国的植物组织培养工作起步较晚，但凭着中国人特有的勤劳与智慧，短短几十年间已经在多个方面取得巨大成绩。

二、植物组织培养的一般程序

进行植物组织培养，一般要经历以下 5 个阶段。

（一）预备阶段

1. 选择合适的外植体

外植体，即能被诱发产生无性增殖系的器官或组织切段，如一个芽、一节茎。选择外植体时要注意综合考虑以下几点：①大小要适宜，不宜太小。外植体的组织块要2万个细胞（5～10 mg）以上才容易成活。②同一植物不同部位的外植体，其细胞的分化能力、分化条件及分化类型均有相当大的差别。③植物胚比幼龄组织器官的老化组织、器官更容易去分化，产生大量的愈伤组织，愈伤组织原指植物因受创伤而在伤口附近产生的薄壁组织，现泛指经细胞与组织培养产生的可传代的未分化细胞团。④不同物种相同部位的外植体其细胞分化能力可能大不一样。总之，外植体的选择，一般以幼嫩的组织或器官为宜。此外，外植体的去分化及再分化的最适条件都需探索，他人成功的经验只可借鉴，并无捷径可循。

2. 除去病原菌及杂菌

选择外观健康的外植体，尽可能除净外植体表面的各种微生物是成功进行植物组织培养的前提。消毒剂的选择和处理时间的长短与外植体对所用试剂的敏感性密切相关。通常幼嫩材料处理时间比成熟材料要短些。常用消毒剂除菌效果比较见表2-1。对外植体除菌的一般程序：外植体→自来水多次冲洗→消毒剂处理→无菌水反复冲洗→无菌滤纸吸干。

表 2-1　常用消毒剂除菌效果比较

消毒剂	使用浓度	处理时间/min	除菌效果	去除难易
氯化汞	0.1%～1.0%	2～10	最好	较难
次氯酸钠	2.0%	5～30	很好	容易
次氯酸钙	9.0%～10.0%	5～30	很好	容易
溴水	1.0%～2.0%	2～10	很好	容易
过氧化氢	10.0%～12.0%	5～15	好	最易
硝酸银	1.0%	5～30	好	较难
抗生素	20.0～50.0mg/L	30～60	较好	一般

3. 配制适宜的培养基

由于物种的不同和外植体的差异，植物组织培养基多种多样，但它们通常都包括以下三大类组分：①含量丰富的基本成分，如高达30 g/L的蔗糖或葡萄糖及氮、磷、钾、镁等；②微量无机物，如铁、锰、硼酸等；③微量有机物，如激动素、吲哚乙酸、肌醇等。

各培养基中，细胞分裂素和生长素含量的变动幅度很大，这主要因培养目的而异。生长素（吲哚乙酸）与细胞分裂素（激动素）的比值高有利于诱导外植体产生愈伤组织，反之则促进胚芽和胚根的分化。

（二）诱导去分化阶段

外植体是已分化成各种器官的切段。植物组织培养的第一步就是让这些器官切段去分化，使各细胞重新处于旺盛有丝分裂的分生状态，因此培养基中一般应添加较高浓度的生长素类激素。可以采用固体培养基（添加琼脂0.6%～0.8%），这种方法简便易行，可将培养器皿多层叠加培养，占地面积小。在超净工作台上，外植体表面除菌后，切成小片（段）插入或贴放培养基即可。但外植体的营养吸收不均、气体及有害物质排换不畅、愈伤组织易出现极化或褐化现象是本方法的主要缺点。若把外植体浸没于液态培养基中，营养吸收及物质交换便捷，但需提供振荡器等设备，投资较大，且一旦染菌则难以挽救。

本阶段为植物细胞依赖培养基中的营养物质和激素进行的异养生长，原则上无须光照。

（三）继代增殖阶段

愈伤组织长出后经过 4~6 周的细胞迅速分裂，原有培养基中的水分及营养成分多已耗失，细胞的有害代谢物已在培养基中积累，因此必须进行移植，即继代培养。同时，通过继代培养，愈伤组织的细胞数可大大扩增，有利于下阶段收获更多胚状体或小苗。

（四）生根成芽阶段

愈伤组织只有经过重新分化才能形成不定芽或胚状体，继而长成小植株。所谓胚状体，是指在植物组织培养中分化产生的，具有芽端和根端类似合子胚的构造。通常要将愈伤组织置于含适量细胞分裂素和生长素的分化培养基中，才能诱导不定芽或胚状体的生成。光照是本阶段的必备外因。由不定芽形成的小苗还需进行继代诱导生根培养。

（五）移栽成活阶段

生长于人工照明玻璃瓶中的小苗，要适时移栽室外以利生长。此时的小苗还十分幼嫩，移植应保证在适度的光、温、湿条件下进行。在人工气候室中锻炼一段时间能大大提高幼苗的成活率。

第二节　植物抗病细胞突变体筛选

一、植物抗病细胞突变体筛选的基本原理

细胞突变体筛选是 20 世纪 70 年代开展的一项细胞工程技术，已经在十几种作物上获得了抗病、优质等各种细胞突变体。从细胞水平上筛选突变体有许多优点，它可从大量细胞中筛选到所需要的个体，具有筛选群体大、效率高、时间短、操作简单易行、便于遗传分析等特点，具有较大的潜力和发展前景。其利用植物组织培养过程中出现的变异，或由物理、化学因素诱发变异，给予一定的选择压力，筛选出符合育种目标的无性系。与传统的育种方法相比，细胞突变体筛选具有突出的优点。首先，在离体培养过程中进行选择，可以省去大量的田间工作，节约人力和土地，且不受生长季节限制，选择效率高。其次，由于可在培养过程中给予培养材料一定的选择压力，如盐类、病菌毒素和除草剂等，使非目标变异体在培养过程中被淘汰，而符合人们要求的变异体得以保留和表现，起到定向培育作用。目前在农业上，细胞突变体筛选技术研究主要集中在抗病、抗盐、抗除草剂、抗低温和抗高温等逆境胁迫的突变体筛选。此外，在提高作物营养物质（如蛋白质、赖氨酸等）和改变作物品质方面也取得了一定的进展。

利用现代生物学技术，通过植物组织培养及理化诱变均可获得多类植物细胞突变体，这些突变体可当作遗传工程材料，也可应用于农作物的改良。植物体细胞在离体培养时自发突变频率低，但利用化学诱变或辐射处理可大大提高突变频率和筛选效率。诱变技术与组织培养技术相结合，已在水稻抗铝、抗白叶枯病、耐盐，以及筛选高蛋白质含量等方面得以应用。上述研究均以一定物质作为压力选择剂，通过定向选择而获得突变体或抗性细胞无性变异系。

二、植物抗病细胞突变体筛选的一般程序

（一）材料的选择

在分离突变体时，植物细胞起始材料的选择是非常重要的。第一，应选用优良的、仅存在个别缺点需要改进的基因型；第二，应该避免采用不能再生或难以再生的材料；第三，选用染色体数稳定的细胞系。在许多情况下，所用材料的倍性水平也是研究者考虑的一个方面。从理论上讲，单倍体材料是较理想的。它不仅对筛选隐性突变体有利，而且对显性突变体的选择也具有意义。另外，单倍体材料还能通过加倍形成纯合二倍体，但其遗传不稳定性影响了它的使用。对于某些性状的选择，倍性不稳就显得不重要。对只在细胞水平上表达的遗传变异表型，若为显性时，单倍性就没有什么意义，甚至多倍性培养物更为有利，因为它几乎可以通过每个细胞相对基因扩增来提高筛选出突变性状的机会。此外，在离体条件下，比单倍体倍性高的细胞培养物具有更大的遗传稳定性，因此，实际上用这样的细胞系更为方便。

目前用于分离突变体的细胞材料有愈伤组织培养物、细胞培养物和原生质体培养物等。它们各有优缺点。

愈伤组织是分离突变体的最简单的细胞材料，但具有许多不利因素，例如，培养物相对生长速率较慢；处于表面的少部分细胞材料能够直接接触到培养基中的选择压力，从而使大部分细胞可能逃避选择压力的作用；已死的或将死的组织块中的个别抗性细胞，可能由于周围生理生化的障碍，限制了其分裂产生新细胞团的能力；由于交叉饲养作用，有可能出现抗性表型的假象；物理或化学诱变剂的作用同样也不可能达到均一。因此，用愈伤组织培养物进行筛选并不是一种适宜的细胞材料。但从育种实践角度看，采用最初的新鲜愈伤组织，比采用培养周期较长的细胞培养物和原生质体培养物更具独特优势，由于培养周期短，可减少染色体遗传不稳定性及发生遗传变异的频率，对于育种计划中改良个别不利性状、保持其他优良性状的筛选十分有益。另外，采用最初的新鲜愈伤组织可以减轻或者避免由于培养时间延长而引起的许多不良后果，如丧失分化能力、不形成胚状体和育性丧失等。

细胞培养物在离体选择中也十分有用，它由少数细胞集合而成，而且在液体培养中常以单个细胞存在。因此，可以部分或基本弥补愈伤组织材料的不足。

从理论上讲，原生质体培养物是用于筛选的最理想的细胞材料。其优点是作为严格的微生物体系，每个原生质体可以形成一个可供选择的克隆，而这些原生质体中产生的克隆是非嵌合的，它克服了愈伤组织和细胞培养物的不利因素。但对于需要大量细胞的选择性状，原生质体可能不适宜。另外，对于大多数物种来说，原生质体分离和培养技术尚不完善，不能普遍采用。

综上所述，愈伤组织仍是目前普遍采用的分离突变体的细胞材料。

（二）变异来源

20 世纪 80 年代以来，日益增多的资料表明，在植物组织与细胞培养过程中，再生植株及后代中存在广泛的变异，有时变异的频率为 30%～70%，特别是经过较长时间培养的愈伤组织，常会分化出变异植株。近年来的观察与实验已经证明，这种变异是由多种原因引起的，包括单基因突变、染色体数目和结构的改变及转座子的激活。因此，许多研究者认为，细胞组织培养物不必进行诱变处理，它本来就存在需要的突变，关键是突变体的选择。为了尽可能减少整株的不理想特性，更应该避免诱变处理。

然而，诱变处理将大大丰富培养物中可供选择的突变类型和提高突变频率。在植物细胞培养中，自发突变的频率为 $10^{-8} \sim 10^{-5}$，使用诱变处理可提高到 10^{-3}。此外，通过诱变处理，还能获得在自发突变中极难产生的新的突变。

大多数诱变实验的结果表明，在一定范围内，突变率随着诱变剂剂量的增加而提高。从培养的细胞材料中筛选突变体时，对诱变剂最适剂量的选择，不仅要考虑突变率的高低，还要考虑次级损伤效应的大小，尤其是对再生能力影响的大小。一般认为，适宜的诱变剂剂量是处理后存活率在一半以上的剂量。关于诱变时期，一般认为在细胞快速增殖的时期（指数生长期）进行诱变处理的突变率最高。诱变处理通常在 25℃ 左右的培养基中进行，终止处理以后，培养几个细胞周期的时间，以便表现型表达。然后，按所希望的表现型来筛选培养物。

（三）选择压力

突变体筛选就是在培养基中加入某种化合物作为选择压力，杀死或淘汰正常细胞，保留突变细胞。选择压力种类因所需突变体种类的不同而异。病菌粗毒素是抗病性突变体离体筛选最常用的选择压力。NaCl 是抗盐性突变体离体筛选最常用的选择压力，此外，用海水代替 NaCl 进行抗盐性突变体选择也有成功的报道。选择剂量因物种和培养物类型等的不同而异。

（四）突变体的分离

从发生突变的材料中分离所需要的突变体，通常有两种主要的选择方法：①负选择法，也称富集法，即采用某种非允许条件的培养基，使突变的细胞不能生长，而野生型的细胞能生长，然后加某种负选择剂，它只杀死生长分裂的细胞，而使不能生长的突变细胞保留下来受到选择。营养缺陷型、温度敏感型突变体多用此法。②正选择法，也称直接选择法，其原理是把大量的细胞置于有害的（如低温）或有毒的（如抗代谢物）的培养基上，使野生型的细胞不能生长，而各种抗选择条件的突变细胞能够生长，从而达到直接选择突变体的目的。各种抗性突变体是按此法选择。

一般在抗盐性突变体筛选时采用的是典型的直接选择法，即将大量细胞或愈伤组织块置于一定浓度的含盐培养基上，抗性细胞团因能继续生长而被检出。选择程序有一步选择和多步选择两种。梅瑞狄斯（Meredith）认为，抗性突变体的多步筛选程序有利于筛选有机体基因组或基因扩增突变引起的基因型变异，但一步筛选程序又具有世代短的优点。不管是一步法还是多步法，分离抗性突变体一般有如下步骤。

1. 在抑制培养基中分离出抗性细胞系

经诱变处理后（或供选择自发突变）的细胞群，通过一步法或多步法从中分离出能够存活的或相对不受抑制影响的抗性细胞系作为假定的突变体。

2. 消除漏网的野生型细胞

假定的突变体细胞系，在含抑制生长浓度的选择剂的培养基中生长，转培几代，以消除可能逃脱选择剂抑制而漏网的野生型细胞。然后，转到不含选择剂的培养基中生长，转培几代以消除可能对选择剂依赖的野生型细胞。

3. 在组织培养中表现型的表达

假定的突变体愈伤组织，在含抑制生长的不同浓度选择剂的培养基中生长，比较各种假定的突变体，以发现那些愈伤组织无性系是否都有同样水平的抗性。

4. 从抗性细胞系到再生植株

在抗性细胞系失去分化能力和再生植株能力之前，尽快使它们再生出小植株。

（五）突变体的鉴定

组织培养过程中产生的变异称为体细胞变异。一般来说，体细胞变异有外遗传变异、遗传变异或两者兼有。外遗传变异是离体培养过程中遗传变异以外的表型变异的统称，其机制目前尚不十分清楚，有人认为可能涉及特定条件下基因的选择表达，不是遗传物质本身改变的结果。因此，外遗传变异的基本特征是离开选择压力后，丧失变异性状。遗传变异是 DNA 一级结构上发生的永久的能够遗传的变异，这种变异不是遗传物质的分离或者基因重组引起的，而是在组织培养过程中产生的。因此，根据培养物表型变异筛选出的变异体是否是真正遗传突变尚需进一步鉴定。马利加（Maliga）认为，只有证明变异的表现型可以再生成能育的植株，并把其变异的特性传递给子代，该变异的表现型才一定是突变的结果。若从变异的细胞不能再生植株或再生植株不育，可先实行体细胞杂交使其能再生或可育；或者是能证明在变异的细胞中有变化了的基因产物。例如，有与野生型不同的氨基酸顺序的酶，也是突变的证据。不具备遗传性的或分子的证据的变异细胞系，称为变异体（variant）。弗里克（Flick）提出了 4 个特征来给突变体下定义：①突变体以低频率发生；②离开选择压力后，突变体应当稳定；③植株再生以后，突变细胞系应当保持稳定，从再生植株发生的愈伤组织，应当表达其被选择出的表现型；④一种选择出的表现型能通过有性传递保证其突变。

目前，关于鉴定突变体的标准，国际上未能统一定论。加上生物界的多样性，也不应当恪守任何绝对标准不放。例如，体细胞突变中，高频率的突变常有发生；非整倍性不通过配子传递；有些被挑选出来的变异特征仅在细胞水平表达，而在其植株水平不表达等。因此，采用多种判断方法进行综合评定，不失为一条可行途径。

（六）突变体的保持和利用

植物细胞培养物的染色体组在连续继代培养历程中会变化。保持稳定的突变体的方法是贮藏再生植株的种子，或者是从突变细胞系再生成植株，取其茎尖无菌无性系。不能再生植株的细胞系可以放在液氮中低温贮藏。

高等植物突变细胞系的利用主要有 3 个方面：①作为植物细胞遗传操作中的选择标志；②研究细胞生理，了解代谢和发育过程及其调节；③筛选有益突变，获得有实用价值的新品系。

三、植物抗病细胞突变体筛选的实例

（一）筛选技术实例——芦笋抗茎枯病细胞突变体筛选

1. 粗提毒素的制备

选用强致病菌株 F_1，在马铃薯蔗糖琼脂培养基（PSA）上培养菌丝体，然后取一小块新鲜的菌丝体移入 PSA 液体培养基中，在 $25\sim27℃$ 下振荡培养 7 天，将培养液经 2000 r/min 离心 10 min，沉淀后滤去菌体，吸取上清液，经无菌真空抽提过滤（用孔径大小为 0.45 μm 的网筛过滤），获得无菌的粗提毒素液。

2. 毒力测定

取 'UC157' 的 F_2 种子在常温下浸种催芽，待露出胚芽后取出。毒素液浓度设原液、稀释 2 倍液和稀释 5 倍液 3 种。每个浓度中浸泡发芽种子 300～400 粒，以清水为对照，3 次重复，处理后 1 天、2 天分别检查成活率。

3. 胚芽愈伤组织的诱导及分化

用自来水冲洗种子后，在 0.1% 的氯化汞液中浸 3 min，然后在 75% 乙醇溶液中浸 10 s，再以无菌水冲洗 3 遍，最后置于 PSA 培养基上催芽。当胚芽露出后，切取胚芽，置于含不同激素组合的 MS 培养基上，在温度为 25～28℃，光照强度为 2000 lx，光照时间 12 h 下，诱导愈伤组织产生及分化。

4. 愈伤组织抗病突变体的筛选

经愈伤组织继代增殖后，切取边长 2 mm 左右的方形愈伤组织，分别在不同浓度的毒素液中浸泡 3 h，然后移置于含相同浓度毒素液的 MS 培养基上培养（毒素液直接注在培养基上，以包埋愈伤组织块为准），培养 5 天后，将不变色的愈伤组织用无菌水冲洗后，移置于无毒素的 MS 培养基上作继代培养，然后在分化培养基上诱导分化植株。

5. 抗病性鉴定

获得的植株经炼苗后移植于盆钵中栽培，培育成苗。当植株开始分枝时，对分枝植株喷雾接种一定浓度的病菌孢子悬浮液，接种后，用塑料袋罩住，并置吸水棉花团，保温 24 h，观察发病情况。

（二）几种常见作物抗病细胞突变体筛选的研究概况

1. 魔芋抗软腐病

魔芋属于天南星科魔芋属（*Amorphophallus*），为多年生草本植物，在我国主要分布于湖北、云南、四川等长江流域地区。因魔芋地下球茎中富含葡甘露聚糖，目前广泛用于食品、纺织印染、石油钻探、制药和日用化工等领域，具有广阔的市场前景。然而，随着近年来魔芋规模化种植面积的不断增加，魔芋软腐病也呈不断发展蔓延的趋势，其发病后的产量损失一般为 30%～50%，重者甚至绝收。魔芋软腐病的危害已成为制约魔芋种植和相关产业发展的重要因素之一。植物离体培养技术在作物育种工作中已被广泛应用，利用该技术筛选出的抗病突变体具有重要的理论意义和潜在的应用价值。

2000 年，吴金平和顾玉成等以魔芋愈伤组织为材料，应用甲基磺酸乙酯（EMS）化学诱变获得抗软腐病的材料，接着在 2005 年用 3 种不同的方法处理愈伤组织：①以不同浓度的 EMS 对魔芋不同分化程度的愈伤组织进行处理，结果是用浓度 0.4% 的 EMS 处理预培养 4 天的材料后，平均存活率为 47.2%，并获得了 19 株再生植株。②利用细菌滤液筛选魔芋软腐病抗病突变体。将愈伤组织接种在含 60% 的魔芋软腐病菌滤液培养基上培养 1 个月，转接到普通培养基上缓和培养 1 个月，如此反复转接 8 次后，对存活的愈伤组织进行接菌处理，然后接到分化培养基上，获得 5 株再生植株。③直接接菌法筛选魔芋抗软腐病突变体。配制 9 个不同浓度的魔芋软腐菌菌悬液直接接种愈伤组织，接种的愈伤组织在 3 周后全部死亡。通过接菌筛选得到的抗软腐病愈伤组织，其形成再生植株的抗病性能否稳定遗传，以及筛选体是否对魔芋的品质、农艺性状产生不良影响，尚待进一步研究。

2. 果树抗病

随着公众对化学药剂的安全性及污染环境的关注，目前迫切要求采用非化学药剂控制病虫害。筛选抗性果树资源，可以为生产提供经济适用的品种，为育种提供抗性基因。果树学家和植物保护工作者对果树的抗病性进行了深入研究，并取得了一定进展。

　　20 世纪 70 年代以来，中国各大苹果产区普遍发生了严重的斑点落叶病，病原菌为苹果链格孢菌（*Alternaria mali*）的强毒菌株 A。其孢子可分泌一种寄主专化性毒素即 AM-毒素。1992 年，彭明生等以 AM-毒素为选择因子，以苹果感病品种愈伤组织为材料，从中筛选抗病突变体，探讨果树细胞水平上筛选抗病突变体的原理、方法及操作技术。具体方法：利用马铃薯葡萄糖琼脂培养基（PDA）培养致病菌得到孢子和 AM-毒素，然后将毒素滴加到愈伤组织上进行多步筛选（多步筛选分为两条途径：第一条途径是在同一较高 AM-毒素浓度下的多步筛选；第二条途径是逐步增加 AM-毒素浓度的多步筛选），最后对所得突变体进行抗病鉴定。结果表明：AM-毒素是寄主专化性毒素，是病原物侵染寄主时不可缺少的物质，较适于筛选。筛选过程中，感病愈伤组织褐化死亡后表面冒出愈伤组织小点，生长缓慢，此即为抗病细胞系。第一条筛选途径中，第一轮筛选各品种筛选频率都低于 10%，第二轮筛选各品种筛选频率都在 15% 以上；第二条筛选途径中，虽然 AM-毒素浓度逐步增加，但'岩富 10'存活率较稳定，在 17% 左右。离开选择因子两个月后，抗病细胞系在选择培养基上生长良好，成活率高，为原始型的 3～5 倍，鲜重增长率是原始型的 3～9 倍，接种原菌孢子后，抗病系较原始型发病晚两天以上，病情明显较轻。经测定，抗病细胞系离开选择因子两个月仍可保持它获得的抗性，而且抗病原菌孢子及 AM-毒素的侵染能力明显强于原始型。抗病的机制可能与其苯丙氨酸解氨酶（PAL）活性增强、过氧化物酶（POX）同工酶变化及细胞膜抗 AM-毒素侵染的能力增强有关。

3. 水稻抗稻瘟病

　　稻瘟病是水稻的主要病害，选育和利用抗病品种是有效的防治途径。传统的育种方法周期长、工作量大，不能满足生产要求。而采用致病菌毒素进行细胞突变体筛选，方法简便、快捷，是抗病育种的一种新方法。

　　2000 年，于翠梅等在以致病菌毒素为选择压力进行抗性细胞筛选的基础上，结合生理生化指标检测，实现了愈伤组织的早期抗性鉴定。该实验既为变异体的选择提供更为可知的参考指标，也为水稻抗病机制研究与筛选技术体系的建立提供了理论依据。具体方法：将供试病原菌的菌丝块接入液体培养基中培养，去除菌丝体，将其制成不同浓度的粗毒液，经毒素处理的幼苗均出现不同程度的叶尖失绿、叶片卷合萎蔫和根系发育不良等症状，个别植株在茎及下部叶片上出现深褐色斑，同时随着毒素稀释液浓度的提高，细菌受害程度加重。这说明，粗毒素提取液对稻株产生毒害，可以作为外源选择因素，进行离体培养筛选抗病突变体。该试验设立了 3 个处理、4 种毒素浓度进行筛选。结果表明，处理Ⅰ（诱导与分化筛选）优于处理Ⅱ（继代筛选），而处理Ⅲ（细胞悬浮和单细胞培养筛选）未获愈伤组织，其原因是游离单细胞生长增殖对外界环境条件的需求更高。如何改善细胞生长环境，调控细胞生长状态，以便由单细胞获得再生植株，有待于更深入的研究。

　　2005 年，赵虔华等以稻瘟病致病毒素为选择压力，在胚离体培养过程中筛选抗病突变体，探讨其在水稻抗稻瘟病遗传与育种上应用的可能性。其方法与于翠梅等（2000）的类似。他们认为以成熟种胚为外植体进行组织培养，易于诱导愈伤组织，取材不受生长季节的影响，是筛选抗性突变体的理想材料。稻瘟病毒素是稻瘟病侵染并致使寄主发病的一个决定性因素，与稻瘟菌具有相似的致病性。同时，粗毒素提取方法简便易行并且可消除病原菌间的干扰和污染等。该试验在得到了具有高抗病性的突变株之后，继续研究了解其田间的抗性遗传表现，以获得新的抗病种质资源和粳稻栽培品种抗性系，实现其在生产中的应用价值。

　　2016 年，刘艳等利用稻瘟病菌粗毒素研究其对水稻种子萌发、成熟胚愈伤组织诱导及分化两个阶段的影响，结果表明，双重粗毒素胁迫培养的组培再生植株可以诱导抗病性变异。

4. 水稻抗白叶枯病

2003 年，高登迎等对水稻细胞突变体 HX-3 在细胞水平上对白叶枯病的抗性进行了研究。HX-3 是通过细胞突变体离体筛选技术，从中国高感白叶枯病杂交恢复系'明恢 63'中获得的抗病突变体，具有一个水稻抗白叶枯病新基因 Xa-25。该试验选用 HX-3 及其供体'明恢 63'为研究试材，以了解水稻在细胞水平上对白叶枯病的抗性表现，从而丰富抗病细胞突变体离体筛选相关理论，并为在细胞水平上认识 Xa-25 的抗性机制打好基础。其过程也是对愈伤组织接种病原菌后进行培养观察及相关的测定。该研究发现，接种白叶枯病菌后'明恢 63'的愈伤组织蛋白质含量迅速下降，愈伤组织生长量显著减小，而抗病细胞突变体 HX-3 的愈伤组织蛋白质含量也有所下降，但愈伤组织生长量减小不明显，可见 HX-3 的愈伤组织对水稻白叶枯病菌的危害具有较强抗性，这说明 HX-3 在细胞水平上和水稻白叶枯病的互作与植株水平上是一致的，从而进一步证实了已建立的抗水稻白叶枯病细胞突变体离体筛选技术的可行性。在植株水平上，水稻对白叶枯病的抗性与活性氧有关，在不亲和反应（抗病）中保护酶活性下降，活性氧升高，发生类似于超敏反应（HR）的细胞快速解体崩解，引发系统或局部抗性；而亲和性互作中不发生活性氧伤害和 HR 样细胞坏死，局部抗性不能形成，从而发生感病反应。该研究中，接菌后的'明恢 63'愈伤组织 O_2 升高，超氧化物歧化酶（SOD）和过氧化物酶（POD）活性也大幅上升，而 HX-3 的接菌和未接菌愈伤组织代谢十分相似。对白叶枯病菌的应答十分"迟钝"，这与前面植株水平上的活性氧反应有较大差异，其原因可能有两点：①选用水稻材料的基因和材料类型不同，在细胞水平上水稻对白叶枯病菌的反应机制与植株水平上可能有所不同；②接种白叶枯病菌强度不同，该研究中水稻愈伤组织白叶枯病菌接种强度要远远高于植株水平上白叶枯病菌的接种强度。研究者认为，接种白叶枯病菌后 HX-3 愈伤组织对活性氧反应的"迟钝"，可能正是其细胞水平抗性的表现，这可能与其细胞有较强的抗病菌侵入性有关，也可能是其细胞内能够合成某种物质（如解毒素）减轻或抑制病原菌毒害，所有这一切都使得细胞具有较强的抗性。值得注意的是，在未接菌的情况下，细胞突变体 HX-3 与供体亲本'明恢 63'的愈伤组织 O_2 产生速率就存在显著差异，说明 HX-3 在 O_2 产生速率方面发生突变，提高了细胞 O_2 产生速率，这一现象是否与其细胞水平抗性有关尚待进一步研究。

5. 茄子抗黄萎病

茄子起源于印度、缅甸及邻近的热带地区，其作为蔬菜深受人们的喜爱。我国茄子栽培广泛，黄萎病是茄子三大病害之一，目前缺乏黄萎病抗性强、农艺性状优良的品种，导致生产上所用的品种对黄萎病的抗性均不理想。因此，创造新的抗病材料、为育种奠定基础，是当前我国茄子育种工作的重点和难点。

刘君绍等自 1998 年起开展了茄子抗黄萎病突变体离体筛选技术研究，为加速茄子抗病育种奠定了基础。其将切下的茎尖在恢复培养基上培养一周后进行诱变处理（物理诱变、化学诱变及复合诱变），再用毒素对突变体进行筛选，然后对筛选体进行抗性鉴定。实验显示，经理化诱变处理和粗毒素筛选，从大量的诱变芽中获得抗病性强的变异体，苗期接种，其病情指数为 23.0，属于中抗；作为对照的'三月茄'，组培苗和实生苗的病情指数均高于 80.0，属于高感，说明所得的突变体对黄萎病的抗性明显高于'三月茄'。田间抗病性结果表明：所得变异体发病率仅为 39%，病情指数为 22.9，属于中抗；对照'三月茄'的发病率达 100%，病情指数高达 75.7，属高感，与苗期接种鉴定结果相符。研究获得抗黄萎病的突变体，膜透性、

POD 酶活性、SOD 酶活性及酯酶同工酶活性均表明突变体的抗病性比对照'三月茄'有所提高。突变体的主要性状与对照'三月茄'基本一致，其核型和对照一样，属 Stebbins 2A 类型，表明该突变体产生后代的遗传性稳定。2003 年，刘君绍等建立了一套茄子抗黄萎病突变体离体诱变筛选技术体系，并获得 1 株中抗黄萎病突变体。孙桂英（2004）以茄子茎段为外植体，进行了抗黄萎病体细胞无性系变异的研究，最终得到了抗病突变体。上述研究建立了一套实用的茄子抗黄萎病突变体离体诱变筛选技术体系。

6. 甘蔗抗黑穗病

甘蔗黑穗病在世界上许多种植甘蔗的国家和地区都普遍发生，是重要的甘蔗病害之一，发病率一般为 10%～20%。我国一些甘蔗产区的感病品种发病率高达 70%，造成严重的产量损失，抗病性育种已成为有效的控制措施之一。

2000 年，游建华等利用精毒素筛选细胞突变体法对甘蔗抗黑穗病进行了研究。具体方法：取小块组织接入诱导培养基中诱导产生愈伤组织，产生的细胞团经一定剂量的 $^{60}Co\gamma$ 射线照射后，将存活下来的细胞转入以致病粗毒素为选择压力的培养基上进行选择—继代—选择，挑选存活细胞再分化成苗，然后进行抗病筛选。结果显示：20 个筛选株系的发病率在 12.1%～24.3%，对照种'桂糖 11 号'的发病率为 22.2%，表现较好的是 98/8、98/9、98/19 这 3 个株系，发病率分别是 12.1%、14.3%、14.5%，表现为中抗，它们的抗性分别通过了种茎黑穗病孢子接种田间试验鉴定，以及愈伤组织受侵染后生长量和电导率测定验证。试验也证明甘蔗黑穗病粗毒素具有与黑穗病孢子相同的致病性，可代替孢子用于甘蔗抗黑穗病突变体的筛选与鉴定。

7. 烟草抗病

烟草黑胫病是中国产烟区的严重病害之一。1990 年，周嘉平等采用 γ 射线照射烟草优质感病品种的花药作为诱变手段，用烟草黑胫病疫霉菌粗毒素为筛选剂，对烟草花粉植株叶片的愈伤组织进行抗病突变体细胞的筛选。试验表明：毒素对烟草愈伤组织的存活和增殖有明显的抑制作用，抑制程度随毒素浓度提高而加强。同一浓度对不同品种的抑制程度也存在差异。综合毒素浓度对烟草愈伤组织抑制、增殖程度及筛选的有效性，初步认为：筛选供试品种抗黑胫病突变体细胞的最适粗毒素浓度分别为 30% 和 45%，所筛选出的抗病突变体细胞，其细胞水平的抗性与再生植株的抗病性鉴定相吻合。接着他们对所筛选出的愈伤组织的再生植株及其 M_2 代进行抗病性鉴定、选育，已获得 6 个高抗黑胫病的细胞突变株系，且抗病性状表现稳定，从而建立了一套烤烟抗黑胫病突变体的筛选和鉴定体系。2011 年晏娟利用组织培养和离体筛选等技术，以烟草黑胫病菌的粗毒素作为选择压力对烟草品种'红花大金元'和'云烟 85'的叶片外植体进行离体培养，初步建立了有效的筛选体系，并获得 2 个烟草品种抗黑胫病的细胞突变体植株。

黄瓜花叶病毒（CMV）有植物界的"流感"与"癌症"之称，迄今仍无有效防治方法。1995 年，陈廷俊开展了烟草抗 CMV 细胞突变体筛选的研究并取得初步结果，他将植物的叶片比作培养皿，经诱变处理过的叶片中的亿万个叶肉细胞及其克隆就是该器皿中的选择培养基，一定条件下病原菌可以在上面侵染为害，或遭到抵抗而呈现"绿岛"（正常深绿色区域），截取"绿岛"进行组织培养并再生完整植株，很可能就是所需的抗性突变。以甲基磺酸乙酯溶液诱导烟叶突变，然后用"绿岛"法培养，接着接种 CMV 病毒并鉴定突变体的抗性。

近年来，烟草赤星病在中国一些烟草种植区大面积发生，危害甚大。为迅速改良烟草当家品种的抗赤星病性状，吴中心等广泛开展了利用细胞工程技术筛选烟草赤星病突变体的研究。他们建立了选择压力较毒素培养基更强的双层培养基筛选系统，并利用该筛选系统从高感赤星病烟草品种'NC89'的花培苗中筛选高抗赤星病突变体。在接有赤星病菌的双层培养基上，感病品种'NC89'的花药出苗率及单个花药平均出苗数均显著降低，这表明下层赤星病菌确实可以对上层培养的花药起到强有力的筛选作用，即充分淘汰感病材料，保留抗病材料。他们认为这种筛选作用的原理为：①下层赤星病菌在生长过程中不断分泌毒素，毒素可以通过琼脂向上层培养基中转移；②赤星病菌在上层培养基中也有部分生长并分泌毒素。与直接添加毒素的选择培养基相比，双层培养基筛选作用具有如下特点：①不需要制备病原菌毒素；②病原菌在培养过程中一直处于生长状态，其毒素分泌量随培养时间的延长而逐渐增加，选择压力也逐渐加强。因此，当某一病原菌的毒素不易制备或其毒素在长时间培养过程中易失活时，可以利用双层培养基进行抗病突变体的筛选。在研究中，他们发现如果考虑突变体材料的来源，那么来源于同一个花药的1～7号植株中，有6株表现抗性，约占总株数的85.7%，其中2株表现高抗，约占总株数的28.6%；而来源于另一个花药的8～18号植株中，6株表现抗性，约占总株数的54.5%，其中1株高抗，约占总株数的9.1%，这种差别是否说明突变体的突变机制与其花药来源有一定关系，还有待进一步了解。

第三节　抗病虫细胞工程育种

细胞工程（cell engineering）是应用细胞生物学和分子生物学方法，借助于工程学的实验技术，在细胞水平上研究改造生物的遗传特性和生物学特性，以获得特定的细胞产品或新型生物的一门综合性科学技术。抗病虫细胞工程育种（cell engineering breeding of anti-disease and insect）是采用细胞工程技术有目的地改造植物的抗性，以获得抗病虫的新品种或新物种。目前，植物抗病虫细胞工程育种主要有三条途径：①利用无性系变异离体筛选抗病突变体；②通过花药或花粉离体培养选育抗病虫植物品种；③采用体细胞杂交将远缘的抗病虫性状引入栽培种。途径①在本章的第二节已叙述，下面介绍途径②和途径③的基本原理、一般程序及一些实例。

一、抗病虫花培单倍体育种

植物的单倍体（haploid）具有和该物种配子染色体数相同的细胞或个体，可通过多种途径（如未受精花药、子房培养等）诱导而成。抗病虫花培单倍体育种是指通过花药或花粉离体培养再生单倍体植株，然后经染色体加倍和常规选育而获得抗病虫植物品种的育种方法。

（一）抗病虫花培单倍体育种的基本原理

高等植物一般都是二倍体（$2n$），其细胞内含有分别来自父本和母本的两套染色体。高等植物的花粉是由小孢子母细胞通过减数分裂形成的，其细胞内的染色体数目已减半，只有一套完整的染色体。通过花培（花药或花粉离体培养）诱导花粉再生的植株一般为单倍体（n）。与正常的二倍体相比，单倍体植株细胞内的染色体由原来成对的基因变成了成单存在，从而使隐性的抗病虫基因得以表现出来，然后经染色体加倍即可获得遗传上纯合的二倍体，再结合常规选育便能培育出在农业生产上有应用价值的抗病虫植物品种。另外，通过化学药物或辐射等物理方法处理花粉可使其发生基因突变。由于突变的性状在当代花粉植株上能表现出来，因此通过离体培养并结合抗病离体筛选（见本章第二节），也可以获得抗病花粉植株。

（二）抗病虫花培单倍体育种的一般程序

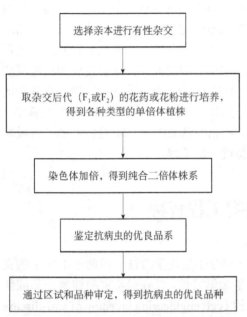

图 2-1　抗病虫花培单倍体育种的一般程序

选择亲本进行有性杂交

取杂交后代（F_1 或 F_2）的花药或花粉进行培养，得到各种类型的单倍体植株

染色体加倍，得到纯合二倍体株系

鉴定抗病虫的优良品系

通过区试和品种审定，得到抗病虫的优良品种

抗病虫花培单倍体育种的一般程序如图 2-1 所示。

1. 亲本的选择

为了获得抗病虫的优良品种，选择的亲本最好具有不同的抗性（抗病、抗虫或两亲本分别抗不同的病、虫），此外至少应有一个亲本具有优良的经济性状（如产量、品质等），或者两个亲本为抗性与优良经济性状互补。另外，还要考虑这些植物能否容易通过花药培养再生植株。

2. 花药或花粉培养

花药培养（anther culture）是指将发育到一定阶段的花药接种在培养基上，使其再生植株的过程；花粉培养（pollen culture）是指从花药中分离花粉粒，使其成为分散或游离的状态，然后经培养再生植株的过程。在花药培养中，花药内的花粉粒通过雄核发育（androgenesis）形成花粉胚（pollen embryo）或花粉愈伤组织（pollen callus），然后分化为花粉植株（pollen plant）。因此花药培养的实质和目的与花粉培养相同，都是通过花粉粒去分化而得到单倍体植株。由于花药培养技术相对花粉培养较容易，因此在实际应用中多采用花药培养诱导单倍体。花药培养的一般步骤：外植体的选择与预处理、材料的表面消毒、接种和预培养、培养与植株再生、生根壮苗与移栽。

（1）外植体的选择与预处理　　花药外植体的选择是否适宜，直接关系培养能否成功。因此在选择外植体时主要考虑供试材料的生理状态及花粉发育时期等。对于多年生植物，应选择幼年植株的花药；对于草本植物，则应选择生长健壮且处于生殖生长高峰期的花药。至于花粉发育时期，大多数植物适宜培养的时期是单核中晚期到双核早期。

适宜培养的花药一般包被在花蕾或幼穗中，取材时需将花蕾或幼穗从植株上采摘下来，然后在保湿条件下进行低温预处理，以提高花药培养的成功率。但不同的植物对温度和处理时间有一定的差异，例如，烟草为 7～9℃，7～14 天；水稻为 10℃，2～7 天；小麦、黑麦和杨树为 1～3℃，2～7 天。

（2）材料的表面消毒　　一般先将低温预处理后的花蕾或幼穗放入 70% 乙醇中浸泡 1 min，然后选用下面任一种方法对材料进行表面消毒：①饱和漂白粉溶液中浸泡 10～15 min；②1.5% 次氯酸钠溶液中浸泡 15～20 min；③稀释 100 倍的巴氏消毒液中浸泡 15～20 min；④0.1% 氯化汞溶液中浸泡 3～5 min。消毒后用无菌水洗涤 3～5 次，除去消毒液。如果花蕾或叶鞘包裹严密，内部一般是无菌的，此时用浸入 70% 乙醇的棉球擦拭叶鞘或花蕾的表面即可达到消毒的目的。

（3）接种和预培养　　将表面已消毒的材料置于超净工作台上，无菌操作剥取花药，然后将花药水平放在培养基上进行培养。在剥取花药和接种过程中应尽可能地避免损伤花药，否则会刺激花药壁形成 $2n$ 的愈伤组织。接种的花药要求有一定的密度：若为固体培养基，$50\sim100$ mL 的锥形瓶每瓶接种 $50\sim100$ 个花药，直径 6 cm 的平皿接种 $50\sim150$ 个花药；若为液体培养基，10 mL 液体培养基中接种 50 个左右的花药。

研究发现，将花药进行短时间的预培养能提高花粉植株的诱导率。例如，在油菜、甜椒和小麦的花药培养中，先将花药在高温下预培养一段时间，再置于常温下培养可显著提高花粉植株的诱导率。不同植物花药高温预培养的温度和时间有一定差异，如小麦为 $30\sim32℃$，$2\sim3$ 天，而甜椒为 30℃，$5\sim8$ 天。低温（4℃）预培养也有利于花粉启动。此外，在甘露醇溶液中预培养也能促进花粉植株的诱导率，如在大麦的花药培养中，用过滤灭菌的甘露醇溶液（0.3mol/L）预培养 $3\sim5$ 天，再转入花药培养基上培养可获得大量的花粉胚。

（4）培养与植株再生　　花药培养可采用固体培养、液体培养、双层培养或分步培养等多种方式，培养温度一般为 $24\sim28℃$，每天光照时间为 14 h 左右，光照强度为 $1000\sim2000$ lx。双层培养基的制作方法：先在 35 mm×10 mm 的小培养皿中加入 $1.0\sim1.5$ mL 琼脂培养基，固化后在其表面再加入 0.5 mL 液体培养基。分步培养是指先将花药接种在液体培养基上培养，当花药中的花粉自然释放出来落在液体培养基中时，用吸管取出花粉，转入琼脂培养基上进行固体培养。

适宜花药培养的培养基一般随植物种类不同而异，例如，茄属植物用 MS、White、Nitsch 和 N6 培养基都可得到较好的效果；芸薹属及豆科植物用 B5 培养基较好；禾谷类植物适宜用 B5、N6 和马铃薯-2 培养基。不同植物的花药培养对外源激素的要求差异较大，对于大多数禾谷类植物，外源生长素尤其是 2,4-二氯苯氧乙酸（2,4-D）能促进花粉愈伤组织的形成，2,4-D 的浓度一般为 $1\sim3$ mg/L，此外加入低浓度的 6-呋喃氨基嘌呤或激动素（KT，0.5 mg/L）则有利于后期愈伤组织的分化。细胞分裂素如 KT、6-苄氨基嘌呤（6-BA）可促进茄科植物形成花粉胚和花粉植株，在禾谷类花粉愈伤组织的分化培养基中通常加入高浓度的细胞分裂素 KT 和低浓度的生长素如萘乙酸（NAA）或吲哚乙酸（IAA），可明显提高分化率。

花粉植株可通过两种途径再生：一是花粉胚状体途径；二是花粉愈伤组织途径。花药在培养基上培养一段时间后，其颜色逐渐变褐，培养 $3\sim8$ 周后，从破裂的药壁处可见花粉愈伤组织或花粉小植株。当愈伤组织长到直径 $2\sim3$ mm 时，将其转移到分化培养基上进行分化培养。对于大多数植物，在分化培养基上培养 $10\sim20$ 天后即可分化出芽，然后在芽的基部长出不定根，但有时在芽的基部不能分化出不定根，需要进行生根培养。

（5）生根壮苗与移栽　　由花药培养再生的花粉植株，往往茎叶细弱、根系不发达，甚至没有分化出不定根，因此很难直接移栽成活。一般花粉植株长到 $3\sim5$ cm 高时，需要将其转移到生根壮苗培养基中，以促进其根系的发育和壮苗。双子叶植物的生根壮苗培养基一般为含 $0.1\sim0.5$ mg/L IBA 的 MS 培养基，而禾谷类作物的生根壮苗培养基一般为含 $0.2\sim0.5$ mg/L IAA 的 N6 培养基。

在花粉植株移栽前，通常需先打开培养瓶盖炼苗几天，再从培养瓶中取出植株，用水轻轻洗掉沾在根上的琼脂培养基，然后移栽到盆中或苗床上，盖上塑料杯或塑料薄膜进行保湿，并在其上打些小孔，用于气体交换。$10\sim15$ 天后，除去塑料杯或塑料薄膜，进行正常的栽培管理。

3. 花粉植株倍性的鉴定与染色体加倍

在花粉培养过程中，由于各种因素的影响，染色体可能会发生不同程度的自然加倍，因此形成的花粉植株不仅含有单倍体，还有二倍体、多倍体和非整倍体。例如，在小麦花粉植株中，单倍体约占 70%，其次是二倍体，同时还有少数的多倍体和非整倍体。

鉴定花粉植株倍性的常用方法是取花粉植株的茎尖或根尖组织，制成临时装片，在显微镜下对细胞进行染色体计数，也可利用流式细胞仪进行细胞鉴定。如果为单倍体植株，则要通过人工方法处理，使其染色体加倍而成为纯合二倍体。染色体人工加倍最有效的方法是用 0.02%～0.40% 的秋水仙碱处理单倍体植株，处理方式和部位随植物种类而异。对于双子叶植物，可处理花粉试管苗或移栽到田间生长的花粉植株。处理花粉试管苗时，将具有 3 或 4 片真叶的花粉试管苗置于过滤灭菌的 0.4% 秋水仙碱溶液中浸泡 24～48 h，然后用无菌水洗涤数次除去秋水仙碱，再接种到新鲜培养基上生长；处理田间生长的花粉植株时，则使用含有秋水仙碱的羊毛脂处理顶芽、腋芽或花芽。对于禾本科植物，在分蘖盛期将花粉单倍体植株从土壤中挖出，洗净根部泥土，把分蘖节浸泡在含 1%～2% 二甲基亚砜的秋水仙碱溶液中，处理时间及秋水仙碱的浓度因植物种类而异。例如，小麦用 0.04% 的秋水仙碱处理 8 h，水稻用 0.2% 秋水仙碱处理 24 h。处理后，用流水冲洗数小时以彻底洗去药液，然后再移入土壤中。

（三）抗病虫花培单倍体育种的实例

利用花药或花粉培养技术进行抗病虫单倍体育种在水稻、小麦、油菜、大麦和甜椒等作物中均有报道，特别是我国科学家采用花药培养技术在水稻、小麦等作物上培育出许多抗病虫的优良新品种（系），并且某些品种得到了大面积的推广。例如，在水稻方面，中国农业科学院作物科学研究所用（'京丰 5 号' × '特特普'）× '福锦' 复合杂交的 F_2 代花药培养育成的 '中花 11 号' 抗稻瘟病和白叶枯病；上海市农业科学院作物育种栽培研究所用 '花寒早' × '96319' F_1 代花药培养选育出的 '花培 528' 抗稻瘟病，用籼粳稻杂交后代的花药培养选育出的花培系 'SH56' '8826' 和 '96767' 抗白叶枯病和褐稻飞虱；广西农业科学院用 '籼 R6' × '粳 5025' F_1 代花药培养选育的 '南抗一号' 抗白叶枯病、稻飞虱和稻纵卷叶螟。在小麦方面，北京市植物细胞工程实验室用 ['（蚰包-015）' × '（京双 6 号-山前）'] × '（有 7-洛 10）[5191]' 复合杂交组合的 F_1 代花药培养选育出的 '京花 3 号' 抗条锈病和白粉病，用（'有 4-L10' × '旱洋-东 3'）×（'京作 348' × '230'）复合杂交后代的花药培养选育出的 '京单 84-1685' 高抗条锈病；河南省农业科学院小麦研究所用 '郑州 742' × '阿夫乐尔' F_1 代的花药培养育成的 '花培 28' 抗条锈病、叶锈病、白粉病和赤霉病，用 '80（6）' × '豫麦 2 号' F_1 代的花药培养选育的 '花 76' 抗条锈病和叶锈病；中国农业科学院作物科学研究所采用花药培育出的 '中 8606' 抗叶锈病、条锈病和秆锈病。目前，一些相关实验室的研究人员利用定向回交、花药培养和分子标记辅助选择相结合的技术体系，显著提高了作物抗性改良的准确性，缩短了育种年限，加快了育种进程。

二、抗病虫体细胞杂交育种

植物体细胞杂交（plant somatic hybridization）是指将植物不同种、属或科间的体细胞原生质体通过人工方法诱导融合形成杂种细胞，然后进行离体培养使其再生植株的技术。抗病虫体细胞杂交育种是指利用植物体细胞杂交技术并结合常规育种培育出抗病虫植物品种（或新物种）的育种方法。

（一）抗病虫体细胞杂交育种的基本原理

植物远缘有性杂交的不亲和性限制了对野生种或近缘种的抗病虫基因的利用，通过体细胞杂交技术可以使两个有性杂交不亲和的种间亲本的遗传物质组合在一起，形成体细胞杂种植株。这种植株不但具有双亲染色体上的基因，而且含有双亲的细胞质基因，通过选择并结合常规育种方法可以将野生种或近缘种中控制抗病虫性状的基因转移到栽培种，从而获得优良的抗病虫新品种或新物种。

（二）抗病虫体细胞杂交育种的一般程序

抗病虫体细胞杂交育种的一般程序如图 2-2 所示，下面对各个环节进行简要介绍，并重点叙述体细胞杂交亲本的选择、原生质体制备、原生质体融合、杂种细胞的筛选与鉴定、杂种细胞的培养与植株再生及结合常规育种选育抗病虫的新品种。

1. 体细胞杂交亲本的选择

亲本一般选用两个无法进行有性杂交的栽培种和野生种（或近缘栽培种），栽培种一般为具有优良经济性状的不抗病（虫）品种，而野生种或近缘栽培种具有抗病（虫）特性。同时，在选择亲本时要考虑这些植物能否通过原生质体培养再生植株。

2. 原生质体制备

植物原生质体是指除去细胞壁后被质膜所包围的裸露细胞。原生质体的制备过程如下。

（1）材料的选择　　虽然植物的各个器官（如根、茎、叶、花、果实、种子、子叶和下胚轴等）及离体培养的愈伤组织和悬浮细胞等都可以作为制备原生质体的材料，但是不同植物适宜制备原生质体的材料差异较大。对于双子叶植物，一般用无菌苗的叶肉细胞或下胚轴细胞制备原生质体；对于单子叶植物（如禾本科植物），则常选用从幼胚、幼穗或成熟胚建立的胚性愈伤组织或胚性悬浮细胞系制备原生质体。

（2）酶解分离原生质体　　植物细胞壁主要由纤维素、半纤维素和果胶质等组成，纤维素和半纤维素主要组成细胞壁的初生结构和次生结构，果胶质为细胞间中胶层的主要成分。制备植物原生质体所用的酶根据其作用可分为纤维素酶、半纤维素酶和果胶酶等，可分别降解细胞壁的纤维素、半纤维素和中胶层等。但是，酶液中只要含有一定浓度的纤维素酶和果胶酶便可分离出原生质体。

在无菌条件下将材料置于过滤消毒的酶液中，于 24～28℃黑暗或弱光条件进行酶解处理。酶解处理的原则是利用尽可能低的酶浓度和尽可能短的酶解时间获得大量而有活力的原生质体。对于叶片、子叶或下胚轴等较容易分离出原生质体的材料，常选用中等活性的酶，并且用低浓度的酶液进行较短时间的酶解处理；而对于愈伤组织和悬浮细胞等较难分离原生质体的材料，一般选用活性较强的酶，并采用较高浓度的酶液进行较长时间的酶解处理。

酶液的渗透压应与细胞内的渗透压保持平衡或略高于细胞内的渗透压，以防止除去细胞

体细胞杂交亲本的选择

↓

原生质体制备

↓

原生质体融合

↓

杂种细胞的筛选与鉴定

↓

杂种细胞的培养与植株再生

↓

结合常规育种选育抗病虫的新品种

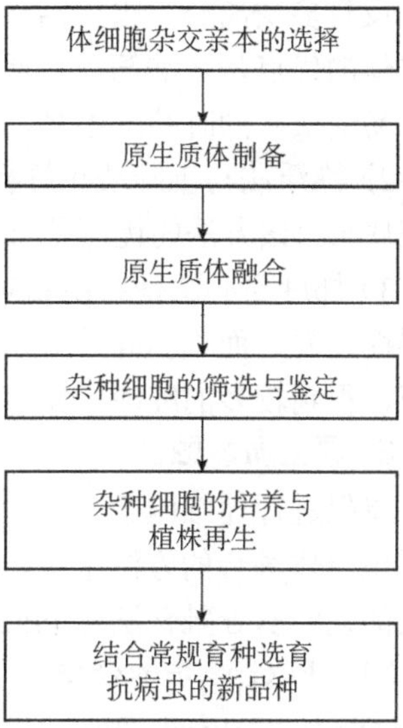

图 2-2　抗病虫体细胞杂交育种的一般程序

壁后游离的原生质体失水皱缩或吸水涨破，以及保持原生质体的活力和质膜的稳定性。常用于调节渗透压的试剂有甘露醇、山梨醇、蔗糖、葡萄糖、果糖、麦芽糖、半乳糖和木糖醇等，使用浓度因材料不同而异，一般为 0.2～0.8 mol/L。

（3）原生质体的纯化　　酶解处理后的混合物除有完整无损伤的原生质体之外，还有酶解过度的细胞碎片、叶绿体和微管成分等，以及未消化的细胞、细胞团或组织块。在进行原生质体融合之前要把这些杂质和酶液除去，一般是先用孔径为 40～100 μm 的筛网过滤酶解混合物，除去未消化的细胞团和组织块；将滤液收集于离心管中，随后可采用沉降法、漂浮法或梯度离心法（界面法）纯化原生质体。

1）沉降法是采用低速离心的方法将原生质体沉淀，而细胞碎片等杂质悬浮在上清液中。经过反复多次离心、去上清液、加入洗涤液重悬原生质体，使原生质体纯化。沉降法纯化原生质体的优点是方法简单，原生质体丢失少；但由于原生质体沉积在离心管底部，相互挤压而容易受损，同时纯度不高，常存在少量破损的原生质体及没有完全脱壁的细胞。

2）漂浮法与沉降法正好相反，离心后原生质体漂浮于溶液表面，细胞碎片等杂质则位于溶液底部。该方法的优点是可以得到较为纯净、完整的原生质体；缺点为原生质体丢失较多。

3）梯度离心法是利用相对密度不同的溶液，经离心后使完整无损的原生质体处在两液相的界面之间，而细胞碎片等杂质沉于管底，因此也称界面法。此法可以克服上述两种方法的缺点，得到较多的纯净、完整的原生质体；但操作复杂，成本也较高。

3. 原生质体融合

将拟进行体细胞杂交的两个亲本的原生质体采用一定方法融合，使其产生杂种细胞。诱导原生质体融合的方法很多，可归纳为化学诱导融合法和物理诱导融合法两大类。目前广泛应用的化学诱导融合法是 PEG 诱导融合法，而物理诱导融合法主要是电融合法。

（1）PEG 诱导融合法　　PEG 诱导融合法又称聚乙二醇法，是用化学试剂聚乙二醇（polyethylene glycol，PEG）作诱导剂促使原生质体融合。PEG 的分子式为 $HO—CH_2(CH_2—O—CH_2)_n—CH_2—OH$，根据聚合程度不同，分子量差别较大。在诱导原生质体融合时，PEG 的分子量一般为 1500～7500（应用较多的是 6000）。PEG 诱导融合法的实验操作如下。

1）配制诱导融合的试剂。

A 液：$CaCl_2 \cdot 2H_2O$	2～8 mmol/L
KH_2PO_4	0.5～0.7 mmol/L
甘露醇或山梨醇	0.1～0.2 mol/L
B 液（融合液）：A 液　　　+	25%～30% PEG
C 液：$CaCl_2 \cdot 2H_2O$	10～100 mmol/L
KH_2PO_4	0.5～0.7 mmol/L
甘露醇或山梨醇低渗或不加	

A 液和 B 液的 pH 调至 5.8，C 液的 pH 调至 7～10，然后进行高温灭菌。由于高温可分解 PEG 的氢氧化物而产生醛或酮，进而氧化成酸，对原生质体造成伤害，因此融合液（B 液）最好采用过滤灭菌。

2）调节原生质体的密度和比例。先用 A 液洗涤原生质体一次，然后将密度调至约 $1×10^5$ 个原生质体/mL，再将两亲本原生质体按 1∶1 混合，静置 2 min 后即可进行融合诱导操作。

3）加入融合液诱导原生质体融合。先将混合的原生质体悬浮液均匀滴于培养皿底部，静置 3～5 min；然后在原生质体悬浮液顶部缓慢加一滴 B 液，处理 15～20 min；再在原生质体悬浮液顶部加一滴 C 液，静置 10～20 min；随后，用原生质体培养液洗涤，500 r/min 离心 3～5 min 去除融合液。

（2）电融合法　　电融合法是借助电场和电脉冲的作用使原生质体融合。与 PEG 诱导融合法相比，电融合法有三大优点：①对细胞无化学物质毒害；②融合效率高；③操作简单。但电融合仪的价格比较昂贵，其应用受到一定限制。电融合参数（如交流电压、交变电场的振幅频率、交变电场的处理时间、直流高频电压、脉冲宽度和脉冲次数等）对原生质体的融合效率及融合产物的培养都有较大影响，而且因植物种类而异。在实验之前，应对融合参数进行反复测试。

4. 杂种细胞的筛选与鉴定

一般采用互补选择法或机械选择法等对杂种细胞进行筛选与鉴定。互补选择法是根据两个具有不同生理或遗传特性的亲本在形成杂种细胞时能产生互补作用，从而筛选出杂种细胞的方法。机械选择法是利用两亲本原生质体的某些可见标志（如形态色泽上的差异等）来鉴别融合产物，并在其可见特征消失之前，挑出杂种细胞进行单独培养。

5. 杂种细胞的培养与植株再生

将融合后的原生质体悬浮于培养液中，然后通过培养即可再生出新的细胞壁，进而进行细胞分裂形成细胞团，再形成愈伤组织或胚状体，最终分化或发育成完整植株。在培养环节中，培养基、培养方法和培养条件等对杂种细胞能否顺利再生植株的影响较大。

（1）培养基　　杂种细胞的培养采用相应的原生质体培养基。虽然适宜原生质体的培养基常因植物种类而异，但总的来说，在设计原生质体培养基时应考虑培养基中的无机盐、渗透压、有机成分、激素和 pH 等。高浓度的铵离子对原生质体有毒害作用，因此应严格控制培养基中铵离子的浓度。相反，适当增加钙离子的浓度有助于提高原生质体膜的稳定性。同时，培养基的渗透压应与细胞内的渗透压相同或稍低，如果培养基中的渗透压过高，往往会抑制细胞分裂。

原生质体的培养需要各种有机成分，其中有些物质如维生素 B_1、维生素 B_6 和烟酸是必需的，有些物质是非必需的，如肌醇、叶酸、生物素、有机酸、水解酪蛋白和椰子乳等，它们对原生质体的分裂及细胞团或胚状体的形成均有促进作用。培养基中激素的种类和浓度因植物种类、材料来源、培养阶段的不同而存在一定差异。一般来说，从原生质体的起始培养到诱导形成愈伤组织，大多使用 2,4-D，也有将 2,4-D 与 NAA、6-BA 或玉米素（ZT）等配合使用的。而在分化培养基中，需降低或除去 2,4-D，同时降低 NAA 浓度或用 IAA 代替，适量增加 BA、KT 或 ZT 浓度。此外，原生质体培养基的 pH 应控制在 5.5～5.9，pH 过高或过低都会对原生质体的活力及其分裂产生不利的影响。

（2）培养方法　　对于容易再生植株的植物，通常采用液体浅层培养和液体浅层-固体双层培养；对于难以再生的植物，一般采用琼脂糖包埋法、液体浅层-固体双层培养或看护培养。

液体浅层培养法是将原生质体悬浮培养液转移到培养皿或锥形瓶中，形成薄层，然后密封，置于人工气候箱中，静止培养。

液体浅层-固体双层培养法是先在培养皿底部铺一薄层含琼脂或琼脂糖的固体培养基，再将原生质体悬浮培养液加于固体培养基的表面进行液体浅层培养。

琼脂糖包埋法是先将原生质体悬浮培养液与热熔并冷却至 45℃的含琼脂糖的培养基等量混合（琼脂糖的终浓度为 0.6%左右），冷却凝固后，原生质体均匀地包埋在琼脂糖培养基中，然后将其切成小块放入大体积的液体培养基中，振荡培养。

看护培养法是利用能够分泌生物活性物质的培养物或组织器官作为滋养者提供营养，促进原生质体分裂。

（3）培养条件　培养条件主要指培养温度和光照。原生质体的培养温度一般为25～30℃。光照条件因原生质体的来源及培养阶段不同而异，一般叶肉、子叶和下胚轴等带有叶绿体的原生质体在培养初期置于弱光或散射光下，由愈伤组织和悬浮细胞制备的原生质体则置于黑暗中培养。在诱导分化阶段需光照培养，每天光照10～16 h，光照强度1000～3000 lx。

6. 结合常规育种选育抗病虫的新品种

将具有抗性的野生种或近缘种与有性杂交不亲和的栽培种进行体细胞杂交，经培养形成的杂种植株虽然具有野生种的抗性，但往往也表现出野生种的不良性状，如产量低、品质劣等。因此，应结合常规育种的方法，将杂种植株与栽培种反复回交，淘汰不良性状的基因，再从后代中选育出抗病虫的新品种。

（三）抗病虫体细胞杂交育种的实例

早在20世纪80年代初，布滕科（Butenko）等为了利用马铃薯家族中野生种所具有的优良抗性基因，将栽培种与野生种恰柯薯（*Solanum chacoense*）进行体细胞杂交，获得了抗马铃薯Y病毒（PVY）的杂种植株。后来，一些研究者选用对马铃薯卷叶病毒（PLRV）、PVY和马铃薯晚疫病都具有明显抗性的野生种*S. brevidens*与栽培种进行体细胞杂交，得到抗多种病害的杂种植株。研究者将马铃薯栽培种与对马铃薯晚疫病有抗性的野生种*S. pinnatisectum*、*S. bulbocastanum*或*S. circaeifolium*进行体细胞杂交也获得了抗病的体细胞杂种植株。华中农业大学通过体细胞融合创制马铃薯抗青枯病种质资源，已发表系列研究结果论文。马铃薯栽培种与野生种的对称/不对称体细胞融合技术较为成熟，通过与多个野生种/原始栽培种的体细胞杂交，创制了多个抗病材料。在烟草体细胞杂交抗病育种方面，龚明良等（1995）将普通烟草与奈索菲拉烟草（*Nicotiana nesophila*）、光烟草（*N. glauca*）及黄花烟草（*N. rustica*）进行体细胞杂交，获得了种间杂种植株，通过对杂种植株进行多代自交和回交，从中选育出品质优良、兼抗多种病害的烟草新品系。另外，通过体细胞杂交技术进行抗病虫育种研究在茄子、番茄、油菜等其他植物中也获得了成功。例如，中国农业科学院蔬菜花卉研究所将野生茄子或地方品种中的抗性基因转移到茄子栽培品种中，经鉴定，所有杂种都表现出预期的抗性。部分植物经体细胞杂交而获得的抗性性状见表2-2。

表2-2　通过体细胞杂交而获得的抗性性状

体细胞杂种		抗性性状
植物1	植物2（和植物3）	
白芥	萝卜、白芥	甜菜胞囊线虫
番茄	秘鲁番茄	烟草花叶病毒、斑萎病毒
甘蓝	甘蓝型油菜	甘蓝黑腐病
	白芥	白菜黑斑病菌
甘蓝型油菜	白芥	白菜黑斑病菌
	黑芥	油菜黑胫病菌
柑橘	九里香	柑橘黄龙病
花椰菜	白芥、埃塞俄比亚芥	白菜黑斑病菌、油菜黑胫病菌
萝卜	甘蓝型油菜	甜菜胞囊线虫
马铃薯	恰柯薯	马铃薯X病毒

续表

| 体细胞杂种 | | 抗性性状 |
植物1	植物2（和植物3）	
马铃薯	短齿叶薯	马铃薯卷叶病毒和Y病毒、马铃薯晚疫病
	球栗马铃薯	根结线虫
	马铃薯	青枯病
	茄	青枯病
Solanum circalifolium	马铃薯	疫霉菌
Solanum chacoense	DY4-5-10（四倍体）	马铃薯晚疫病
普通烟草	奈索菲拉烟草	烟草花叶病毒、烟草天蛾
茄	沙氏茄	茄科青枯菌
	蒜芥茄	线虫
日本萝卜	花椰菜	白菜根肿病
水茄或红茄	茄	青枯病
甜橙	枳	疫霉菌
西瓜	甜瓜	白菜根肿病
赭黄茄	番茄	番茄病虫害

第四节　茎尖脱毒

一、茎尖脱毒的基本原理

1. 茎尖培养脱毒

莫雷尔（Morel）等最先从感染花叶病毒的大丽菊中分离出茎尖分生组织（0.25 mm）培养得到植株，嫁接在大丽菊实生砧木上检验为无病毒植株。从此，茎尖培养就成为脱毒的一个有效途径，并相继有马铃薯、菊花、兰花、百合、草莓、矮牵牛、鸢尾、葡萄、苹果和香蕉等茎尖培养脱毒的研究获得成功。茎尖培养脱毒可脱除多种病毒、类病毒和植原体，很多不能通过热处理脱除的病毒可以通过茎尖培养而脱掉。茎尖培养脱毒是直接从茎尖培养生长获得植株，很少有遗传变异，在遗传上是稳定的。

茎尖培养之所以能脱除病毒，是因为感染病毒植株的幼嫩及未成熟的组织和器官中病毒含量较低，生长点（0.1～0.5 mm 区域）几乎不含病毒或含病毒很少。2020 年，赵忠教授团队发现拟南芥茎顶端分生组织中干细胞重要调节子 *WUSCHEL*（*WUS*）基因通过直接抑制细胞内蛋白质合成的速率，限制了植物茎顶端分生组织中病毒的复制和传播，从而解释了为什么植物病毒不能侵染植物分生组织、为什么可以利用茎尖脱毒清除体内病毒的深层机制。此外，植物茎尖等分生组织中不含或很少含有病毒的原因可能还有以下几种：①植物茎尖分生组织中细胞胞间连丝发育不完全或太细，病毒不能通过胞间连丝扩散进入茎尖幼嫩的分生组织；②病毒复制、运输速度与茎尖细胞生长速度不同，病毒向上运输速度慢，而茎尖幼嫩的分生组织细胞繁殖快，结果茎尖最细嫩的尖端部位的细胞没有病毒；③植物生长点细胞中缺少病毒增殖的感受点，因而病毒复制过程不能进行；④茎尖等分生组织中存在抑制、钝化病毒的物质；⑤茎尖组织在培养过程中病毒被钝化和抑制。

2. 茎尖微芽嫁接脱毒

茎尖微芽嫁接脱毒是组织培养与嫁接相结合，用以获得无病毒苗木的一种新技术。它是将 $0.1 \sim 0.2\ mm$ 的茎尖作为接穗，嫁接到由试管中培养出来的无毒实生砧木苗上，继而进行试管培养，发育成为完整的植株。

1972 年，纳瓦罗（Navarro）最先应用茎尖微芽嫁接脱毒方法进行柑橘脱毒，获得柑橘脱毒苗。之后相继应用于苹果、葡萄等果树及其他作物的脱毒。茎尖微芽嫁接脱毒是目前果树脱毒最通用的方法。该方法可以解决一些果树茎尖培养成苗难，特别是生根困难的问题。有些果树种类或品种，如'格瑞弗斯'苹果通过茎尖组织培养可以获得无病毒新梢，但不能生根，只有通过茎尖微芽嫁接才能获得完整植株。又如柑橘在茎尖培养过程中可能发生芽变，茎尖培养的植株有可能出现童期过长等返祖现象，而茎尖微芽嫁接则不出现这些现象。此外，柑橘老系植株茎尖培养很难分化成完整植株，这也是柑橘脱毒时普遍采用茎尖微芽嫁接的原因之一。

二、茎尖脱毒的一般程序

（一）培养基的制备

1. 培养基的基本成分

（1）无机盐　　包括大量元素和微量元素。从无机盐中获得的大量元素有 N、P、K、Mg、Ca、S 和 Na。根据不同植物种类的需要可采用硝态 N、氨态 N 或配合使用，P 可采用 KH_2PO_4，也可采用 NaH_2PO_4 或 $NH_4H_2PO_4$，K 是主要的阳离子，Ca、Na、Mg 的需要量少。通常添加的微量元素有 Fe、I、B、Mn、Zn、Mo、Cu、Co。为了保证铁离子的供应，通常将 $FeSO_4$ 与 Na_2EDTA 螯合剂先行混合。

（2）有机物　　除作为碳源的蔗糖外，基本培养基中包括的有机物有肌醇、烟酸、维生素 B_1（硫胺素）、维生素 B_6（盐酸吡哆素）等维生素，以及甘氨酸、天冬酰胺等氨基酸。

2. 常用基本培养基

基本培养基的种类很多，有多种类型。在果树组织培养中最常使用的是 MS 基本培养基，说明 MS 培养基对许多果树植物种类的培养是适应的。MS 培养基的特点是无机盐（如钾盐、铵盐及硝酸盐等）的含量高，微量元素的种类齐全，浓度也较高。与 MS 培养基类似的有 LS、BL、BM、ER 等培养基。

B5、N6、SH 等培养基是硝酸钾含量较高的培养基。特点是含有较低的氨态 N，以及含有较高的维生素 B_1。

Nitsch 及 Miller 培养基为中等无机盐含量的培养基。特点是大量元素无机盐的含量约为 MS 培养基的一半，微量元素种类减少而含量增高。

White、WS 等培养基为低无机盐培养基。特点是无机盐、有机成分含量低，多用于生根培养。

植物的种类不同，适用的培养基也不同。专门用于某一植物茎尖培养的基本培养基要通过试验才能确定。

3. 培养基中的激素及其他附加成分

培养基中的激素有两类：一类是生长素，另一类为细胞分裂素。

常用的生长素类物质有吲哚乙酸（IAA）、2,4-二氯苯氧乙酸（2,4-D）、萘乙酸（NAA）等，常用浓度为 1～10 mg/L。赤霉素（GA）也较为常用。生长素的作用为加速细胞的生长和分裂，浓度须在适宜范围内：浓度过低生长缓慢，浓度过高则生长受到抑制。细胞分裂素的种类很多，常用的有 6-苄氨基嘌呤（6-BA）、激动素（KT）、玉米素（ZT），最适浓度为 1～8 mg/L。

在培养基中常加入一定量的水解酪蛋白（CH），它是具有多种氨基酸的混合物。还可以加入一些天然成分，如椰子汁（CM）、酵母提取物等。固体培养基需要加入适量琼脂作为凝固剂，使用浓度为 0.6%～1.0%。

4. 培养基的配制

培养基各种组分的计量单位一般用 mg/L 表示。为提高工作效率，通常将各种成分先配成母液，母液浓度常为培养基浓度的 10 或 100 倍。母液一般用蒸馏水或重蒸水配制，配好后须放入冰箱保存，使用时再按比例稀释。无机物（大量元素、微量元素）和有机物可分别配制成混合液，铁盐和各种激素等均应单独配制。培养基消毒温度须控制在 121℃，保持 15～20 min。

（二）茎尖培养一般程序

1. 材料的选择

霍林斯（Hollings）等研究了康乃馨不同大小茎尖培养与脱除康乃馨斑驳病毒的关系，试验切取了 0.10 mm、0.25 mm、0.50 mm、0.75 mm、1.00 mm 及 1.00 mm 以上共 6 种不同大小的茎尖进行培养并得到植株，经鉴定，脱毒率依次为 67%、40%、23%、11%、0% 和 0%。很明显，茎尖越小脱除病毒的概率越高。要从一种植物中脱除不同的病毒，或从不同植物中脱除一种病毒，所要求的茎尖是不相同的。山家弘士进行苹果脱毒的研究，分别取 0.20～0.25 mm、0.30～0.50 mm、0.80～1.00 mm、4.00～5.00 mm、9.00～12.00 mm 的茎尖培养，0.80 mm 以下的处理均能 100% 地脱除苹果褪绿叶斑病毒（ACLSV），但 0.20～0.25 mm 的处理不能完全脱除苹果茎沟病毒（ASGV）。通常茎尖培养或茎尖微芽嫁接脱毒的效果与茎尖的大小呈负相关，而茎尖培养或嫁接成活率则与茎尖大小呈正相关。实际应用中既要考虑到脱毒效果，又要提高其成活率，故一般切取 0.20 mm、带有 1 或 2 个叶原基的茎尖作为培养或嫁接的材料。

用于脱毒的茎尖应于生长季节从新抽发的嫩梢切取，各个时期的嫩梢茎尖都可采用，但应注意从生长健壮或旺盛生长时期的新梢取材。

2. 材料消毒

可采取下列措施进行材料消毒：①可在室内或无菌条件下对枝条先进行预培养。将枝条用水冲洗干净后插入无糖的营养液或自来水中，使其抽枝，然后以这种新抽的嫩枝作为外植体。还可将从田间采回的枝条在无菌条件下进行暗培养，待抽出黄化枝条时采枝。经预培养可明显减少材料的污染。②避免阴雨天在田间采取外植体，最好是在晴天的下午采取材料，因材料经过日晒后可杀死部分细菌和真菌。

用于材料杀菌的药有多种：①70%～75% 乙醇，具有较强的穿透力和杀菌力，材料在其中浸 30 s 即可，可作为表面消毒的第一步，它具有浸润和杀菌的双重作用，但不能达到彻底灭菌的效果。②0.1% 氯化汞，处理 2～3 min，有较好的灭菌效果，但处理过的材料要用灭菌水冲洗 3 或 4 次。③次氯酸钠，通常用市售的"安替福民"配制为 2%～10% 的次氯酸钠，处理 5～10 min，处理后须用灭菌水冲洗 3 或 4 次。④含 10%～20% 次氯酸钙的漂白粉上清液，处理时间 20～30 min，处理后亦须用灭菌水冲洗多次。后两种药剂对植物较为安全。过氧化氢和溴水等也可用于材料的消毒。为了能使杀菌剂润湿整个组织，需要在药液中加入湿润剂。常用的湿润剂有吐温-80（或吐温-20），可加入数滴或直至 0.1% 的浓度，对组织的润湿有良好的效果。

为使材料灭菌彻底，可采用接种材料的多次消毒法，或多种药液交替浸泡法。最常见的是先用 70%～75%乙醇浸 30 s 左右，然后用升汞或次氯酸钠处理。

3. 剥取茎尖和接种

从消毒容器中取出 2～4 个梢尖，放入事先经过高压灭菌并盛有滤纸的培养皿中，置双目解剖镜下仔细剥离幼叶和叶原基，仅留 1 或 2 个叶原基。再根据解剖镜内测微尺的指示，切取 0.1～0.2 mm 的茎尖分生组织，立即用解剖针挑入培养皿内，以免吹干影响成活。若采用预先热处理的材料，则切取 0.5 mm 左右的茎尖分生组织，可保留 4 或 5 个叶原基。操作时解剖针要细，解剖刀要小而薄，一般需自制，否则在切取时无法掌控切取的大小。

4. 诱导芽的分化

此阶段的培养目的是使茎尖增大，并分化产生芽。其效果依植物种类、培养基的成分而异，可形成一个或多个芽，也可形成带根植株或形成愈伤组织再分化芽。多采用 MS 作为基本培养基。在所用的生长调节剂中，细胞分裂素以 BA 效果最好，其次是 KT，在少数情况下用 ZT 和 2-异戊烯腺嘌呤（2-IP），也有极少数情况在这一阶段不用细胞分裂素及其他激素。在生长素中用 2,4-D 或 NAA 较多，也有用 IAA。在 BA 和生长素配合使用时，外植体往往会分化，或腋芽萌动而增殖。在这一阶段必须防止外植体褐变。培养温度依植物种类而不同，一般为温度 20～28℃，光照 12～16 h，黑暗 8～12 h，光照强度 1500～2000 lx。

5. 芽的增殖

对于直接通过组织培养进行无病毒苗工厂化生产者，必须繁殖大量有效的芽和苗。用芽增殖的方法而不通过愈伤组织再分化途径，有利于保持遗传的稳定性，每年可增殖 10 万株乃至 100 万株。

在芽增殖培养基中，细胞分裂素仍是不可缺少的，而且以 BA 对芽的大量增殖最为有效。生长素在多数情况下用 NAA 或 IAA，但浓度不可过高，否则对芽的增殖反而有抑制作用，并容易形成愈伤组织。除用 NAA 外，有时还加入低浓度的 GA，以促进芽的伸长。

芽的增殖速度是快速繁殖中最为重要的一个问题。只有芽的增殖快，在生产实践中才有应用价值。决定繁殖速度的因子最主要的是材料本身的生理生化状态、基本培养基及其附加成分的相互作用。外植体之间在繁殖速度方面差别很大，有时可以相差许多倍。通过适当的处理可以改善某一外植体的生理状态，如改变培养温度和及时进行继代培养可提高繁殖效率。

6. 生根培养

在这一阶段，培养的目的是使第一阶段和第二阶段培养的苗发出不定根，并使苗继续生长。一般 10 mm 长的苗即可转入生根培养基。由于在前一阶段的培养中，芽的生长往往受到较高浓度的细胞分裂素的抑制，而在生根培养基中则一般除去细胞分裂素，因此芽便进一步长大。木本植物生根比较困难，另外值得注意的是，试管苗的基部往往形成愈伤组织，发出的根与茎之间并无维管束组织的直接联系，以致移栽后不能成活。解决生根问题较为理想的方法是采用试管外发根技术，即将苗直接插到温室的苗圃当中，或经预处理（50～100 mg/L IBA 处理茎基部数秒乃至更长时间）后扦插。

（三）微芽茎尖嫁接的一般程序

1. 试管砧木的准备

首先要选择适宜的砧木类型或品种，砧木应与接穗有良好的亲和性，并且要能从形态上与接穗相区别，能在试管培养基上健壮生长。砧木种子应不带病毒，砧木种子经表面消毒，剥除种皮后播种于含 1%琼脂的 MS 基本培养基上进行发芽培养。通常在无光照的条件下培养两周的幼嫩黄化实生苗即可作为试管砧木。

2. 取材与消毒

同茎尖培养。

3. 嫁接及嫁接苗的培养

嫁接前，将砧木切去顶部，留下一段上胚轴，长度以 1.0～1.5 cm 为好，将子叶和腋芽抹去，把根切短至 4～6 cm。在解剖镜下从经消毒处理的梢顶端切取一定大小的茎尖（约 0.2 mm），一般是带 1 或 2 个叶原基。在砧木上胚轴靠顶端或其他适当位置开口，开口方式有多种，倒"T"形的开口方法较为常见，从上胚轴顶端向下平行两刀，再在其切口末端横一刀，挑去中间的皮层，即成一嫁接口。切口沿茎下伸约 1 mm，宽亦大致 1 mm，深至形成层，将茎尖放置于砧木切口时要将茎尖切面紧贴砧木的倒"T"形水平切口。在柑橘上还试验过三角形切口、三角形压口和侧面三角形开口。嫁接苗置于 MS 液体培养基中，用滤纸桥固定，在一定的温度及光照条件下培养。影响嫁接成活率的因素有砧木苗龄、砧穗亲和性、培养基成分和嫁接开口方式等。

4. 试管苗的移栽或再嫁接

茎尖嫁接苗培养 3～6 周至少长出 2 片叶后即可移栽。移栽前可在强光下炼苗两周，使植株健壮。移栽用土要适于该植物生长并经高温消毒。移栽后要在适宜温度下培育，最初时期要避免强光和注意保湿。因此，多用薄膜套袋保湿，两周后去袋。为克服移栽小苗因污染死亡及生长缓慢，亦可直接将试管内的茎尖苗再嫁接到盆栽的无毒实生砧木上。目前国内柑橘茎尖苗多采用这一方法处理。

三、茎尖脱毒的实例

（一）柑橘病毒类病害的种类及其危害

柑橘病毒类病害包括由病毒、类病毒和支原体引起的柑橘病害。柑橘受这类病原感染后往往树势衰退、生长不良、少结果、不结果或结畸形果，甚至全株死亡，给生产造成严重危害。柑橘在长期的无性繁殖中，母树所感染的病毒类病原由接穗传到苗木，代代相传，累积感染；又加上现代交通便利，接穗、苗木远距离交流十分频繁，加剧了病害的扩展蔓延。因此，一般老系柑橘树都受一种或多种病毒或类似病毒的感染。到目前为止，世界各地报道的柑橘病毒类病害已有二十多种。主要柑橘病毒病及类似病毒病害见表 2-3。

表 2-3 主要柑橘病毒病及类似病毒病害

病名	症状	病原类型	传播途径
衰退病和苗黄病	嫩叶脉明，茎陷点，苗黄，树势衰退，矮化	病毒	嫁接、虫媒
碎叶病	嫩叶上呈褪绿黄斑，叶扭曲、畸形，嫁接口皱折、黄环，易折断	病毒	嫁接、汁液
环斑病	成熟叶、果实表面黄斑或绿色环斑，春梢不齐，嫩叶有水泡	病毒	嫁接、种子、汁液
脉突病（木瘤病）	幼龄树叶背面叶脉微肿，明显突出呈耳状或瘤状，粗柠檬砧易产生木瘤	病毒	嫁接、虫媒
温州蜜柑萎缩病	新叶变小，叶片反卷，呈现船形或匙形，果皮增厚变粗，枝叶丛生，树矮化	病毒	嫁接、汁液、土传

续表

病名	症状	病原类型	传播途径
传染性杂色花叶病	叶片畸形、皱缩或有泡斑，时有杂色花叶	病毒	嫁接、汁液
皱叶病	嫩叶上污斑，成熟叶有时皱缩，叶片扭曲、畸形	病毒	嫁接、汁液
鳞皮病	树皮鳞皮状，木质部变色，成熟叶时有斑纹	病毒	嫁接、种传、汁液
囊胶病	嫩叶上有橡叶花纹，树干上存在明显凹陷，大枝、枝干的横切面有同心胶环	可能是病毒	嫁接
石果病	嫩叶上有橡叶花纹，果小，果皮充胶变坚硬	可能是病毒	嫁接
鸡冠皮病	嫩叶有橡叶花纹，木质部陷孔深而明显，内皮表面有鸡冠状刺突	可能是病毒	嫁接
黄脉病	叶脉黄化，茎有黄斑	病毒	嫁接
叶卷病	枝梢枯死，叶卷似蚜虫为害状，多花，果少而小，木质部充胶	可能是病毒	嫁接
黄龙病（HLB）	新梢叶片黄化或褪绿斑驳，果小而畸形，果顶青色，后期枯枝，死树	亚洲韧皮部杆菌	嫁接、虫媒
顽固病	树梢直立、丛生，叶小，果小，果畸形或橡实果，种子败育	螺原体	嫁接、虫媒
丛枝病	丛枝，果实失水，病树最终死亡	支原体	嫁接、可能虫媒
裂皮病	以枳、枳橙、兰普来檬作为砧木时，树皮常呈鳞片状开裂，树势衰弱	类病毒	嫁接、汁液
木质陷孔病	韧皮部组织充胶，木质部有陷点，树皮坏死，叶稀少失绿，生长缓慢	类病毒	嫁接、汁液
枯萎病	叶小，时有缺锌状，枝梢萎蔫，树冠稀疏，后期嫩枝枯死	未知	嫁接
胶皮病	嫁接口有红褐色条纹，树皮充胶变色，甜橙木质部有沟槽或陷点，对应的皮层内有木钉突出，树势矮化	未知	嫁接

　　柑橘病毒类病害种类多，世界各国均有发生，但各地的主要病害种类和危害程度不一。例如，热带、亚热带柑橘产区柑橘衰退病发生普遍，亚洲、非洲柑橘产区黄龙病发生严重，而美国和澳大利亚则发生较少。

（二）茎类培养脱毒

　　一般病毒在植株体内分布不均匀，顶端生长点的分生组织不带毒或检测不到病毒，有研究者曾试验通过茎尖培养获得无毒苗，即从优良单株取生长旺盛的新梢，去叶，经消毒处理后，在体视显微镜下，切取 0.2 mm 的茎尖，放在补加了多种生长素的 MS 培养基上培养，使其培育成植株。但柑橘老系植株的茎尖培养很难分化成完整植株。

（三）茎尖嫁接脱毒

　　自美国加利福尼亚州 20 世纪 30 年代利用目测法，从田间寻找无鳞皮病的母本树至今，人们为获得柑橘无毒繁殖材料进行了大半个世纪的苦苦寻求，进行了多方面的探索并卓有成效，获得了一批有实用价值的无病毒繁殖材料。但各种方法都有局限性，直到 1972 年穆拉希格（Murashige）等改用微芽茎尖嫁接的方法，得到少数植株，经鉴定其中部分植株已脱除裂皮病，而且能保留老系品种的优良性状。1975 年，纳瓦罗（Navarro）等详细研究了诸多因子对茎尖嫁接成活率及脱毒率的影响，创建了成熟的茎尖嫁接操作方法。

　　经研究证明，茎尖嫁接方法可脱去裂皮病、黄龙病、衰退病、顽固病、木质陷孔病和脉突病等柑橘的大多数病毒类病害，目前已被世界各国普遍采用作为获得柑橘良种无毒植株的主要技术手段。后来又发现柑橘碎叶病单用茎尖嫁接还不能保证完全脱去病毒。碎叶病脱毒试验证明，母本树在茎尖嫁接前经过一段时间热处理，再采嫩梢茎尖嫁接，能完全脱碎叶病毒。将热处理与茎尖嫁接结合使用，可使茎尖嫁接法更加有效。下面介绍预热处理/茎尖嫁接脱毒的基本程序。

1. 预热处理

从待脱毒的优良选种单株上取接穗芽条，经系列消毒处理后，嫁接在枳壳或枳橙砧木上，在温室或防虫网室培育成苗。然后将容器苗去掉叶片，置人工气候室或温室，白天 40℃、16 h 光照，晚上 30℃、8 h 黑暗，处理 25～30 天，促其长出嫩梢。江南夏季，玻璃温室内自然高温足以达到要求，只要稍作调整，就可以进行预热处理。

2. 试管砧木苗的准备

砧木种子可选用枳橙、粗柠檬、酸橙或枳壳，以枳橙种子最好。鲜果经 75%乙醇消毒后，取出砧木种子，去内外种皮，用 0.5%次氯酸钠溶液（加 0.1%吐温-20）浸泡消毒 10 min，或用 10%商品漂白粉稀释液消毒 10 min，用灭菌水洗 3 或 4 次，放入装有 MS 琼脂培养基的试管中，每管 3 粒，置 27℃恒温下暗培养 14 天左右。

试管砧木苗种子以鲜果保存最好，对于枳橙等难于保存鲜果的品种，可及时取出种子，用 1%的 8-羟基喹啉硫酸盐水溶液浸泡，晾干后置 4℃下保存。

3. 茎尖消毒处理

采集经热处理促发的嫩梢茎尖，去叶片，取 1 cm 左右的梢尖，置培养皿内用 0.25%次氯酸钠溶液（加 0.1%吐温-20）溶液消毒 5 min，倒去消毒液，用灭菌水洗 3 或 4 次待用。

4. 茎尖嫁接

在超净工作台上，将砧木苗从试管中取出。切去一部分根、子叶、腋芽和上胚轴上端，留根约 4 cm，上胚轴 2 cm，在离上胚轴顶端约 0.5 cm 处开"∠"形切口，即从离上胚轴顶端截面约 0.5 cm 处向下缓斜一刀，深至木质部，斜面长 2～3 cm，再于斜口末端横切一刀，从侧旁用刀挑去切下部分。在体视显微镜下，从已消毒的嫩梢上切下 0.2 mm 的茎尖，小心放置于"∠"形切口的水平面上，切面朝下与砧木苗的横切面紧贴，嫁接后轻轻放入装有 MS 液体培养基的试管中。MS 培养基用 25 mm×150 mm 试管分装，每管约 20 mL，高压灭菌 20 min。管内事先放入支撑苗的折叠滤纸，滤纸中央扎孔，以便砧木苗根插入。嫁接好的试管苗置光照培养箱或组织培养室 27℃下恒温培养。每天以 1000～1500 lx 光照 16 h。

5. 二次嫁接

待茎尖嫁接苗培养 4～6 周，长出 2 或 3 片叶后，将茎尖苗从试管中取出，切除根部，留 1.0～1.5 cm 的砧木苗上胚轴及茎尖芽，削去一边的皮层，嫁接到一至二年生的枳橙或粗柠檬实生苗上，置阴凉处，用聚乙烯塑料袋套住保湿 7～10 天后，去塑料袋，移到温室培育，促使茎尖苗加速生长。

影响茎尖苗的成活因素是多方面的。污染是影响茎尖苗成活的主要因素，常见的污染是砧木苗污染，茎尖嫁接后 3～4 天，MS 培养液长霉或变浑浊，污染试管中的砧木茎干不能转绿，茎尖芽很快死亡。造成污染的原因大多是砧木种子带菌，有的甚至在茎尖嫁接前的砧木苗已可看到明显的种子污染。为避免这种情况，最好的方法是从健康鲜果中取出砧木种子，经消毒后播种。经试验，种子消毒除用 0.5%次氯酸钠外，0.1%氯化汞消毒 1～3 min 效果也很好。剥出种皮后，用放大镜检查，严格剔去有变色斑点和伤痕的种子，再消毒播种。

茎尖污染情况较少，但在有大量蚜虫或木虱等害虫为害的植株上采嫩梢时，茎尖污染的可能性会大大增加。茎尖污染后，一般在嫁接后3～4天内茎尖即发黑死亡，用放大镜可见茎尖上有稀疏的菌丝。

操作污染来自各个方面，不净的刀具、体视显微镜、操作台面及空气都可能是污染源。所以整个操作过程应在洁净房间的超净工作台上进行。操作前，房间经空气消毒，操作台面、体视显微镜均用棉花球蘸75%乙醇清洁一遍。操作台上可垫放一叠经消毒的白纸，每处理一株后揭去一张，嫁接刀也是每株一把，不重复使用，以免相互污染。

用适当浓度的激素处理嫩梢，对提高嫁接成活率有帮助。例如，用0.52 mg/L的BA处理嫩梢30 min，再浸在MS培养液中待用，可减缓离体茎尖褐变，提高成活率。用1～2 mg/L的GA3浸泡嫩梢30 min，或10 mg/L的2,4-D处理10 min，均能明显提高嫁接成活率。

6. 茎尖嫁接苗的检测

茎尖嫁接苗用作无毒母本树时，必须经指示植物鉴定证明其完全脱除病毒才能取用。茎尖嫁接苗经二次嫁接后，抽出1或2次梢并老熟后，即可取枝段或芽条嫁接于不同的指示植物上，进行裂皮病、黄龙病、碎叶病和衰退病鉴定，并设正、负对照，置防虫温室内培育观察。详细鉴定方法见下文"（五）柑橘病毒类病害的检测技术"中的"1. 指示植物鉴定"。

（四）柑橘良种无病毒繁育体系的建立

1. 国外

在发展柑橘商品化生产的过程中主要应注意两大问题：商业品种良种化和商业苗木无毒化。20世纪50年代以来，世界各柑橘主产国如美国、西班牙、巴西和澳大利亚等相继实施品种改良计划，其实际内容是栽培良种无病毒苗的培育和推广。柑橘良种无毒化已成为柑橘栽培现代化的重要标志。最早实施品种改良计划的是美国，其柑橘单位面积产量和20世纪50年代相比增加了50%，究其原因是果园普遍栽种了无病毒苗木。美国加利福尼亚州的柑橘良种无病毒繁殖体系几经改进，到1977年定名为柑橘单株系保护计划，其实施的大体步骤如下。

1）选择园艺性状优良的单株——原始母树。

2）鉴定原始母树感染衰退病、苗黄病、鳞皮病、囊胶病、脉突病、碎叶病、裂皮病和木质陷孔病等病害的情况。同时，采接穗繁殖苗木。

3）如果鉴定证明原始母树未受病毒病感染，所繁殖的苗木定植于基础果园和加利福尼亚大学网室保存。如果原始母树已受感染，则通过热处理消毒和茎尖嫁接脱毒后定植于基础果园和网室保存。

4）在基础果园进行园艺性状鉴定，记录产量和果实大小，每年调查顽固病、品种纯正度和有无衰退树。在此基础上，对五年生合格植株给予注册，并每年对衰退病、每3年对裂皮病和每6年对鳞皮病进行再鉴定，淘汰病树。

5）基础果园注册母树的芽条供繁殖采穗圃用，采穗圃苗木限用18个月。

6）采穗圃芽条供注册苗圃繁殖生产果园用苗木。采穗圃的苗木亦用于定植生产果园。

7）注册苗圃的苗木在生产果园定植后，经加利福尼亚州食品和农业部种苗服务局鉴定、注册。美国加利福尼亚州柑橘单株系保护计划如图2-3所示。

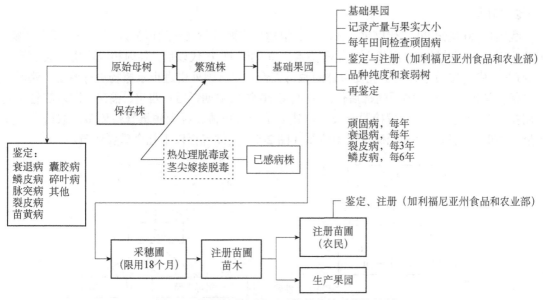

图 2-3　美国加利福尼亚州柑橘单株系保护计划

上述美国加利福尼亚州的柑橘单株系保护计划为其他国家建立类似的计划提供了重要的参考经验。西班牙于 1975 年开始实施柑橘品种改良计划，1979 年向生产者提供第一批重要栽培品种的无病毒接穗，1982 年以来，全国 13 个苗圃所用的全部芽条都来自无病毒基础果园，建立了全国柑橘良种无病毒繁育体系，产量比实施前翻了一番，受到世界瞩目。西班牙柑橘品种改良计划的基本步骤：对原始选种母树感染衰退病、裂皮病等 10 种病毒类病害的情况进行鉴定，同时，从原始母树取接穗在温室内繁殖成苗，从繁殖苗上取茎尖嫁接，茎尖嫁接苗经鉴定证明无病毒后再繁殖苗木，用于网室保存、田间定植和在健康成年树上嫁接，做园艺性状评价，在基础果园定植作为母本树和定植于基础果园采穗圃。从基础果园的母本树和采穗圃采集接穗建立苗圃，或从采穗圃采接穗繁殖定植果园用的注册苗木。该计划规定基础果园采穗圃第一年所采接穗可用于建立苗圃采穗圃，第二年采穗只能用于繁殖定植果园用苗木。苗圃采穗圃的使用期限为两年。西班牙柑橘品种改良计划如图 2-4 所示。

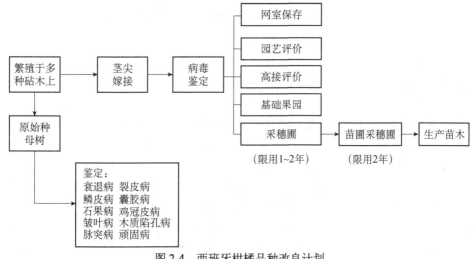

图 2-4　西班牙柑橘品种改良计划

2. 国内

我国自 20 世纪 70 年代以来，在广东、福建、广西等省（自治区）建立了一批无黄龙病、无溃疡病的无病苗圃，生产了大量无病苗木。20 世纪 80 年代以后，各地相继应用茎尖嫁接或热处理-茎尖嫁接技术开展了优良单株的脱毒工作，并从国外引进指示植物进行鉴定，获得了一批优良品种（单株）的无病毒后代。20 世纪 80 年代中期以后，四川、福建、湖南等省先后采用指示植物鉴定和茎尖嫁接脱毒技术，建立了全省柑橘良种无病毒繁殖体系，取得了重要进展。目前我国柑橘良种无病毒繁殖体系（图 2-5）大体包括以下几个重要环节。

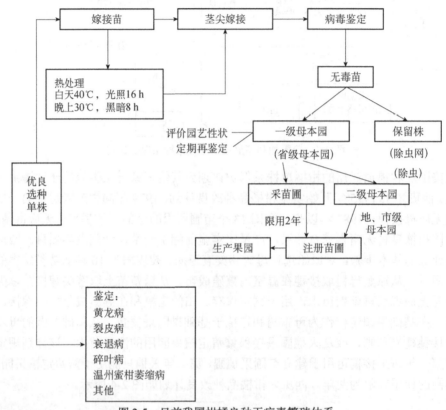

图 2-5　目前我国柑橘良种无病毒繁殖体系

1）选择品种纯正的优良单株列入繁殖计划。

2）鉴定入选优良单株感染病毒和类似病毒病害的情况，明确脱毒的主要对象。

3）用茎尖嫁接法或热处理-茎尖嫁接法脱毒，并利用指示植物鉴定茎尖嫁接苗的脱毒情况，选出优良单株的无病毒后代。

4）保存无病毒苗优良单株，建立优良单株无毒母本园，对定植于无毒母本园的优良单株评价园艺性状，并定期进行病毒再鉴定，及时淘汰变异株和感病株。

5）建立良种无病毒苗圃，繁殖无病毒苗。

以上体系的实施是一项庞大的系统工程，需要各地农业行政、农业科研或农业高等院校、农业推广及生产单位的密切合作。根据目前已实施的四川、福建、湖南等地的经验，整个实施工程最好由省农业行政主管部门牵头，组织有关单位协作，长远规划，统筹安排，分步实施。

体系中的第 1 项即选择优良单株十分重要，涉及全省柑橘发展规划及品种调整问题。所以应由省农业行政、农业推广部门组织有关农业科研单位及高等院校充分考察论证，确定入选单株。

　　第 2～3 项即鉴定入选单株携带病毒的情况和进行茎尖嫁接脱毒及脱毒苗的检测。前者是一项摸底的基础工作，后者是一项技术性强、需要有一定设备才能完成的工作，这是整个系统的技术关键。所以，一般由具备一定条件和技术力量的科研单位或高等院校承担。

　　第 4～5 项即建立无毒苗母本园、采穗圃或二级母本园及无毒苗圃。这是事关全省柑橘业发展的基本建设工作。所以，需要农业行政及农业推广部门统一规划，组织有关专家具体设计，指导协助承担单位具体实施，保证规范化、标准化建园。

　　下面简单介绍第 4～5 项的具体工作，并侧重介绍预防感染、保证无毒的措施。

　　（1）一级无毒母本园的建立　　一级无毒母本园又称省级无毒母本园。一般一个省只建立一个，是全省柑橘良种无毒苗、无病接穗及无病砧木种子的供应基地，定植全省脱毒的优良单株，负责供应全省采穗圃或二级母本园的无毒接穗，兼作观察单株品质及园艺性状的评估果园。同时应建立一个砧木种子园，向全省提供培育柑橘良种无毒苗的砧木种子。

　　一级无毒母本园的选址要求自然隔离条件良好，周围 2 km 范围内无芸香科植物，气候适宜，土地肥沃，排灌方便，无柑橘检疫性病虫害。在一级无毒母本园定植的脱毒优良单株，只能是原计划入选的品种，由指定单位脱毒，经指示植物鉴定证明不带病毒并出具证明书，由主管部门复核，确属品种纯正，来源清楚才能入园。

　　一级无毒母本园要配备专人管理，除高标准常规栽培管理外，还要建立完整的档案管理制度：一是要建立一套园艺性状的档案，入园后的优良单株要挂牌造册，详细记载，谨防混杂。定期评估园艺性状，观察品种特性，测量记载树高、茎粗、冠径、枝梢数、开花量、坐果数、果实大小、色泽、风味和产量等，一经发现杂株或品种变异，立即淘汰，以保证品种纯正、优良。二是要建立一套病毒检测和病虫防治档案，除入园证明书入档外，一级母本园每年进行一次病虫调查，特别注意是否有脱毒对象的症状表现。根据脱毒对象的特点，每 2～3 年利用指示植物鉴定法进行脱毒对象的检测，检测结果入档，发现感染病株，及时淘汰。

　　无毒优良单株入园后，良好的防疫措施是保持无毒优良单株长时间不受感染、尽量延长母本园使用寿命的关键。一级无毒母本园的防疫措施如下。

　　1）不准引进未经指定单位脱毒与检测的任何柑橘类苗木和种子。

　　2）禁止携带未经消毒的任何柑橘类果实、果皮、种子和接穗芽条进入果园。

　　3）本园工作人员入园前要用肥皂洗手，更换工作服及鞋。母本园一般谢绝参观，外单位人员确因工作关系要进入果园，应穿备用工作服和鞋，不允许接触苗木枝叶。

　　4）母本园工具要新置专用，如进行修剪等农事操作，每株要更换经 10% 漂白粉液或 1% 次氯酸钠溶液消毒过的工具。

　　5）母本园周围挖隔离壕沟，并种植非芸香科带刺植物作围篱或修建围墙。

　　6）严格防除柑橘木虱、橘蚜及脚腐病等病虫害。

　　7）砧木母本园的种子应经 56℃ 热水消毒处理 10 min 后播种，其他管理及防疫措施可参照一级母本园。

　　（2）无毒采穗圃或二级母本园的建立　　无毒采穗圃主要是供应注册苗圃的无毒接穗芽条。省级采穗圃一般很难满足全省各地（市、县）苗圃的需要，因此，最好分地区或分区划片建立无毒采穗圃或二级无毒母本园。根据各地的气候特点、土壤条件及发展规划确定入园品种。培育出来的接穗芽条，首先要满足本地区各县苗圃的需要。采穗圃限用 2 年，地、市级采穗圃采穗后可经修整培育成品种评估园。

无毒采穗圃或二级母本园同样要求有良好的自然隔离和土壤条件，排灌方便。规模可依据各地需要而定，宜小不宜大，便于管理及更换。无毒采穗圃或二级母本园所用的砧木苗，一定要用无毒砧木园的种子，经56℃热水消毒处理50 min后，在隔离条件下培育成实生苗。

入圃或入园的苗木或接穗芽条，必须两证齐全（即优质、无毒两证）。优质指品种纯正，来源清楚，确系计划入圃的优良品种，接穗健壮，苗木上乘。无毒指入圃或入园的苗木是指定单位已脱毒、检测证明不带毒的茎尖苗，或是指定单位或省级母本园温室内繁殖的无毒茎尖嫁接苗。接穗芽条还要经下列程序消毒处理后方能嫁接。

1）用放大镜逐条检查芽条，淘汰带病虫（卵）接穗。

2）将接穗浸在1%洗衣粉中，用软毛刷顺生长点方向逐条洗刷干净，然后用清水冲洗，以去掉附着在接穗表面的虫体、虫卵和病菌。

3）用50%多菌灵800倍液或其他杀菌剂浸30 min，取出，清水冲洗。

4）用1000单位的四环素液浸2 h。

5）用700单位硫酸链霉素液加1%乙醇浸30 min。取出，清水冲洗，晾干水分，方可嫁接。

无毒采穗圃或二级母本园也应专人管理，对号挂牌，登记造册。采穗时要对号采穗，按品种打捆，做好标签，标明品种、数量，以防混杂，并及时登记芽条的去向，以备查对。

无毒采穗圃或二级母本园的防疫措施应同一级母本园，并特别注意嫁接工具和采穗工具的消毒，嫁接时每接一株应更换一把经消毒的接刀，采穗时每采完一株应更换一把经消毒的剪刀。

（3）注册苗圃的建立　　注册苗圃是指柑橘良种无毒苗的繁育苗圃，是柑橘良种无病毒繁育体系中最后一个重要环节。注册苗圃出圃的合格苗木，是柑橘生产逐步实现良种化、标准化和无毒化的基础。因此，要求苗圃建立一套完整的工作制度和防疫措施，尽可能地排除人为污染和混杂，培育壮苗。

注册苗圃要求所在地无柑橘检疫性病虫害和危险性病虫害，自然隔离条件良好，周围1 km范围内无芸香科植物。地势平坦，土壤疏松，排灌方便，交通便利。

注册苗圃所用的砧木种子，必须采自无病砧木母本园。砧木母本园种子不够、确需外购时，则一定要对种子进行热处理消毒才能播种。可将砧木种子装在纱布袋中，每袋装七至八成满，用保温桶作容器盛热水，把保温桶内的水温调到55～57℃（不能超过57℃）。先把袋装种子在50～52℃温水中预热5 min，然后移入保温桶热水中，稍加搅动，使水温保持56℃，每隔10 min测定一次水温，低于55℃时，加热水使水温回升到56℃。如此保持恒温56℃，处理50 min，取出清水冷却，摊开，晾干，即可播种。

砧木苗出土后，要注意施肥、灌水、治虫、除草和适时移栽。移栽采用宽窄行，宽行40 cm，窄行25 cm，株距4 cm。栽后加强管理，注意防旱。

注册苗圃的接穗必须来自无病采穗圃或二级母本园。采穗前如遇干旱，要提前2～3天对母本树灌水，保证母本树枝条含水量足，便于削芽嫁接，提高成活率。一天中以上午8～10时剪取接穗为好，接穗采下后及时除叶，嫁接前按接穗芽条消毒处理程序严格消毒后方可嫁接。嫁接时，操作人员先用肥皂洗手，所用嫁接工具用10%漂白粉液消毒，每嫁接一枝芽条应换用一把经消毒的芽接刀。

注册苗圃要专人管理，品种要分厢挂牌，详细注明品种、砧木名称、接穗来源、嫁接时间，登记造册。嫁接后细心管理，及时除萌、疏芽，首先留一个主枝生长，其他萌芽、侧枝一律抹掉。到苗高55～60 cm时，摘顶整形，留3或4个芽生长，形成分枝幼苗。

严格执行防御措施，注册苗圃的检疫措施应参照一级母本园的防疫措施执行，并由专职植检人员会同有关单位技术人员在苗木夏、秋梢转绿后和出圃前进行产地检疫。记录检查结果，载入苗圃档案卡。

当苗木达到出圃标准时，由植保部门进行产地检疫，并认真查阅无病毒苗木生产繁育全过程的技术档案，验证脱毒符合要求后，签发产地检验证；再由农业主管部门检疫合格，核实品种来源清楚，签发合格证。只有具备以上两证，方可出圃放行。

（五）柑橘病毒类病害的检测技术

病害检测的目的在于识别病害和确定植株受感染的情况。培育柑橘无病毒苗木，首先要明确入选优良单株是否感染病毒类病害，经脱毒处理后，要确定入选优良单株是否完全恢复到无病状态，这些都必须经过检测鉴定，检测的方法有指示植物鉴定、血清学鉴定、分子生物学技术、双向聚丙烯酰胺凝胶电泳技术及其他检测方法等。

1. 指示植物鉴定

寄主植物受病原侵染后，如果表现的症状明显、稳定，且具有特征性，其本身就是指示植物，即寄主自身对病原的侵染很敏感，这种情况可称为自我鉴定。有的柑橘病毒类病害在田间病株上表现出许多特征性症状，可作为诊断某种病害的依据之一（表2-4）。当寄主植物的症状缺乏特征性，或者耐病的寄主植物受感染后缺乏明显症状，或者一种寄主植物受两种以上病原复合侵染，所显症状复杂，则有必要另选对病原敏感的指示植物来鉴定。指示植物鉴定是采用嫁接、昆虫媒介、汁液摩擦及菟丝子桥连等方法，将病原由原寄主植物传递到敏感的寄主植物（指示植物）上，根据其特征性的症状反应来检测植株受某种病原的感染。

自20世纪40年代开始利用甜橙实生苗鉴定鳞皮病以来，指示植物鉴定一直是柑橘病毒类病害常用的鉴定方法。在各国柑橘良种无病毒繁殖计划中，指示植物鉴定也一直是主要的鉴定方法。在指示植物鉴定中，最重要的是选用敏感的、表现特征性症状的寄主作指示作物。适于鉴定柑橘病毒类病原常用的指示植物见表2-4。

表 2-4 应用指示植物鉴定柑橘病毒类病害的标准参数

病害	致死植物种类（品种）	鉴别症状	适于发病的温度/℃	鉴定一植株所需指示植物株数
裂皮病	Etrog 香橼亚利桑那 861 或 861-S-1 选系	嫩叶严重向后卷	27～40	5
碎叶病	Rusk 枳橙	叶部黄斑、叶缘缺损	18～26	5
黄龙病	椪柑或甜橙	叶片斑驳型黄化	27～32	10
柚矮化病	凤凰柚	茎木质部严重陷点	18～26	5
甜橙茎陷点病	Madam Vinous 甜橙	茎木质部严重陷点	18～26	5
温州蜜柑萎缩病	白芝麻	叶部枯斑	18～26	10
鳞皮病	凤梨甜橙、Madam Vinous 甜橙、Dweet 甜橙	叶脉斑纹，有时春季嫩梢迅速枯萎（休克）	18～26	5
顽固病	Madam Vinous 甜橙	新叶小，叶尖黄化	27～38	10
木质陷孔病	用快速生长的砧木嫁接的 Parson	嫁接口和第一次重剪后分枝处充胶	27～40	5
石果病	Dweet 甜橙、凤梨甜橙、Madam Vinous 甜橙	橡叶症	18～26	5
来檬丛枝病	墨西哥来檬	芽异常萌发引起的枝叶丛生	27～32	10
杂色褪绿病	伏令夏橙、哈姆林甜橙	叶正面褪绿斑，相应背面褐色胶斑	27～32	10

指示植物一般用一至二年生实生苗，特殊的选系需用接穗繁殖作指示植物，如鉴定柑橘裂皮病、木质陷孔病和类似裂皮病的柑橘类病毒的香橼，嫁接的砧木最好选用生长快又抗脚腐病的粗柠檬。一个检测对象所用的指示植物一般为 5～10 株，对传病率不高的病害，要适量增加。进行大量鉴定、指示植物不足的情况下，可试用指示植物芽嫁接在被鉴定的植株上。

木本指示植物的接种一般用嫁接接种，接种材料可用芽、枝段、枝皮、叶脉和叶碎片等，以芽和枝段为优，草本指示植物用汁液摩擦接种。

每次鉴定实验，以嫁接含已知病原的材料为正对照，证明指示植物所处环境可诱发病害，决定终止时间和鉴定是否有效。以不接种为负对照，排去其他原因引起的可疑症状。

由于指示植物生长需要隔离，症状的显现需要有一定的温度，因此，鉴定工作最好在可控温度的防虫温室中进行。若在网室中，则要根据不同病害在不同季节中进行。在鉴定过程中，加强肥水管理、促使指示植物生长良好是诱发病害的重要条件。严格消毒，及时喷施农药，防止脚腐病、潜叶蛾及螨类等病虫害发生，也是保证鉴定工作顺利进行所必需的。此外，指示植物的症状表现有的是分阶段的，因此，必须定期观察指示植物的症状反应。

2. 血清学鉴定

应用血清学鉴定，特别是用酶联免疫吸附法（ELISA）大量检测某些病原，是柑橘病害检测中经典的方法。这种方法检测柑橘病毒类病原相对高效、快速和灵敏。例如，普遍应用 A 蛋白酶联免疫吸附法检测温州蜜柑萎缩病；应用直接斑点免疫法检测柚矮化病和甜橙茎陷点病；应用双抗体夹心酶联免疫吸附法检测碎叶病。ELISA 已充分显示了其优越性，但在进行无毒苗鉴定时，要严格检测病原是否存在，不能单用 ELISA 取代指示植物鉴定。

3. 分子生物学技术

分子生物学技术如聚合酶链反应（PCR）技术已成为检测柑橘病毒类病害的成熟技术。目前应用 PCR 检测柑橘黄龙病、逆转录聚合酶链反应检测柑橘裂皮病、半巢式逆转录聚合酶链反应检测碎叶病，已成为常规手段，分子生物学技术方便、快捷，深受人们青睐。

4. 双向聚丙烯酰胺凝胶电泳技术

双向聚丙烯酰胺凝胶电泳技术主要用于检测裂皮病等柑橘类病毒病，该方法是依据类病毒分子特异性的构象及其所具有的热力学特征和电泳迁移率而设计。类病毒是一种单链共价闭合环状分子，在天然状态下为伸长的棒状发夹结构，在变性过程中变成松开的环状分子。两种构型在电泳中的迁移率相差甚大。在第一向不变性电泳中，类病毒分子与寄主核酸分子基本是按分子大小在电泳中分开。第二向在变性条件下，类病毒形成的环状分子比相近分子质量的线状分子的电泳迁移率慢得多，利用这一特征可将类病毒与寄主核酸区分开，从而使类病毒检测能够在常规条件下进行，较之指示植物鉴定法快速得多。双向聚丙烯酰胺凝胶电泳技术与指示植物鉴定相结合，已广泛用于柑橘类病毒的检测，大体程序分以下几步。

（1）样品的提取　取冰冻新鲜病叶，加提取缓冲液（90 mmol/L Tris、90 mmol/L 硼酸、5 mmol/L Na_2EDTA、0.2 mol/L NaCl、1%SDS、1%Na_2SO_3、1%二乙基二硫代氨基甲酸钠）和等量的水饱和酚（内含 1% 8-羟基喹啉）捣碎抽离、离心，取水相再加等量水饱和酚和氯仿充分振荡抽提、离心，水相再加冷乙醇（−20℃）沉淀，再真空干燥，样品溶于含指示剂的缓冲液中（内含 30%甘油、0.02%溴酚蓝和 0.04%二甲苯蓝的电泳缓冲液），上电泳。

（2）双向电泳　第一向为不变性电泳，电泳条件是 5%丙烯酰胺、0.17%双丙烯酰胺。电泳缓冲液为 TBE 缓冲液（90 mmol/L Tris、90 mmol/L 硼酸、5 mmol/L Na_2EDTA），pH 8.3。

在电压 220 V、电流 30 mA 下电泳 1.0～1.5 h，以溴酚蓝移至凝胶底部，二苯甲蓝走至胶中部结束。

第二向为变性电泳，凝胶浓度与电泳缓冲液同第一向，但在胶中增加 8 mol/L 尿素，电泳温度提高到 55℃为变性条件。第一向电泳结束后，沿二甲苯蓝位置横向切下约 1.5 cm 宽的胶带，平移到胶底部，上面灌变性胶，提高温度进行电泳，时间 2.5～3.0 h，待二甲苯蓝移至离顶端 2 cm 处停止电泳。

（3）银染色　　用 9%乙醇、0.5%乙酸溶液振荡 20 min，移至 0.19% $AgNO_3$ 溶液中振荡 30 min 染色，再用蒸馏水漂洗 4 次，每次 15 min，然后放在每升含 $NaBH_4$ 100 mg、甲醛 4 mL 的 0.4 mol/L NaOH 溶液中振荡 10～15 min 显影，再在 0.75%Na_2CO_3 中浸泡 1 h 增色。

5. 其他检测方法

电子显微镜观察能够直接观察寄主体内有无病原存在及病原的形态，可据此来鉴定柑橘病毒病病害。

迄今为止，在大多数柑橘病毒类病害的鉴定中，分子生物学技术检测是最灵敏和常用的方法。此外，指示植物鉴定也是对其他方法的一个有价值的补充方法，特别是进行柑橘无毒苗鉴定时更是如此。

| 第三章 |

基因工程技术在植物保护上的应用

基因工程是指重组 DNA 技术在植物上的产业化设计与应用,主要包括两部分:一是目标基因的克隆及蛋白质结构分析鉴定,明确该基因的功能及调控机制,此部分的工作是整个基因工程的基础,因此又称为基因工程的上游部分;二是下游部分,指在体外通过人工对该核酸(基因)进行改造和重新组合,利用不同载体导入植物中进行无性繁殖,使重组基因在细胞内表达,产生满足人类性状需求的转基因植物。基因工程目前的技术手段有基因敲除、基因沉默、过表达基因(外源或植物本身基因)等。目前基因工程在植物保护方面已经有所应用。在国外,部分抗病、抗虫和抗除草剂基因已经被应用,产生了很好的经济效益。但由于生态与进化安全保障机制不到位,也出现了一些问题。随着基因编辑等新兴技术的出现,以及生产安全保障机制和消费安全评价体系的完善,基因工程在植物保护上具有良好的应用前景。

第一节　基因工程的类别及技术原理

基因工程是以分子遗传学为理论基础,运用现代分子生物学和微生物学技术手段,将某一供体生物的遗传物质按预先设计的蓝图,通过体外 DNA 重组和转基因等技术,在体外构建杂种 DNA 分子,然后与载体一起导入更易生长、繁殖的受体细胞中,赋予生物以新的遗传特性,从而获得新品种、新产品的遗传技术。基因工程技术为基因的结构和功能的研究提供了有力的手段。

植物和外界环境相互作用过程中往往涉及多种复杂的分子调控机制,包括分子间识别、结合、互作和免疫信号转导等。为了研究植物与生物胁迫相互作用的分子机制,在试验过程中一般选取特定基因作为研究对象,通过提高或减少目标基因的表达量以控制植物表型。根据不同的目的基因试验设计,研究技术主要包括基因过表达、RNA 干扰(RNAi)和基因敲除。

基因过表达的原理是选取目的基因编码区上游区域进行优化并加入多种调控元件,使目的基因能够在相对可控的环境下实现过量的转录和翻译,最终实现目的基因产物的过量表达。其中关键步骤是双元表达载体的构建和基因过表达的实现。通过分析目前的过表达方案,发现过表达失败的原因主要是目的基因的不稳定性、位置效应严重及启动子活性强弱差异等。应对方案主要是改造表达载体,如更换高强度串联启动子、提高位点控制区增强子活性等。

RNAi 是指在内源或外源的双链 RNA（dsRNA）进入细胞后，与 dsRNA 同源的 mRNA 被特异性降解的生物学现象，是真核生物中一种广泛分布且进化保守的分子机制。病毒诱导的基因沉默（VIGS）是一种基于植物抗病毒防卫机制的转录后基因沉默现象，技术原理是携带目标基因片段的病毒载体在侵染植物组织后大量复制，病毒载体中的目标基因片段在 RNA 依赖的 RNA 聚合酶（RdRP）作用下合成更多的 dsRNA，随后 dsRNA 在核酸内切酶 Dicer 的作用下，被分解为 3'端突出且长为 21～22 bp 的 dsRNA 分子，这种小的双链 RNA 分子被称为小干扰 RNA（siRNA），siRNA 同核酶复合物结合，形成 RNA 诱导沉默复合物（RISC），RISC 同目标靶 mRNA 分子结合，导致目标 RNA 分子的断裂，进而被核酸酶降解，从而导致目标基因在 RNA 水平上的沉默。

基因敲除针对已知序列的基因并使其基因功能完全丧失，通常包括插入突变、缺失突变和移码突变。DNA 序列中如果发生 1 对或少数几对（不是 3 或 3 的倍数）核苷酸的增加或减少，造成这一位置之后的一系列编码发生移位错误的改变，这种现象称移码突变。DNA 分子上如果插入或者缺失一个以上碱基，则称为插入突变或者缺失突变。目的基因突变导致植物体的遗传特性改变，进而对生物体生理生化反应造成直接或间接的影响。导致基因突变的方法很多，目前生产和科研上比较常用的是转移 DNA（T-DNA）插入和基因编辑（CRISPR/Cas9）的方法。利用根癌农杆菌 T-DNA 介导转化，将带有报告基因的基因序列整合到靶标基因组 DNA 上，当插入 DNA 位于靶标基因内部或附近时，目标基因的表达将会被阻止并导致基因失活。CRISPR/Cas9 是近年来发展最迅速的新兴基因编辑技术，它在许多细菌或古细菌基因组中普遍存在，其中 CRISPR/Cas9 系统依赖 Cas9 内切酶家族靶向剪切外源 DNA。转录过程发生后，每个 CRISPR RNA（crRNA）与反式激活 crRNA（tracrRNA）发生结合，然后与 Cas9 核酸酶组成一个复合物。Cas9 核酸酶通过 crRNA 的引导，识别保守的原型间隔区相邻基序并靶向结合到 DNA 上，从而切割 DNA。

第二节　目　的　基　因

目的基因（target gene；gene of interest，GOI）是指要转入受体生物以达到某种目的的基因。植保基因工程中的目的基因主要是赋予抗病、抗虫和抗除草剂性状的基因。目的基因的受体生物主要是植物，其次是微生物、昆虫。

一、目的基因的来源和种类

（一）来自植物的抗病性基因

目前在植物转基因技术研究中应用的植物抗病性基因主要是抗性基因、病程相关蛋白质基因、解毒基因和抗生蛋白质基因。

1. 植物抗性基因

抗性基因又称 R 基因，"R"是抗性的英文单词"resistance"的缩写，但 R 基因不是泛指的抗性基因，而是具有特定含义的基因。R 基因指符合基因对基因关系的寄主/寄生物互作中寄主一方的基因，与病原菌的无毒（avirulence）基因存在对应关系。R 基因一般是显性的、单基因遗传的和具有小种专化特性的主效基因。

1941 年，弗洛尔（Flor）在亚麻和亚麻锈菌互作研究工作中，发现亚麻的抗病性基因是显性遗传的，而一个锈菌小种能克服某个抗性基因的突变是隐性遗传的。由此他提出一个假说，即一个具有隐性毒力基因（virulence gene）的锈菌，其无毒性祖先携带了一个对应于植物某个抗性基因的显性无毒性基因（avirulence gene, Avr），如果一种植物显示对某一病原的抗性（或称为不亲和性），这种植物必有一个抗性基因，而病原必有一个相应的无毒性基因。缺乏任一方面都会致病（或称亲和），这个假说现已被称为基因对基因学说。目前植物与真菌、细菌、病毒或无脊椎动物之间的许多相互作用已被证实符合基因对基因学说，在该学说的基础上进一步得出习惯上称为激发子/受体模型的假说，即 R 基因编码的受体使植物能察觉病原的侵入，无毒性基因使病原产生与受体对应的配体。当 R 基因编码的受体蛋白与病原菌无毒基因直接或间接编码的产物（配体）互补结合（分子识别）后，启动由 R 基因蛋白激酶组成的信号传导链，激发超敏反应（hypersensitive response, HR）、系统获得抗性（systemic acquired resistance, SAR）等抗病反应。

迄今研究者已至少克隆出 314 个 R 基因，已克隆的部分植物 R 基因及其结构见表 3-1。根据其编码蛋白质结构可细分为以下 6 类。

表 3-1 已克隆的部分植物 R 基因及其结构

植物	R 基因	抵抗的病原	病原中文名	Avr 基因	R 基因产物结构域	克隆方法
拟南芥	RPS2	*Pseudomonas syringae* pv. *tomato & maculicola*	丁香假单胞菌的番茄致病变种和斑点致病变种	AvrRpt2	NBS-LRR	MBC
	RPS5	*Pseudomonas syringae* pv. *tomato* strain DC3000 *Peronospora parasitica*	丁香假单胞菌番茄致病变种 DC 3000 寄生霜霉	AvrPphB	CC-NBS-LRR	MBC
	RPM1	*Pseudomonas syringae* pv. *maculitola*	丁香假单胞菌的斑点致病变种	AvrB, AvrRpm1	CC-NBS-LRR	MBC
	RPS4	*Pseudomonas syringae*	丁香假单胞菌	AvrRps4	TIR-NBS-LRR	MBC
	RPP1			—	TIR-NBS-LRR	MBC
	RPP5	*Peronospora parasitica*	寄生霜霉	—	TIR-NBS-LRR	MBC
	RPP8			AvrPp5	LZ-NBS-LRR	MBC
	RPP13			—	CC-NBS-LRR	MBC
	Pad4	*Erysiphe orontii* *Peronospora parasitica* *Pseudomonas syringae* *Myzus persicae*	白粉病菌 寄生霜霉 丁香假单胞菌 桃蚜		脂肪酶对于有 TIR-NBS-LRR 结构的蛋白质是必需的	MBC
	Rac1	*Albugo candida* isolate Acem 1	白锈菌 Acem 1 菌株	—	TIR-NBS-LRR	MBC
烟草	N	*Tobacco mosaic virus* (TMV)	烟草花叶病毒		TIR-NBS-LRR	TT
番茄	I2	*Fusarium oxysporum* f.sp. *lycopersici* race 2	尖孢镰刀菌 2 号小种	不详	NBS-LRR	MBC
	Cf-2			Avr2	eLRR-TMD	MBC
	Cf-4	*Fulvia fulva*（原学名为 *Cladosporium fulvum*）	番茄叶霉病菌	Avr4	eLRR-TMD	MBC
	Cf-5			Avr5	eLRR-TMD	MBC
	Cf-9			Avr9	eLRR-TMD	TT
	Pto				PK	MBC
	Fen	*Pseudomonas syringae* pv. *tomato*	丁香假单胞菌的番茄致病变种	AvrPto	PK	MBC
	Prf				CC-NBS-LRR	MBC
	Mi	*Meloidogyne javanica*	爪哇根结线虫	不详	LZ-NBS-LRR	MBC

续表

植物	R 基因	抵抗的病原	病原中文名	Avr 基因	R 基因产物结构域	克隆方法
番茄	Sw-5	Tomato spotted wilt virus（TSWV）	番茄斑萎病毒	—	CC-NBS-LRR	MBC
辣椒	Bs2	Xanthomonas vesicatoria	辣椒疮痂病菌	AvrBs2	NBS-LRR	MBC
马铃薯	Rx	Potato virus X	马铃薯 X 病毒	—	NBS-LRR	MBC
莴苣	Dm3	Bremia lactucae	霜霉病菌	Avr3	NBS-LRR	MBC
亚麻	L6	Melampsora lini	亚麻锈菌	AL6	TIR-NBS-LRR	TT
	L11			AL11	TIR-NBS-LRR	TT
	M			AM	TIR-NBS-LRR	TT
甜菜	Hs1^{pro-1}	Heterodera schachtii	甜菜胞囊线虫	不详	LRR-TMD	MBC
水稻	Xa1	Xanthomonas oryzae pv. oryzae	水稻白叶枯病菌	—	NBS-LRR	MBC
	Xa21			—	LRR-RLK	MBC
	Xa26			—	LRR-RLK	MBC
	Pib	Magnaporthe grisea	稻瘟病菌	—	NBS-LRR	MBC
	Pi9			—	NBS-LRR	MBC
	Pi2			—	NBS-LRR	MBC
	Piz-t			—	NBS-LRR	MBC
小麦	Cre3	Heterodera avenae	燕麦胞囊线虫	—	NBS-LRR	MBC
	Lr10	Puccinia recondite var. tritici	小麦叶锈病菌	—	NBS-LRR	MPC
	Lr21			—	NBS-LRR（不完全）	MBC
大麦	Mlo	Blumeria（原属名为 Erysiphe）graminis f.sp. hordei	大麦白粉病菌	无	TMD-TMD.TMD-TMD-TMD.TMD-	MBC
	Rh2	Rhynchosporium secalis	大麦云纹病菌	—	—	MBC
玉米	Rp1	Puccinia sorghi	玉米普通锈菌	—	LZ-NBS-LRR	MBC

注：LZ. 亮氨酸拉链；NBS. 核苷酸结合位点；LRR. 富含亮氨酸重复序列；eLRR. 胞外富含亮氨酸重复序列；TIR. 果蝇 Toll 蛋白及哺乳动物白细胞介素-1 受体；TMD. 跨膜域；PK. 蛋白激酶；MBC. 图位克隆；TT. 转座子示踪；CC. 卷曲螺旋

（1）编码信号转导结构域 即丝氨酸/苏氨酸蛋白激酶（protein kinase，PK）的 R 基因。马丁（Martin）等应用图位克隆法从番茄中分离了第一个 R 基因即 Pto 基因，该基因给予番茄植物对带有 AvrPto 基因的丁香假单胞菌番茄致病变种（Pseudomonas syringae pv. tomato）1 号小种的抗性。从基因测序结果推测 Pto 编码的是一种丝氨酸/苏氨酸蛋白激酶，因此它在病程中参与的可能是信号转导，而不是识别。后来用 Pto 基因探针做 Southern 杂交，发现了一个小的多基因家族，遗传分析和物理分析显示大多数 Pto 同系物与 Pto 紧密连锁。Pto 与杀虫剂倍硫磷敏感基因 Fen 紧密相连，Fen 是 Pto 的同系物，编码另一个丝氨酸/苏氨酸蛋白激酶。诱变试验还揭示了一个额外的基因 Prf，它是 Pto 与 Fen 发挥功能所必需的，Prf 与 Pto 和 Fen 连锁。

后来，研究者以 Pto 蛋白作为诱饵，用酵母双杂交系统鉴定了与 Pto 蛋白相互作用、可能参与依赖 Pto 的信号转导的蛋白激酶 Pti1，这个蛋白激酶能被 Pto 磷酸化，而不能被 Fen 磷酸化。而在烟草依赖 AvrPto 蛋白的识别过程中 Pti1 在某种程度上能代替 Pto。Pti1 的结构暗示蛋白激酶级联反应参与了识别 AvrPto 的过程。

（2）编码专一性结构域　　即富含亮氨酸重复序列（leucine-rich repeat，LRR）和跨膜域（transmembrane domain，TMD）的 R 基因。前面介绍的 Pto 蛋白和 Fen 蛋白带有一个信号转导结构域，缺乏负责胞外识别作用的专一性结构域。后来从番茄中分离出来的 R 基因 Cf-9 的蛋白质产物是一种定位于质膜上的糖蛋白，带有一个潜在的专一性结构域，但缺乏信号转导结构域。Cf-9 赋予番茄对番茄叶霉病菌特定小种的抗性，Cf-9 蛋白的配体很可能是叶霉病菌 Avr9 基因的一个分泌性 28 aa 多肽产物，这条多肽可单独诱导携带 Cf-9 基因的植物坏死，但在缺乏这个基因的植物中不能产生这样的反应。从克隆的 Cf-9 基因的核苷酸序列预测 Cf-9 蛋白带有 1 个信号多肽、28 个胞质外 LRR 和 1 个跨膜域。另一个已经被克隆的番茄 R 基因编码蛋白 Cf-2 赋予寄主植物对带有 Avr2 基因的叶霉病菌小种产生抗性。从核苷酸序列推测其产物在整体结构上与 Cf-9 蛋白相似，有 38 个胞质外 LRR 和一个短的胞质羧基端，有趣的是，Cf-2 蛋白羧基端一半 LRR 区域与 Cf-9 蛋白具有较高的同源关系。

（3）编码含有核苷酸结合位点（NBS）和 LRR 区的 R 基因　　有一些 R 基因也被发现除编码 LRR 结构域外还编码 NBS，如分别赋予番茄对尖孢镰刀菌抗性和对胞囊线虫抗性的 I2 基因，赋予番茄对番茄斑点萎凋病毒抗性的 Sw-5 基因，赋予辣椒对细菌性疮痂病抗性的 Bs2 基因，以及赋予水稻对稻瘟病抗性的 Pib 基因。

（4）编码含有亮氨酸拉链（LZ）结构域、NBS 结构域和 LRR 结构域的 R 基因　　拟南芥 RPS2 基因的编码蛋白质使得拟南芥对携带 AvrRpt2 基因的丁香假单胞菌菌株产生抗性，RPS2 基因产物蛋白质带有一个潜在的核苷酸结合位点（NBS）和 LRR 区，NBS 的 N 端包含一个可能的 LZ。另一个拟南芥抗性基因 RPM1 的编码蛋白质与 RPS2 结构类似，可识别 AvrRpm1 和 AvrB，从而授予拟南芥对含有这两个非同源无毒性基因的丁香假单胞菌小种的抗性。

（5）编码果蝇 Toll 蛋白和哺乳动物白细胞介素-1 受体（IL-1R）及 NBS-LRR 的 R 基因　　烟草 N 基因和亚麻锈菌 L6 基因都是用玉米 Ac 成分标记分离出来的。N 基因授予烟草对烟草花叶病毒的抗性，其编码蛋白质携带 1 个 NBS 位点和 14 个 LRR 结构域。L6 基因授予亚麻对锈菌的抗性，编码蛋白质包含 1 个 NBS 和 1 个非典型的 LRR。除 NBS 和 LRR 外，N 基因和 L6 基因编码蛋白质还包含 1 个与 TIR 的胞质域同源的区域 Toll[①]。此外，L6 基因还编码一个假定锚定内质网的信号位点。

（6）编码 LRR、跨膜域（TMD）和丝氨酸/苏氨酸蛋白激酶的 R 基因　　Xa21 是从野生稻中鉴定得到的，编码 1 个假定的信号肽、23 个胞质外 LRR、1 个跨膜域和 1 个丝氨酸/苏氨酸蛋白激酶。通过杂交育种导入 Xa21 可赋予水稻对白叶枯病菌的广谱抗性。将 Xa21 克隆转入感病水稻品种后能使后者转为小种专化性抗病。此外，后来发现在 Xa21 基因位点有 1 个由 7 个成员组成的基因簇，该家族包含 7 个成员，然而目前已证实仅 Xa21 和 Xa21D 参与植物抗病过程。在拟南芥中，跨膜转运蛋白激酶 RLK5 和 TMK1 与 Xa21 的蛋白结构域功能相似。

2. 植物病程相关蛋白质基因

病程相关蛋白即 PR 蛋白（pathogenesis-related protein），最早是在烟草花叶病毒侵染后的烟草植株内发现的。1987 年荷兰瓦格宁根大学及研究中心的万隆（van Loon）等建议根据分子量特征、氨基酸组成和血清学关系将烟草 PR 蛋白分为 PR-1 至 PR-5 共 5 类，其中 PR-2 为 β-1,3 葡聚糖酶，PR-3 为几丁质酶，PR-5 包括渗调蛋白（osmotin）、类甜蛋白（thaumatin-

---

① Toll 是德语，对应的英语是"mad"或"crazy"即"怪异"的意思，表示敲除了果蝇的 1 个基因，导致果蝇的头部长到了臀部上且长满霉菌，研究者将这一新发现的基因命名为 Toll

like protein）和奇甜蛋白（thaumatin）等，其中奇甜蛋白是从由非洲产的热带水果翅果竹芋（*Thaumatococcus daniellii*）果肉中提取的包含 207 个氨基酸的糖蛋白（21 kDa），国内有人称它为非洲竹芋甜素或非洲甜果素。现已报道 17 组 PR 蛋白，PR 蛋白的分类见表 3-2。

表 3-2　PR 蛋白的分类

组别	典型成员	蛋白质及分子量	PR 蛋白编码基因
PR-1	烟草 PR-1a	抗真菌蛋白，1~17 kDa	*Ypr1*
PR-2	烟草 PR-2	β-1,3 葡聚糖酶，30 kDa	*Ypr2*，[*Gns2*('*Gib*')]
PR-3	烟草 P, Q	Class Ⅰ、Ⅱ、Ⅳ~Ⅵ几丁质酶，25~30 kDa	*Ypr3*，*Chia*
PR-4	烟草 R	Class Ⅰ、Ⅱ几丁质酶，15~20 kDa	*Ypr4*，*Chid*
PR-5	烟草 S	抗真菌的类甜味蛋白，逆渗透蛋白，玉米抗菌肽，渗透蛋白，类似于 α-淀粉酶/胰蛋白酶的抑制蛋白，25 kDa	*Ypr5*
PR-6	番茄抑菌蛋白Ⅰ	蛋白酶抑制因子，6~13 kDa	*Ypr6*，*Pis*('*Pinl*')
PR-7	番茄 P₆₉	蛋白内切酶，75 kDa	*Ypr7*
PR-8	黄瓜几丁质酶	Class Ⅲ几丁质酶，几丁质酶/溶菌酶，28 kDa	*Ypr8*，*Chib*
PR-9	烟草木质素形成相关的过氧化酶	过氧化酶，类过氧化酶蛋白质，35 kDa	*Ypr9*，*Prx*
PR-10	欧芹 PR-1	RNA 酶，与桦树花粉过敏原 Betv1 相近的蛋白，17 kDa	*Ypr10*
PR-11	烟草 Class Ⅴ几丁质酶	Class Ⅰ几丁质酶，40 kDa	*Ypr11*，*Chic*
PR-12	萝卜 Rs-AFP3	植物防疫素，5 kDa	*Ypr12*
PR-13	拟南芥 THI2.1	硫堇，5 kDa	*Ypr13*，*Thi*
PR-14	大麦 LTP4	非专化的转脂蛋白，9 kDa	*Ypr14*，*Ltp*
PR-15	大麦 OxOa（萌发蛋白）	草酸氧化酶，20 kDa	*Ypr15*
PR-16	大麦 OxOLP	类草酸氧化酶，20 kDa	*Ypr16*
PR-17	烟草 PRp27	未知，27 kDa	*Ypr17*

正常情况下，几丁质酶基因和葡聚糖酶基因在植物体内是低水平组成型表达，但在病原菌侵染、诱导物处理及各种伤害胁迫时，该基因的表达量显著提高。研究表明，植物中不存在这两种酶的作用底物，但其可作用于大多数真菌的细胞壁。纯化的几丁质酶和葡聚糖酶单独或同时存在，都能有效抑制病原真菌的生长。自 1986 年报道在菜豆中提纯的几丁质酶具有抗真菌活性以来，随后相继在水稻、烟草、油菜、马铃薯、小麦、玉米及甜菜等多种植物中克隆到了几丁质酶基因，并从大豆、大麦和烟草等作物中分离出葡聚糖酶蛋白。研究结果显示几丁质酶在体外对立枯丝核菌等二十多种真菌表现出抑菌活性，这为构建抗真菌侵染的转基因植株提供了理论依据。

3. 植物解毒基因

第一个克隆的植物解毒 *R* 基因是 *Hml*，是 Johel 等于 1992 年用转座子标记法从抗圆斑病菌（*Cochliobolus carbonum*）的玉米中克隆到的。这个基因编码一个使玉米圆斑病菌毒素（HM-toxin）降解的酶。但这个基因不是小种专化的，所以本书未将其归入 *R* 基因。后来发现了另一个解毒酶基因 *Hm2*，但这个基因只控制成株期的抗性。

番茄茎溃疡病菌（*Alternariaa lternata* f.sp. *lycopersici*）能够产生一种类鞘脂毒素，进而抑制一些植物和哺乳动物的鞘脂生物合成过程，从而致病。番茄对茎溃疡病的抗性由 *Asc-1* 基因制约。这个基因编码的产物与酵母的长寿保障基因 *LAG1* 相似。由于鞘脂生物合成和 *LAG1* 的产物都促进酵母中糖基磷脂酰肌醇锚定蛋白（glycosylphosphatidylinositol-anchored protein）的胞吞，因此认为 *Asc-1* 基因在缺少鞘脂的细胞中起拯救作用。

4. 植物抗生蛋白质基因

用于植物转基因育种的植物抗生蛋白质主要有 3 种，即胰蛋白酶抑制剂、植物凝集素和核糖体灭活蛋白。

（1）胰蛋白酶抑制剂（trypsin inhibitor，TI）基因　蛋白酶抑制剂是一类存在于大多数植物种子和块茎中的蛋白质，在植物防御昆虫和病原侵害中起重要作用。TI 抗虫的机制在于其与昆虫消化道内的蛋白消化酶结合，阻断或减弱蛋白消化酶对外源蛋白质的水解能力，使外源蛋白质不能正常消化，进而促使昆虫的消化系统紊乱，最终导致昆虫发育异常或死亡。由于人、畜的消化机制与昆虫不同，故 TI 不影响人、畜的消化系统。目前已从豇豆、大豆、马铃薯和大麦等多种植物中分离克隆了各种类型的 *TI* 基因，但应用最广泛的是豇豆胰蛋白酶抑制剂（cowpea trypsin inhibitor，CpTI）基因。CpTI 是一种天然的抗虫物质，对包括大部分鳞翅目害虫和部分鞘翅目害虫在内的主要农作物害虫具有抑制作用，它是胰蛋白酶的竞争性抑制剂，其作用位点是酶的活性中心，除非昆虫消化系统中主要的生理生化过程都发生变化，否则昆虫几乎不可能通过突变的方式来产生抗性，故 *CpTI* 介导的抗虫性是比较稳定和突出的。到目前为止，转化 *CpTI* 基因和马铃薯蛋白酶抑制剂基因的转基因小麦、水稻、烟草、棉花与油菜等转基因作物相继培育成功。

（2）植物凝集素（lectin）基因　植物凝集素主要存在于细胞的蛋白粒中，最主要的特性是能与糖类物质结合。当昆虫取食后，植物凝集素在昆虫的消化道和肠道围食膜上与糖蛋白特异性结合，从而影响昆虫对营养物质的吸收。此外，植物凝集素还能在昆虫的消化道内诱发病灶，进而促进消化道中细菌的繁殖，达到杀虫的目的。目前已经发现豌豆凝集素（pea-lectin）、麦胚凝集素（wheat germ agglutinin，WGA）和雪花莲凝集素（galanthus nivalis agglutinin，GNA）具有不同程度的毒杀害虫和抑制害虫生长的作用。且编码这三种凝集素的基因已被成功克隆并导入植物中。

（3）核糖体灭活蛋白（ribosome-in-activating protein，RIP）基因　RIP 是一类作用于真核生物核糖体且抑制蛋白质合成的有毒蛋白。有趣的是，RIP 并不失活自身核糖体，却能特异性地作用于亲缘关系较远的物种，如真菌的核糖体。从大麦种子中纯化的 RIP 能够抑制立枯丝核菌的生长。此外，几丁质酶和 β-1,3 葡聚糖酶与 RIP 协同作用，能够增强对真菌的抗性。例如，大麦 *RIP* 基因已被克隆并与上游启动子相连接、导入烟草中，获得了对立枯丝核菌抗性增强的转基因烟草。美洲商陆的一种核糖体灭活蛋白也已表明对一些植物病毒和动物病毒具抑制作用，且该基因已被克隆。天花粉蛋白是中药天花粉的有效成分，对异源核糖体有灭活作用，可抑制乙肝病毒等多种病毒。我国的研究人员已将天花粉蛋白基因导入烟草基因组中，该转基因烟草接种烟草花叶病毒后症状比对照出现迟、病斑小且单株病斑数少。

到目前为止，应用于植物转基因抗病虫育种上的还有抗生物质的合成酶基因如茋合成酶基因及病原果胶酶抑制蛋白基因等。

（二）来自病原本身的目的基因

1. 病原非毒性基因

非毒性基因在植物抗病基因工程上具有良好的应用前景。研究表明，将 *Avr9* 基因的产物，一种 28 个氨基酸的小肽注射到具有 *Cf9* 基因的番茄叶中可引发过敏性反应。因而设想将 *Avr9-Cf9* 基因组合转入不含 *Cf9* 的植物中，使其抗多种真菌。这个方案能否成功取决于能否得到合适的启动子来指导这个基因组的表达，其表达必须是局部的、病原专一诱导的，否则转基因植物将遍布坏死斑。

2. 病原解毒酶基因

病原产生的致病毒素是重要的致病因子，如果植物能降解病原菌在侵染过程中产生的毒素，就可以有效对抗病原菌的进一步侵染，从而提高抗病能力。有些病原菌具有自我保护性的毒素降解酶系，将病原菌中分离克隆的毒素降解酶基因导入植物体内，就能提高植物的抗病性。

烟草野火病是烟草的一种重要病害，典型症状为褐色坏死小点外有大面积黄色晕斑。这种黄晕与病原细菌产生的野火毒素有密切关系，如用野火毒素处理烟草叶片亦可诱发黄晕斑。烟草野火毒素是一种二肽，本身无直接毒性，需要在植物或微生物酶的作用下水解脱去 1 个苏氨酸残基，产生的野火氨酸内酰胺具有毒性，能够强烈抑制谷氨酰胺合成酶的活性，导致细胞内积累大量的游离氨，进而引起氨中毒。

日本学者为查明野火菌的解毒机制和解毒基因，用限制酶消化野火菌染色体 DNA，将消化产物连接在大肠杆菌原生质体载体上转化大肠杆菌，在含有野火毒素的培养平板上筛选，得到 2 个含有插入片段的质粒。生化分析表明，2 个质粒上分别插入了编码耐毒的谷氨酰胺合成酶基因和野火毒素乙酰化酶基因，后者被转入烟草，得到了不产生黄晕的转基因植株。

3. 病毒基因组成分

1929 年，麦金尼（McKinney）首次报道先接种烟草花叶病毒（TMV）弱株系的烟草不易受到 TMV 强株系的后续侵染。1980 年，汉密尔顿（Hamilton）预测将病毒 RNA 基因组某些区域的 cDNA 导入植物，可诱发这类交叉保护作用现象。不过，当时基因导入技术在植物中还不成熟。1986 年，Beaehy 等证明 TMV 的外壳蛋白在烟草转基因植株中过表达，赋予烟草较高水平的抗病毒侵染能力。此后，先后出现了许多转病毒 *CP* 基因或其他组分植物的报道。

（1）病毒 *CP* 基因　　*CP* 基因介导抗性的实例有苜蓿花叶病毒（Alfalfa mosaic virus，AMV）*CP*、黄瓜花叶病毒（Cucumber mosaic virus，CMV）*CP*、烟草线条病毒（Tobacco streak virus，TSV）*CP*、番茄斑萎病毒（Tomato spotted wilt virus，TSWV）*CP*、烟草脆裂病毒（Tobacco rattle virus，TRV）*CP*、烟草花叶病毒（Tobacco mosaic virus，TMV）*CP*、马铃薯 X 病毒（Potato virus X，PVX）*CP*、马铃薯 Y 病毒（Potato virus Y，PVY）*CP*、大豆花叶病毒（Soybean mosaic virus，SMV）*CP* 介导的抗性。其中，在美国夏威夷群岛利用转木瓜环斑病毒（Papaya ring spot virus，PRSV）*CP* 蛋白来防治木瓜环斑病毒病，并取得十分显著的成效。

目前，CP 蛋白赋予植物抗病能力的分子机制仍未研究透彻。现有的资料表明，CP 可能在病毒侵染早期或病毒蔓延期发挥作用。

1）在侵染初期，病毒要脱掉 CP 亚基，暴露出核酸，才能完成复制、转录或翻译。用病毒 RNA 接种时，一些 CP 转基因植株变得感病，说明 CP 可能对病毒脱外壳起干扰作用。这一结果与用原生质体所做结果相同。另一些研究结果表明，CP 蛋白可能参与阻止 RNA 复制和表达的过程。

2）关于 CP 在病毒蔓延过程中的作用，大多数研究表明，CP 转基因植株中病毒系统侵染受到阻碍或延迟，这可能是由于 CP 干扰了病毒的胞间运动。但最近的研究表明，病毒在 CP 转基因和非转基因植株中的短距离蔓延相似，但超过 5 mm 时或蔓延到另一张叶片时，差异就大了。有人做了一个简单的嫁接试验，在无 *CP* 表达的根砧与接穗之间放一张带叶的 *CP* 过表达的茎组织或无 *CP* 过表达的茎组织，根部再接种 TMV，用 ELISA 确定病毒蔓延速率，结果

CP 过表达的茎组织显著阻止了 TMV 向接穗蔓延。

（2）病毒复制酶基因　　研究发现，转 TMV 复制酶蛋白基因的烟草比转 *CP* 基因的烟草对 TMV 抗性增强，可达到实质免疫的程度。这种复制酶蛋白在转基因植物中的瞬时表达和积累，可能破坏 TMV 复制环节。利用豌豆早褐病毒（PEBV）的复制酶蛋白基因，获得的转基因植株对 PEBV 同样表现为抗性。不过，有些病毒蛋白的转基因植株表现出感病，核苷酸序列分析表明这些植株中转入的基因发生了突变，阻止了复制酶蛋白的翻译。

PVX 复制酶基因的全长和 N 端部分分别转入烟草，结果表现为转复制酶基因烟草对 PVX 的抗性优于转 *CP* 基因烟草。此外，转入 CMV 缺损复制酶蛋白基因的烟草也表现出对 CMV 侵染的抗性。缺损的复制酶蛋白可能与病毒复制酶系统的某些成分互作，钝化复制酶复合体，从而干扰病毒复制。

（3）病毒反义 RNA　　反义 RNA 又称互补 RNA（cRNA），已被转入植物中用于防御病毒系统侵染。番茄金黄花叶病毒（ToGMV）是一种单链 DNA 病毒，在植物细胞核内复制。现已构建出与 ToGMV 基因组负责复制的区域互补的 RNA 转录本，并使其在转基因烟草中表达。反义 RNA 的积累与症状减轻程度成正比。

马铃薯卷叶病毒（PLRV）是一种正链 sRNA 病毒，转入与 *PLRVCP* 基因互补的 RNA，可使马铃薯植株抗 PLRV 侵染。抗性水平与转 *CP* 基因马铃薯相当。转录本的积累可能导致正链 RNA 干扰负链复制中间体。这项技术对局限于特定组织的病毒如 PLRV（局限于韧皮部、蚜传）也许特别有效，也可应用于核内复制的病毒如含单链 DNA 的双联病毒组的成员。其可能的机制：①细胞内合成的反义 RNA 与病毒基因组 RNA 互补结合成双链 RNA，阻碍病毒 RNA 移向胞质中的复制位点；②与复制起始位点结合，阻止病毒 RNA 复制；③与病毒负链竞争复制底物；④形成双链的 RNA 快速分解。

（4）卫星 RNA（satRNA）　　satRNA 是一类小分子 RNA，本身没有侵染性，需要在病毒帮助下才能复制和包被外壳。satRNA 与辅助病毒（helper virus）共存于植物体内时，有时加重症状，有时减轻症状或降低病毒积累。

在温室试验中，番茄预先接种含卫星 RNA 的 CMV 弱株系，再接种 CMV 重症株系。结果病情比对照降低了 79%～86%，产果量提高了 1 倍。在意大利南部的田间试验中，于番茄致死性坏死病（由 CMV 与另一种引致坏死的 satRNA 联合引起）大流行的第二年，用含有 satRNA 的 CMV 弱株系预保护田间部分番茄，结果预保护的番茄发病轻，产量翻番，还阻止了田间病情向未处理番茄蔓延，发病率不到 40%，而邻近的未保护番茄地几乎失收。

（三）来自其他生物的目的基因

1. 昆虫抗菌肽基因

抗菌肽是动物、植物及其他生物产生的一类小分子量的多肽。在转基因育种上主要应用的是一类由昆虫产生的抗菌肽，称为杀菌肽（cecropin）。通过注射非致病细菌或高温杀死的细菌，可以使昆虫体内产生体液免疫，从中纯化出不同的免疫蛋白即杀菌肽。杀菌肽一般为碱性蛋白质，对热稳定，不易水解，具有抗革兰氏阴性菌的活性，其杀菌机制可能是其使细菌细胞内外渗透压改变，细胞内容物尤其是 K^+ 大量渗出，导致细菌死亡。来自蚕、柞蚕、蝇等昆虫及其他动物如爪蟾的杀菌肽基因已相继被克隆并转入桑树、樱桃、辣椒、烟草和马铃薯等多种农作物中，这些转杀菌肽基因的植物对青枯病菌等细菌具有一定的抗性。

2. 昆虫病原菌毒素基因

已知的昆虫病原菌有 100 多种，但真正在生产上应用的只有苏云金芽孢杆菌（*Bt*），其杀虫活性主要来源于细菌芽孢形成期产生的杀虫晶体蛋白（insecticidal crystal protein，ICP），也称为 δ-内毒素。ICP 通常以原毒素形式存在，在昆虫肠道生物碱性环境下被解离成为毒蛋白，发挥杀虫作用。由于人的胃液呈酸性，原毒素不能解离，因此对人体无毒害作用。目前已经有多种类型的 *ICP* 基因被克隆，但现在用于转化植物的主要是 *CryI* 基因。

3. 来自微生物的溶菌酶基因

溶菌酶是指裂解某些细菌细胞壁多糖组分的一类较小的酶。细菌细胞壁多糖由两种单糖组成：N-乙酰葡糖胺（NAG）和 N-乙酰胞壁酸（NAM）。在细菌细胞壁中，NAM 和 NAG 都是通过一个糖的 C1 和另一个糖的 C4 之间的糖苷键相连，溶菌酶的作用机制在于水解 NAM 的 C1 和 NAG 的 C4 之间的糖苷键。编码溶菌酶的基因已被克隆。但不同来源的溶菌酶基因转化烟草后获得的抗细菌性病害的效果不同。在转 T4 噬菌体溶菌酶基因的马铃薯中，虽然只有低水平的合成表达，但能有效地分泌到胞间隙中，明显提高对马铃薯黑胫病的抗性。

4. 耐除草剂基因

化学除草已成为现代农业不可或缺的手段，但高效灭生性除草剂如草甘膦和百草枯只能在作物的非生长期使用，否则会产生严重药害。已得到应用的耐除草剂基因主要是以下两个。

（1）耐草甘膦的 EPSPS 酶编码基因　　草甘膦也称农达（Roundup），作用位点是 EPSPS（5-烯醇式丙酮酰-莽草酸-3-磷酸合成酶）。EPSPS 是细菌和植物体内芳香氨基酸生物合成过程中的一个关键性酶，草甘膦的作用机制在于抑制植物体内芳香族氨基酸的生物合成过程。研究者发现鼠伤寒沙门菌基因组中编码 EPSPS 酶的 *aroA* 基因发生了点突变，将克隆的突变 *aroA* 基因导入烟草，可使转基因烟草产生对草甘膦的抗性。目前获得的转 *aroA* 基因的抗草甘膦玉米、大豆、棉花等植物，已在生产上得到广泛应用。

（2）耐草丁膦的基因　　草丁膦也称 BASTA，作用机制是抑制谷氨酰胺合成酶（glutamine synthetase，GS）的生物活性，导致细胞内氨积累，使光合磷酸化解偶联，叶绿体降解，进而导致植株死亡。

目前应用在抗草丁膦转基因育种上的主要是 *bar* 基因。*bar* 基因大小为 615 bp，来源于吸水链霉菌（*Streptomyces hygroscopicus*），编码由 183 个氨基酸残基组成的膦丝菌素乙酰转移酶（phosphinothricin acetyltransferase，PAT）。PAT 使草丁膦的自由氨基乙酰化，使其不能抑制谷氨酰胺合成酶的活性，从而对草丁膦显示抗性。*bar* 基因导入烟草、番茄和马铃薯等作物后，使作物获得抗草丁膦的能力。不过，BASTA 尚未在中国注册，生产上暂未应用。

二、目的基因的获取

在目的基因的获取上，常用的方法有图位克隆法和转位子示踪法。其中涉及基因组文库（genomic library）或 cDNA 文库（cDNA library）的构建、分子杂交技术、PCR、近等基因系（near isogenic lines，NIL）的培育等。其中 PCR 技术与分子杂交技术将在第五章详细介绍。

1. 基因组文库的构建

基因组文库指携带某一生物基因组不同 DNA 片段的重组载体集合于转化的宿主菌内，简称 G-文库。

建立基因组 DNA 文库的一般程序：提取基因组 DNA→用限制性内切酶消化→载体用配

伍的限制性内切酶消化和脉冲电泳分级分离→将大小适中的基因组 DNA 消化产物连接到载体上→将重组的载体转化宿主菌或包装蛋白衣壳（若载体为噬菌体载体如 λ，或噬菌体衍生的载体如黏性质粒）后转染宿主菌（一般为大肠杆菌）→在筛选平板上得到含重组载体的菌落。

2. cDNA 文库的构建

cDNA 文库是携带与某一生物个体总 mRNA 对应的双链 cDNA 的重组载体的集合，存在于转化的宿主菌内。真核生物的一些基因是含有内含子的，转化到其他生物后可能不易表达。cDNA 是用成熟 mRNA 制备的，不含有内含子，因此便于从 cDNA 文库中筛选到所需的目的基因，并直接用于该目的基因的表达。cDNA 文库的构建步骤：提取细胞总 RNA→用 oligo(dT) 纤维素柱层析提纯出高质量的 mRNA→以 oligo（dT）为引物，在逆转录酶催化下合成第一链 cDNA→用 RNA 酶 H 处理或碱处理去除 RNA，然后用 DNA 聚合酶合成第二链 cDNA→将双链 cDNA 克隆进质粒载体或噬菌体载体→重组载体导入宿主中繁殖。

对于非全长 cDNA 文库，可用 RACE 从中筛选新基因。RACE 即 cDNA 末端快速扩增（rapid amplification of cDNA end）法，只需知道 mRNA 内很短的一段序列即可扩增出其 cDNA 的 5'端（5'-RACE）和 3'端（3'-RACE）。该法的主要特点是利用一条根据已知序列设计的特异性引物和一条与 mRNA 的 poly（A）（3'-RACE）或加至第一链 cDNA 3'端的同聚尾（5'-RACE）互补的通用引物，由于同聚体并非良好的 PCR 引物，同时为了便于 RACE 产物的克隆，可向同聚体引物的 5'端内加入一内切酶位点。所用的 cDNA 模板可以使用多聚 dT 引物延伸合成（3'-RACE 或 5'-RACE 均可）。当 RACE PCR 产物为复杂的混合物时，可取部分产物作模板，用另一条位于原引物内侧的序列作为引物与通用引物配对进行另一轮 PCR（巢式 PCR）。

3. 分子杂交技术

分子杂交是鉴定目的基因的一个主要手段，通常是利用放射标记的或荧光标记的单链核苷酸探针与转移至硝酸纤维素膜上的变性成为单链状态的 DNA 片段进行分子杂交，从杂交呈阳性的片段中鉴定目的基因。探针通常是以一个已知目的基因为基础制备的，所要探查的一般为基因组文库或 cDNA 文库。分子杂交技术已在植物病、虫、草害的分子诊断中广泛应用，具体的操作程序将在第五章介绍。

4. 近等基因系的培育

近等基因系是一些在外观和农艺性状上相似但在某个性状上具有不同基因的品系，这一套品系的外观与农艺性状基本没有区别，只是在抗某一种病害的 R 基因上不同。例如，国际水稻研究所（International Rice Research Institute，IRRI）针对水稻白叶枯病（rice bacterial leaf blight）培育出的一套近等基因系，品系间只有所携带的抗白叶枯病 R 基因不同，这些品系根据所携带的 R 基因分别被称为'IRBB1'…'IRBB21'。近等基因系是用轮回杂交的方法培育出来的：先用一套含有不同 R 基因的品种（系）分别与一个农艺性状好但不含有 R 基因的品种杂交，然后用后者作为轮回亲本逐代与子代回交，大约从第 5 代开始，对回交后代群体进行筛选，选出 R 基因纯合且与轮回亲本外观和农艺性状一致的单株，经自交保留下来。作为一套近等基因系的一个成员，由各个轮回杂交组合选出的单株系便组成了一套近等基因系。

近等基因系已被应用于抗病性基因的分离、致病小种的鉴别、抗病性生理生化机制研究和多系品种的组合研究上。对于核苷酸序列或蛋白质序列未知的基因而言，更是必不可少的先决条件。

三、获取目的基因的实例

（一）核苷酸序列或蛋白质序列未知的基因

1. 水稻 *Xa21* 基因的克隆

水稻 *Xa21* 基因最先是从野生稻中发现的一个广谱抗白叶枯病小种的 *R* 基因，后来导入不含有抗白叶枯病 *R* 基因的籼型水稻品种‘IR24’中，得到近等基因系品种‘IRBB21’。将‘IRBB21’与‘IB24’（‘IRBB0’）杂交，在 F₂ 代分离群体中鉴别出抗病和感病的个体，取其中有代表性的抗病和感病个体提取基因组 DNA，用限制性内切酶消化进行限制性酶切片段多态性（restriction fragment length polymorphism，RFLP）分析，以及用随机引物做随机扩增多态性 DNA（randomly amplified polymorphic DNA，RAPD）分析，找到与抗病性同分离的片段，并根据水稻的 RFLP 和 RAPD 标记物将这些片段定位到水稻的染色体上。通过对这些片段的克隆，并转入‘IR24’，证明片段中含有抗病基因，测序分析发现其中一个可读框（ORF）编码一种丝氨酸/苏氨酸蛋白激酶，即 *Xa21* 基因。此外，*Xa21* 转基因水稻还表现出小种专化抗病性。

2. 马铃薯抗菌蛋白基因的克隆

1995 年，中国农业科学院袁凤华首先用高效液相色谱（HPLC）技术提纯得到抗菌蛋白，然后测出 N 端几个氨基酸的序列，根据氨基酸序列设计简并引物，对马铃薯 DNA 提取物做 RT-PCR，得到的产物经克隆后测序，在 NCBI 网站上用 BLAST 查出是一种与胰蛋白酶抑制剂相近的蛋白质的编码基因，最终获得了一个马铃薯抗菌蛋白。

3. 烟草野火病菌解毒酶基因的克隆

烟草野火病菌产生的毒素与谷氨酸竞争性结合谷氨酰胺合成酶，使烟草体内的游离态氨离子积累增加，从而造成中毒。此毒素是一种非专化性的毒素，对其他生物甚至对大肠杆菌也有毒，而本身不中毒，所以它必定有某种解毒机制。为了获取这种未知的、与解毒相关的基因，研究者首先提取烟草野火病菌的基因组 DNA，然后用限制性内切酶消化，将消化的片段连接到质粒上转化大肠杆菌，转化产物涂布在含有野火毒素的培养平板上，次日在平板上发现 2 个菌落，对这两个菌落分别提取质粒 DNA，经测序发现质粒上分别含有一个解毒酶（使毒素乙酰化）基因和一个耐毒素的谷氨酰胺合成酶基因。

筛选烟草野火病菌解毒酶基因的方法也可用于其他在平板上表现其特性的基因筛选，如在培养基中加入果胶筛选含有果胶酶的基因、加入结晶纤维素筛选具有纤维素酶功能的基因、加入几丁质筛选具有几丁质酶功能的基因等。

（二）其他生物中同源序列已知的目的基因

有些生物的目的基因虽序列未知，但在其他生物中同源基因的序列已知，便可用其他生物已克隆的基因制备探针，从本种生物的基因组文库中筛选阳性克隆，从中得到目的基因，或利用已报告的这种基因序列的保守区段设计引物做 PCR，将同源的序列扩增出来。

1. 番茄植保素相关基因的克隆

番茄萜类植保素日齐素（rishitin）合成关键酶倍半萜烯环化酶基因的克隆是基于烟草倍半萜烯环化酶基因的 cDNA 制备探针获得的。在番茄的 λ 基因组筛选出与探针杂交的克隆，得到含有 ORF 的亚克隆。接着将基因组 DNA 文库与大肠杆菌混合到 LB 平板，将 LB 平板上形成的噬菌斑转移到硝酸纤维素膜上，再做 DNA 印迹（Southern blotting），将底片上的黑斑（杂交阳性，使底片曝光）与 LB 平板上的噬菌斑所在的位置比对，挑出噬菌斑进行纯化，再提取噬菌体 DNA，用限制性内切酶消化，电泳后将中间的插入序列（约 16 kb）纯化，再经限制性内切酶消化并克隆，经测序发现了倍半萜环化酶基因的 ORF。研究人员后来将整个 16 kb 序列克隆到了 p19 载体上，得到了这个基因的启动子序列。

2. 辣椒抗病同源序列的克隆

湖南农业大学易图永等根据已克隆抗病基因的保守序列设计简并引物，对 9 个不同抗/感疫病的辣椒种质材料基因组 DNA 进行抗病基因同源性序列的特异 PCR 扩增，经序列测定和同源性分析发现 14 个抗病基因同源序列（RGA）与辣椒抗疫病作用相关，其中扩增得到的 8 个 RGA 与烟草抗花叶病基因 *N*、拟南芥抗丁香假单菌基因 *RPS2* 和亚麻抗锈病基因 *L6* 的同源性较高，属于广谱抗病基因同源序列；其余 6 个 RGA 与番茄抗叶霉病基因 *Cf2* 和 *Cf9* 有较高的同源性，与抗疫病作用密切相关。

（三）已报告序列的目的基因的克隆

有些已公布序列的目的基因没有内含子，只需设计合适的引物直接做 PCR 即可，有些目的基因含有内含子，为了避免其转入他种生物后表达上可能的困难，应该先提取总 RNA，然后用 oligo（dT）作引物进行逆转录，得到第一链 cDNA 后再加入根据 mRNA 序列设计的一对引物和 *Taq* DNA 聚合酶做 PCR 扩增。由于只有成熟的 mRNA 才有 poly（A）尾，所以得到的产物必定不含内含子。

在设计引物时，要考虑下一步的程序，如果要将 PCR 产物连接在特定载体的启动子和终止区之间，就要根据启动子 3'端和终止区 5'端的限制性内切酶位点，在引物中引入相应的位点，这样 PCR 产物就可用酶消化后直接克隆到具有这样的酶切位点的载体上，然后经限制性内切酶消化及测序确认插入序列的完整性，最后再将其连接到含有启动子和终止区的载体上，得到一个表达构建体。引物中如果没有设计酶切位点的 PCR 产物，而使用 *Taq* DNA 聚合酶，根据其聚合酶特性会在每一轮合成完成之后再在新单链的 3'端加上一个 dA，这样产物可以直接连接到 T 载体上。如果是用 Pfu 这样高保真的 DNA 聚合酶做的，只能按平端片段连接法克隆，连接到载体上的成功率很低，最好是在引物中引入载体上的酶切位点。

第三节　植物转化技术

人们为了提高植物对有害生物的抗性，采取的最经济有效的方法是应用有害生物抗性基因进行遗传育种。而植物抗病虫害、抗逆遗传育种一般采取传统的父母本杂交、转基因和基因编辑技术（下一节将详细介绍）。利用抗性基因进行抗病虫害、抗逆杂交育种往往通过开发目的基因的分子标记并结合表型分析进行优良性状株系的筛选。针对植物转基因遗传育种，为了将外源重组 DNA 导入植物体内，人们已相应开发出根癌农杆菌介导法、基因枪转化法、原生质体聚乙二醇（PEG）转化法、花器介导法和脂质体法等多种植物转化技术。其中基因枪转化法会导致目的基因插入的位点太多且不稳定，主要用于科研（如瞬间表达目的基因），用于遗传育种的报道相对较少。植物遗传转化技术中最成功、应用最广泛的方法是根癌农杆菌介导法，其次是使用植物转化载体的花器介导法。

　　根癌农杆菌介导的第一步是重组 DNA，将目的基因克隆并在前后分别连上启动子（promoter）和终止子（terminator），成为一个可在植物中表达的双元载体；第二步是将重组了的植物转化载体转入根癌农杆菌；第三步是通过组织培养准备转化受体即植物外植体；第四步是用含重组 DNA 的根癌农杆菌转化植物；第五步是利用标记筛选（如潮霉素抗性、*Basta* 除草剂抗性及荧光等）、逆转录定量 PCR（qRT-PCR）、逆转录 PCR（RT-PCR）和免疫印迹法等方法，对转化了的植株及其后代进行转基因阳性植株鉴定。

一、重组 DNA 植物转化载体构建

　　目的基因片段在重组到用于植物转化的双元载体前，要进行适当的修饰。例如，来自原核生物的基因 GC 比例高，要通过密码子简并性适当降低其比例，以便转入植物后能表达；双元载体多克隆位点的限制性酶切位点最好不要出现在目的基因序列中，如果有就要用 PCR 在目的基因片段末端加上同尾酶，或者采用无缝克隆法（对插入的目的基因片段酶切位点无要求），以免在连接载体之前的酶切消化中切断目的基因；如果目的基因两端没有与载体上多克隆位点相同或配伍的酶切位点，就要用包含酶切位点的引物做 PCR 创造酶切位点。

　　外源目的基因在转入新的植物后要正确表达就必须要有控制其表达的元件即启动子，还要有一个终止其转录的元件即终止子。启动子既可以是组成型表达的启动子[如花椰菜花叶病毒 CaMV 35S 启动子，泛素（ubiquitin）启动子]、组织特异型启动子，也可以是基因内启动子（internal promoter），还可以是诱导型启动子（如雌激素诱导的启动子），转化植株采用的启动子类型根据实际需要进行选择。此外，一般需要在目的基因前后加上筛选标记，即抗体标签或抗生素/除草剂抗性基因以便阳性转基因植株的鉴定和筛选，包括用于免疫印迹抗原抗体检测的蛋白质标签（如 His、flag、HA 等）、用于染色或荧光检测的标签（如 GUS、GFP 等）、用于抗生素筛选的抗性基因（如抗潮霉素基因、抗卡那霉素基因）及除草剂抗性基因（如抗除草剂 *Basta* 基因）等。载体上的转录终止子决定了一个转录单元（如目的基因）的转录，其位于目的基因的下游，常用的转录终止子有 NOS、RBS 等。

　　常用的植物转化载体有 pCAMBIA 系列（图 3-1）、pBI121 等。植物转化载体大致可分为两个区：一是 T-DNA 区，即 T-DNA 左右臂之间的区域 [图 3-1 中 T-border（左）与 T-border（右）之间的区域]，一般含有一个多克隆位点（用于插入目的基因）、一个在植物中表达的筛选标记（用于转化子的筛选）、一个启动子和一个转录终止子；二是 T-DNA 以外的区域，通常包含一个在细菌中表达的耐抗生素（如卡那霉素、氨苄青霉素等）基因用于转化细菌的筛选，一个大肠杆菌的复制起点和一个土壤杆菌的复制起点，使载体既可在大肠杆菌中复制也可在土壤杆菌中复制。目的基因片段与植物转化载体用同样的两个限制性内切酶（或同尾酶）酶切后，利用 T4 DNA 连接酶进行连接，即可获得重组 DNA 转化载体，也可通过互补配对进行无缝克隆将目的基因连入转化载体。然后通过电击转化或热击转化将连接产物转化至大肠杆菌感受态细胞，复苏后涂布于抗生素选择性筛选固体培养基上并培养过夜。再对长出来的转化子即单菌落进行菌落 PCR 初步鉴定：将各单菌落进行编号，用灭菌的牙签或微量移液器最小的吸头蘸取筛选平板上的菌落后放入含有可鉴定目的基因引物的 PCR 体系并刷洗，然后进行常规 PCR，PCR 循环数不宜过多，27～29 个循环为宜，以免出现假阳性。然后对菌落 PCR 检测为阳性的转化子进行繁殖培养，再提取质粒载体送生物技术公司做 DNA 测序，通过序列比对确认目的基因是否成功插入载体、是否有突变和编码区移码等。

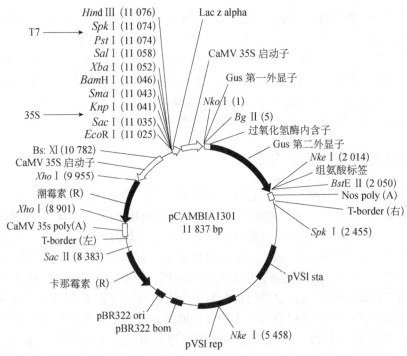

图3-1   植物转化载体pCAMBIA1301的结构图

二、用重组的植物转化载体转化根癌农杆菌

在测序鉴定到阳性的重组植物转化载体后，接下来就需要将该载体转化至根癌农杆菌感受态，根据根癌农杆菌感受态细胞的制备方法不同，转化方法分为电击转化法或热击转化法。然后同样通过菌落 PCR 初步鉴定阳性转化子菌落。为了保证转化植物的正确性，还要对土壤杆菌中转入的重组的植物转化载体进行检验。检验步骤为提取阳性土壤杆菌转化子中的质粒→提取到的质粒 DNA 转化大肠杆菌感受态细胞→菌落 PCR 鉴定阳性转化子菌落后提取其质粒→用克隆时所采用的限制性内切酶将目的基因切下来并纯化→交生物技术公司测序→比对 DNA 序列确认重组 DNA 载体是否正确。

需要说明的是，转入植物转化载体的土壤杆菌菌株本身是有质粒的（至少有一个含 Ti 质粒毒性区的质粒），从根癌农杆菌提取植物转化载体 DNA 时土壤杆菌本身的质粒可能混在其中，但由于土壤杆菌本身的质粒不含有大肠杆菌的复制起点，因此不能在大肠杆菌中复制，也就不可能存在于筛选平板上形成的菌落中，当然也不可能混入其后从转化的大肠杆菌提取的植物转化载体 DNA 中。

三、用含转化载体的根癌农杆菌转化植物

在花器介导法中，只需直接用含有目的基因的植物转化载体经由花粉管通道导入胚囊。而根癌农杆菌介导法要用含有转化载体的根癌农杆菌转化植物外植体。以下是番茄转化的主要程序，详细的组织培养方法在第二章已经介绍过。

种子消毒并洗净，在含有培养液的培养盒中无菌萌发→当子叶全展但未见真叶时，在无菌条件下切去子叶顶端和基部→摆放在培养基上（切口接触培养基）黑暗培养 2 天→将子叶浸入含重组 DNA 载体的根癌农杆菌菌液中 15～20 min→用无菌滤纸吸干菌液并排列在 MS 共培养基中，暗处共培养 2 天→将子叶移放到含有卡那霉素的脱分化培养基平板上，筛选转化的细胞→切下子叶切口处长出的愈伤组织，移到新的筛选平板上，每 2 周继代一次→愈伤组织出现绿点并长成小苗后移到生根培养平板上→将生了根的小植株移到培养瓶或培养盒中→将再生植株盆栽，放在温室中生长，常规管理。

四、检验转基因植株及其后代

植物在遗传转化后，需要通过多种手段鉴定和检验转基因植株及其后代，以获得稳定遗传的阳性转基因植株。因为植物转化载体往往携带抗潮霉素基因、抗除草剂基因等筛选标记，所以可利用潮霉素、除草剂进行转基因植株的初步筛选，然后采用形态学观察、细胞学检验、分子检验和抗病虫或耐除草剂性状检验及生物安全性评价等方法。

（一）形态学观察

部分转基因植株会在形态上产生变化，尤其是调控生长发育相关的基因转化植株后。因此可在温室盆栽时对转基因植株进行形态学观察，与非转基因对照植株相比观察是否有形态异常的表型，将这一类形态异常的植株作为主要的候选阳性植株进行下一步鉴定。

（二）细胞学检验

细胞学检验主要是对转基因植株的染色体倍性进行检验，在组织培养中由于激素的作用，有些细胞发生了加倍，如有些番茄植株变成了四倍体。检验的方法可以是染色体检查法，也可以用一种简单的方法，即叶细胞叶绿体含量检查法，四倍体的细胞叶绿体显著多于二倍体。

（三）分子检验

首先，观察待检植株是否含有转基因，一般用分别位于启动子区和目的基因区的一对引物做 PCR 即可。如果要知道转入基因的拷贝数，就要采用 DNA 印迹法（Southern blotting）。这样的检验要跟踪转基因植物至少到第 3 代。

其次，检查转入的基因是否表达为成熟的 mRNA。以前一般用 RNA 印迹法（Northern blotting）即用 DNA 探针与 mRNA 杂交的方法，现在可采用 RT-PCR 和 qRT-PCR 加测序的方法。

再次，观察转入的基因是否经转录和翻译成功表达为蛋白质，这也是最可靠的检测策略。一般利用蛋白质印迹法（Western blotting）即目的蛋白质携带的标签抗体与转基因表达的携带标签的目的蛋白质杂交的方法。有些不易得到抗体的可借助于与目的基因一同插入植物基因组 DNA 的报告基因如 GUS 的表达来检测，即 GUS 染色。有些基因的蛋白质产物是酶，可催化肉眼可见的生化反应，可提取转基因植物的蛋白质，放在含有相应底物的琼脂平板上进行检测。例如，转入细菌几丁质酶基因的植株鉴定，可在琼脂平板中加入几丁质，转基因植物蛋白质提取物应该可以在浑浊的平板上形成透明圈。

（四）抗病虫或耐除草剂性状检验及生物安全性评价

要采用人工接种病原和害虫或喷洒除草剂的方法对目的基因表达出的这些性状进行连续几代的温室内和田间的检验，以判断目的基因是否发挥了抗病虫或耐除草剂的功能。此外，针对农作物，需对转基因植株同时进行生物安全性评价。

第四节　基因编辑技术在植物保护上的应用

在进入了堪称"生物学世纪"的21世纪以来，越来越多的物种已完成全基因组测序，基因的功能逐步得到了鉴定。在揭开这些物种全基因组序列的神秘面纱后，进一步研究基因的功能及其应用是当前新形势下面临的机遇与挑战。基因编辑（gene editing）技术是一种运用人工核酸酶对基因序列进行定向改造的遗传工程技术，是精确、可控修饰基因组的一项革命性的新技术。通过该技术，能够直接高效定位基因组的目标位点，然后准确剪切目的基因序列，产生 DNA 双链断裂（double-strand breakage，DSB）。随后借助细胞损伤修复过程中非同源末端连接（non-homologous end-joining，NHEJ）修复机制产生的小片段的插入和缺失，或通过同源重组（homologous recombination）过程中插入或替换对应的 DNA 片段，从而达到基因组序列的改造、修饰。

近些年来基因编辑技术领域发展飞速、应用广泛，以不同可编程核酸酶类为核心的编辑技术相继问世。目前主流人工核酸酶包括 3 类：锌指核酸酶（zinc finger nuclease，ZFN）、类转录激活因子效应物核酸酶（transcription activator-like effector nuclease，TALEN）和规律间隔成簇短回文重复序列及其相关蛋白系统（clustered regularly interspaced short palindromic repeats-associated nuclease，CRISPR/Cas）。但前两种酶因分子结构复杂、价格昂贵且脱靶率高，制约了其应用与发展。CRISPR/Cas 系统是一套广泛存在于原核生物中的免疫防御机制，存在于约 90% 的古细菌与 45% 的细菌中。CRISPR/Cas 基因编辑技术不仅克服了前两种技术中存在的大部分问题，且具有省时省事和成本较低等优点，因此被越来越多的学者认可并成为基因功能鉴定和定向操作的强有力工具。除上述基因编辑系统之外，近年来 CRISPR/Cpf1、CRISPR/Cas13a、CRISPR/Cas13b 及超迷你 CRISPR 系统 Cas12f 等其他基因编辑系统相继得以应用，未来这些新型基因编辑技术在植物保护领域的进一步应用，必将带来植物保护生物技术新的巨大变革。

一、基因编辑技术在病害防治中的应用

当今世界面临人口爆炸性激增的威胁，粮食安全成为影响人类和平、国家与社会稳定的一项巨大挑战。由于缺乏抗病作物，农业生产力非常低下，控制植物疾病的发生和增强病害抵抗能力将有助于确保粮食安全。传统抗病育种方法是将自然变异的抗性基因 R 通过种间杂交导入目标品种内，或人为地利用化学诱变剂诱发作物发生突变，也能够发掘新的优良等位基因，但这两种方法均需要耗费较长时间及大量的人力来筛选突变体。通过基因编辑技术改变目的植物防御策略，是当下增强植物抗病性最有效的技术手段之一。其应用策略主要包括修饰 R 基因、改造感病基因 S 和直接靶向降解病原基因组（Ahmad et al.，2020）。

修饰 *R* 基因的核心目标是在不影响作物产量和质量前提下，对更多病原的不同生理小种或变种产生高识别率和宽识别范围，而实施策略就是编辑已知 *R* 基因的病原识别位点，提高识别活性或者替换 *R* 基因的识别区域，使 *R* 基因能够识别非特异性的病原效应子。例如，拟南芥蛋白激酶 PBS1 能特异性地识别丁香假单胞菌效应蛋白质 AvrPphB，并激活植物效应子触发免疫反应，而 RIN4 蛋白质是效应子 AvrRpt2 的分子靶标。将 PBS1 中效应子结合位点替换成 RIN4 的效应子切割位点（RIN4 cleavage site 2，RCS2），使 PBS1^{RCS2} 能够识别效应子 AvrRpt2，从而引发植物的免疫反应。

S 基因编码产物一般是与寄主植物免疫相关的负调节因子，也可能是与植物生长发育相关的蛋白质。病原通过操纵 *S* 基因逃避宿主免疫反应或促进病原繁殖与扩散。在早期研究中，将 *S* 基因 *Pi21* 功能缺失的水稻品种通过杂交的方法导入优质水稻品种，产生的后代虽然对稻瘟病具有抗性，但是其产量与质量均有所下降。而通过 CRISPR/Cas9 基因技术精准编辑 *Pi21*，可定向改良水稻稻瘟病抗性而不影响水稻的各种关键农艺性状。同样，利用 CRISPR/Cas9 基因编辑技术敲除水稻的感病基因 *Pi21*、*Bsrd1* 和 *Xa5*，能够提高水稻对稻瘟病和白叶枯病的广谱抗病性。改造 *S* 基因的策略抑制了病原逃脱寄主植物的识别进程，并且对单一病原的选择压力不高，其产生的抗病性比修饰 *R* 基因的抗病性范围更广、更持久。

由于病毒利用宿主的细胞功能进行感染循环，因此目前没有有效的方法控制病毒病害，这严重制约农业生产并对全球粮食产量造成重大损害。CRISPR/Cas9 系统是细菌进化出的一种防御系统，负责抵御外源遗传物质。利用这个机制，在烟草和拟南芥中利用 CRISPR/Cas9 技术，通过设计靶向单链环状 DNA 双生病毒中 IR、Rep 或 CP 位点的小向导 RNA（sgRNA），能显著减轻或消除双生病毒的感染症状。对于双链 DNA 病毒，CRISPR/Cas9 在拟南芥对抗花椰菜花叶病毒方面也被证明是有效的。与 DNA 病毒相比，RNA 病毒在作物中能造成更严重的损失，也更难防治。沙氏纤毛菌具有一种新型 Cas 蛋白质（LshCas13a），通过重新改造，能够切割烟草中 TMV 的基因组 RNA，以及降解南方水稻黑条矮缩病毒（SRBSDV）及水稻条纹花叶病毒（RSMV）的基因组 RNA（Zhao et al.，2020）。这些发现扩展了基因编辑技术的应用范围，使其成为提高农作物抵御植物病毒的强有力工具。

基因编辑技术在病害防治领域中正以惊人的速度发展，极大促进了植物-微生物相互作用的基础研究及减少化学农药的使用，以此来推动农业可持续发展和保障粮食安全。

二、基因编辑技术在杂草防治及害虫防治中的应用

在农业生产中，由于农业资源有限，杂草与农作物的生态位重叠度高，不可避免地要与农作物争夺营养、光照和生长空间等，还易发展为病虫害的传播源地。化学防治仍是当前阶段植物保护的重要手段，但化学杀虫剂参与昆虫与杂草自然选择，诱导其产生可遗传的基因突变，从而导致昆虫与杂草抗药性的增加。近年来随着杀虫剂、除草剂的广泛使用，抗药性已成为植物保护领域的重大问题。基因编辑技术的进步为害虫、杂草控制的挑战提供了环境友好的新方案。在杂草防治中，通过基于 Cas9 的胞嘧啶和腺嘌呤碱基编辑器及 sgRNA 改造水稻乙酰乳酸合成酶基因（*OsALS1*），导致 4 种不同类型的氨基酸被替换，水稻对除草剂双草醚产生不同程度的耐受性。与此相似，通过基因编辑技术将玉米 *ALS2* 基因第 165 位氨基酸（脯氨酸）替换为丝氨酸，突变体后代能突破磺酰脲类除草剂对植株体内支链氨基酸生物合成的抑制，从而产生磺酰脲类除草剂的耐药性（Kuang et al.，2020）。

　　一种害虫管理的方案是利用 CRISPR/Cas9 基因编辑技术将棉铃虫气味受体（*OR16*）敲除，使雄虫无法从成熟雌虫接收信息素信号，从而导致与未成熟雌虫交配，产生不育卵。同样，利用 CRISPR/Cas9 基因编辑技术敲除斜纹夜蛾中的嗅觉受体辅助受体基因（*ORco*），会干扰斜纹夜蛾交配对象的选择，并且导致嗅觉丧失从而失去对寄主植物的感知能力。因此，敲除鳞翅目害虫中的 OR 受体可以成为调节农作物害虫管理交配时间的新策略。另一种方案是敲除昆虫发育基因，如参与发育的转录因子 *abd-A* 基因。利用 CRISPR/Cas9 基因编辑技术在不同农业害虫如斜纹夜蛾、草地夜蛾和小菜蛾中产生 *abd-A* 功能缺失突变体，其后代可显示出发育畸形、前肢退化、性腺的异常和胚胎致死（Bisht et al.，2019）。

| 第四章 |

微生物发酵技术在植物保护上的应用

　　微生物发酵是指利用微生物在适宜的条件下,将原料经过特定的代谢途径转化为人类所需要的产物的过程。微生物发酵生产水平主要取决于工程菌菌种本身的遗传特性和发酵工艺这两个关键因素。随着科技的发展,微生物发酵工程的应用范围非常广泛,如在医药工业、食品工业、能源工业、化学工业、环境保护及农业等领域发挥巨大作用。其中,微生物发酵工程在农业上的一项重要应用是通过选育、改造工程菌株,优化其发酵条件以生产杀虫剂、杀菌剂、除草剂等生物农药及制备抗生素。随着我国农药产业政策的调整及目前提倡的有害生物绿色防控植物保护理念,人们对食品安全越来越重视,生物农药在农业生产中有逐步取代化学农药的趋势。所以利用微生物发酵技术生产的生物农药日益受到重视,具有广阔的市场空间。

第一节　发酵技术的基本知识

　　发酵技术是生物技术的重要组成部分,是生物技术产业化的重要环节。它将微生物学、生物化学和化学工程学的基本原理有机地结合起来,是一门利用微生物的生长和代谢活动来生产各种有用物质的工程技术。发酵(fermentation)最初来自拉丁语"发泡"(fervere),是指酵母作用于果汁或发芽谷物产生二氧化碳(CO_2)的现象。目前,人们把利用微生物在有氧或无氧条件下的生命活动来制备微生物菌体或其他代谢产物的过程统称发酵。发酵技术有着悠久的历史,早在几千年前,人们就开始从事酿酒、制酱和制奶酪等生产。作为现代科学概念的微生物发酵工业,是在 20 世纪 40 年代随着抗生素工业的兴起而得到迅速发展的,现代发酵技术在传统发酵的基础上,结合了 DNA 重组、细胞融合、分子修饰和改造等新技术。

一、发酵技术的内容

　　发酵技术的内容随着科学技术的发展而不断扩大和充实。现代发酵技术不仅包括菌体生产和代谢产物的发酵生产,还包括微生物机能的利用,其主要内容为生产菌种的选育,发酵条件的优化与控制,反应器的设计及产物的分离、提取与精制等。

　　目前已知具有生产价值的发酵类型有以下 5 种。

（一）微生物菌体发酵

以获得具有某种用途的菌体为目的的发酵，如通过香菇类、冬虫夏草菌和密环菌等发酵而获得名贵中药；通过发酵苏云金芽孢杆菌、白僵菌和绿僵菌等而获得生物防治剂。

（二）微生物酶发酵

由于微生物具有种类多、产酶的品种多、生产容易和成本低等特点，目前工业应用的酶大多来自微生物发酵。

（三）微生物代谢产物发酵

微生物代谢产物的种类很多，在菌体对数生长期所产生的产物，如氨基酸、核苷酸、蛋白质、核酸和糖类等，是菌体生长繁殖所必需的，称为初级代谢产物。在菌体生长静止期，某些菌体能合成一些具有特定功能的产物，如抗生素、生物碱、细菌毒素和植物生长因子等，与菌体生长繁殖无明显关系，称为次级代谢产物。由于抗生素不仅具有广泛的抗菌作用，而且还有抗病毒和其他生理活性，因此得到了大力发展，已成为发酵工业的重要支柱。

（四）微生物的转化发酵

微生物转化是利用微生物细胞的一种或多种酶，把一种化合物转变成结构相关的更有经济价值的产物。可进行的转化反应包括脱氢反应、氧化反应、脱水反应、缩合反应、脱羧反应、氨化反应、脱氨反应和异构化反应等。

（五）生物工程细胞的发酵

生物工程细胞的发酵指利用生物工程技术所获得的细胞（如 DNA 重组的"工程菌"、细胞融合所得的"杂交"细胞等）进行培养的新型发酵，其产物多种多样。例如，用基因工程菌生产胰岛素、干扰素和青霉素酰化酶等，用杂交瘤细胞生产应用于医学治疗和诊断的各种单克隆抗体等。

二、发酵技术的特点及应用

（一）微生物发酵技术的特点

微生物种类繁多、繁殖速度快、代谢能力强，容易通过人工诱变获得有益的突变株。微生物酶的种类也很多，能催化各种生物化学反应。微生物能够利用有机物、无机物等各种营养源，且不受气候、季节等自然条件的限制，用简易的设备生产多种多样的产品，所以以酒、酱、醋等酿造技术为基础的发酵技术得以迅速发展，且有其独到之处：①发酵过程以生物体的自动调节方式进行，数十个反应过程能够像单一反应一样，在发酵设备中一次完成；②反应通常在常温常压下进行，能耗少，设备较简单；③原料通常以糖蜜、淀粉等碳水化合物为主，可以是农副产品，也可以是工业废水或可再生资源（植物秸秆、木屑等），微生物本身能有选择地摄取所需物质；④容易生产复杂的高分子化合物，能在复杂化合物的特定部位进行有选择性的氧化、还原和官能团引入等反应。

（二）微生物发酵技术的应用

在目前能源、资源紧张，人口、粮食及污染问题日益严重的情况下，发酵工程作为现代生物技术的重要组成部分，得到越来越广泛的应用。值得注意的是，微生物发酵过程中需要防止杂菌污染，设备需要进行严格的冲洗、灭菌，空气需要过滤等。

1. 医药工业

传统的制药工业主要有两种：一是通过化学合成药物；二是从动植物中提取或由微生物发酵而获得。化学合成工艺复杂、条件苛刻、污染严重且毒副作用大。从植物中提取，受资源限制，单价昂贵，无法满足需求。而采用微生物工程技术，通过微生物发酵方法寻求新药既可以减少污染，又可以节约资源，如利用有关基因工程菌生产人胰岛素、乙肝疫苗、干扰素和维生素等。

2. 食品工业

目前，全世界人口总数已经超过 80 亿，面对可耕地面积日益减少、人口不断增加的现状，微生物工程成为人类生产食品、改善营养的主要途径。通过微生物发酵可生产微生物蛋白质、氨基酸、新糖原、饮料、酒类和其他食品添加剂。

3. 能源工业

能源紧张是当今世界各国都面临的一大难题，人们已认识到地球上的石油、煤炭和天然气等石化燃料终将枯竭，必须开发再生性能源和新能源，而微生物在新能源生产中最具利用价值。

4. 化学工业

传统的化工生产需要耐热、耐压和耐腐蚀的材料，而微生物技术的发展，不仅可制造其他方法难以生产或价值高的稀有产品，而且有可能改变化学工业面貌，创建省能源、少污染的新工艺。

5. 冶金工业

面对数以万吨计的废矿渣、贫矿、尾矿和废矿，在采用一般选/浮矿法无能为力的情况下，细菌冶金带来了新的希望。细菌冶金是指利用微生物及其代谢产物作为浸矿剂，喷淋在堆放的矿石上，浸矿剂溶解矿石中的有效成分，最后从收集的浸取液中分离、浓缩和提纯有用的金属。

6. 农业

在人口剧增、耕地面积日益缩小的今天，要解决人们的口粮问题，首先就要提高耕地单位面积产量。而应用生物工程技术，实现生物固氮、制造微生物农药和微生物饲料等，都将为农业增产做出重要贡献。

（1）生物固氮　　自然界中独立生活的自生固氮菌和专门与豆科植物共生的根瘤菌，都能将大气中的氮还原为植物可利用的氨。据统计，每公顷豆科植物的根瘤菌能固氮 1500 kg，相当于 7500 kg 硫酸铵。我国学者采用 2,4-D 诱导小麦幼根，或采用纤维素酶和聚乙烯醇处理水稻、油菜幼苗的根尖细胞，同时接种根瘤菌，培育出了形成根瘤并有固氮能力的小麦和水稻。

（2）微生物农药　　能使昆虫染病、致死的微生物有细菌、真菌、病毒和原生动物等。目前广泛应用的细菌杀虫剂是苏云金芽孢杆菌，真菌杀虫剂是白僵菌、绿僵菌等。除"以菌治虫"等方法外，"以菌除草""以菌防病"等方法中所利用的微生物农药也在农业增产上发挥了巨大作用。

（3）微生物饲料　　随着畜牧业的发展，人们对蛋白质饲料的要求十分迫切。微生物菌体蛋白质占干重的45%～55%，以微生物方法生产的单细胞蛋白质是食品和饲料的重要来源。

7. 环境保护

农业上使用的各种农药和各种石油化工产品、炸药、塑料和染料等工业废物，都会带来严重污染。工业中每天还排放大量的二氧化碳、一氧化碳和硫化物等有害气体，它们是造成温室效应和形成酸雨的重要因素，严重威胁人类健康。小小的微生物细胞对污染物有着惊人的降解能力，从而进入污染控制研究中最活跃的领域。

三、发酵设备

进行微生物深层培养的设备统称发酵罐。优良的发酵装置应具有结构严密、液体混合性能好、传热速率高和控制仪表检测方便等优点，能满足发酵工艺的需求。对于好氧微生物，发酵罐常采用通气和搅拌以增加发酵液中氧的溶解量，以满足其代谢需要。按搅拌方式的不同，好氧发酵设备又可分为机械搅拌式发酵罐和通风搅拌式发酵罐。

（一）机械搅拌式发酵罐

机械搅拌式发酵罐利用机械搅拌器使空气和发酵液充分混合，促进氧的溶解，以保证供给微生物生长繁殖和代谢所需的溶解氧。比较典型的是通用式发酵罐和自吸式发酵罐。

1. 通用式发酵罐

既有机械搅拌装置又有压缩空气分布装置的发酵罐，是目前大多数发酵工厂最常用的款型，因此称为通用式发酵罐。发酵罐的搅拌轴可置于发酵罐的顶部，也可置于其底部，其高径比为（2～6）:1，容积为20～200 m³，有的甚至可达500 m³。发酵罐为封闭式，一般都在一定罐压下操作，罐顶和罐底采用椭圆形或碟形封头。为便于清洗和检修，发酵罐设有入孔甚至爬梯，罐顶还装有窥镜和灯孔，以便观察罐内情况。此外，还有各式各样的接管，装于罐顶的接管有进料口、补料口、排气口、接种口和压力表等；装于罐身的接管有冷却水进出口、空气进口、温度和其他测控仪表的接口。取样口则视操作情况装于罐身或罐顶。现在很多工厂在不影响无菌操作的条件下将接管加以归并，如进料口、补料口和接种口合用一个接管。放料可利用通风管压出，也可在罐底另设放料口。

2. 自吸式发酵罐

自吸式发酵罐罐体的结构大致与通用式发酵罐相同，主要区别在于搅拌器的形状和结构不同。自吸式发酵罐使用的是带中央吸气口的搅拌器，搅拌器由从罐底向上伸入的主轴带动，叶轮旋转时叶片不断排开周围的液体使其背侧形成真空，于是将罐外空气通过搅拌器中心的吸气管而吸入罐内，吸入的空气与发酵液充分混合后在叶轮末端排出，并立即通过导轮向罐壁分散，经挡板折流涌向液面，均匀分布。空气吸入管通常用一端面轴封与叶轮连接，确保不漏气。

（二）通风搅拌式发酵罐

在通风搅拌式发酵罐中，通风的目的不仅是供给微生物所需要的氧，同时还利用涌入发酵罐的空气代替搅拌器使发酵液均匀混合。常用的有循环式通风发酵罐和高位塔式发酵罐。

1. 循环式通风发酵罐

循环式通风发酵罐利用空气的动力使液体在循环管中上升，并沿着一定路线进行循环，又叫带升式发酵罐，有内循环和外循环两种，循环管有单根的，也有多根的。与通用式发酵罐相比，它具有以下优点：①发酵罐内没有搅拌装置，结构简单、清洗方便、加工容易；②由于取消了搅拌用的电机，而通风量与通用式发酵罐大致相等，因此动力消耗大大降低。

2. 高位塔式发酵罐

高位塔式发酵罐是一种类似塔式反应器的发酵罐，其高径比为 7∶1 左右，罐内装有若干块筛板。压缩空气由罐底导入，经过筛板逐步上升，气泡在上升过程中带动发酵液同时上升，上升后的发酵液又通过筛板上带有液封作用的降液管下降而形成循环。这种发酵罐的特点是省去了机械搅拌装置，如果培养基浓度适宜，而且操作得当的话，在不增加空气流量的情况下，基本上可达到通用式发酵罐的发酵水平。

（三）厌氧发酵设备

厌氧发酵也称静止培养，因其不需供氧，所以设备和工艺都较好氧发酵简单。严格的厌氧液体深层发酵的主要特色是排除发酵罐中的氧。罐内的发酵液应尽量装满，以便减少上层气相的影响，有时还需充入非氧气体。发酵罐的排气口要安装水封装置，培养基应预先还原。此外，厌氧发酵需使用大剂量接种（一般接种量为总发酵体积的 10%～20%），使菌体迅速生长，减少其对外部氧渗入的敏感性。乙醇、丙酮、丁醇、乳酸和啤酒等都是采用液体厌氧发酵工艺生产的。

第二节　微生物发酵过程

微生物发酵过程，即微生物反应过程，指微生物在生长繁殖过程中所引起的生化反应过程。按微生物对氧的需求，分为好氧性发酵、厌氧性发酵和兼性发酵：①好氧性发酵，在发酵过程中需要不断地通入一定量的无菌空气，如利用黄单胞菌进行多糖发酵等；②厌氧性发酵，在发酵时不需要供给空气，如乳酸杆菌引起的乳酸发酵等；③兼性发酵，酵母菌是兼性厌氧微生物，它在缺氧条件下进行厌氧性发酵积累乙醇，而在有氧即通气条件下则进行好氧性发酵，大量繁殖菌体细胞。

按照设备来分，微生物发酵又可分为敞口发酵、密闭发酵、浅盘发酵和深层发酵：①敞口发酵应用于繁殖快并进行好氧发酵的类型，如酵母生产；②密闭发酵是在密闭的设备内进行，设备要求严格，工艺也较复杂；③浅盘发酵是利用浅盘仅装一薄层培养液，接入菌种后进行表面培养，在液体上面形成一层菌膜；④深层发酵是指在液体培养基内部进行的微生物培养过程。液体深层发酵技术是在青霉素等抗生素生产的基础上发展起来的一种微生物发酵技术，同其他发酵技术相比较，具有很多优点：①液体悬浮状态是微生物的最适生长环境；②菌体及营养物、产物在液体中易于扩散，使发酵可在均质或拟均质条件下进行，便于控制；③液体输送方便，便于机械化操作；④生产效率高，可进行自动化控制，产品质量稳定；⑤产品易于提取、精制等。

一、基本过程

微生物发酵的工艺多样，基本包括菌种制备、种子扩大培养、发酵和下游处理几个过程。

（一）菌种制备

在进行发酵生产前，必须从自然界中分离得到能产生所需产物的菌种，并经分离、纯化及选育或是经基因工程改造后，才能供给发酵使用。为了能保持和获得稳定的高产菌株，需要对菌种进行定期纯化和选育，筛选出高产量和高质量的优良菌株。

（二）种子扩大培养

种子扩大培养是指将保存在砂土管、冷冻干燥管或冰箱中处于休眠状态的生产菌种，接入试管斜面活化后，再经过锥形瓶或摇瓶及种子罐逐级扩大培养而获得一定数量和质量的纯种的过程，通常将纯种培养物称为种子。种子制备的目的是得到大量足够用于发酵的种子菌（母种）。在工业化的规模生产中，很难做到彻底灭菌，通常要接种大量的种子菌与污染的微生物竞争，从而抑制污染微生物的生长。

菌种质量对发酵的影响很大，应尽量减少继代培养的次数，以防止变异退化。另外，菌种性能及孢子和种子的制备情况也影响发酵产物的产量与成品的质量。种子制备有不同的方式，有的从摇瓶培养开始，将所得摇瓶种子液接入种子罐进行逐级扩大培养，称为菌丝进罐培养；有的将孢子直接接入种子罐进行扩大培养，称为孢子进罐培养。

（三）发酵

发酵是微生物合成所需要产物的过程，是整个发酵工程的中心环节。杂菌的污染会严重影响生产菌种的正常生长和代谢，甚至可能会取代生产菌种而成为发酵中的优势菌，导致发酵彻底失败。因此，防止杂菌污染是保证发酵正常进行的关键条件之一。除确保菌种本身的纯度、不使接种物带入杂菌外，还必须做好培养基和有关发酵设备的灭菌、空气的除菌和发酵过程中的无菌操作，以确保发酵能顺利进行。发酵过程中，发酵罐内部的菌丝形态、菌液浓度、糖、氮含量、pH、溶氧浓度和产物浓度等的代谢变化是相当复杂的，尤其是次级代谢产物发酵就更为复杂，它受许多因素控制。

（四）下游处理

发酵结束后，要对发酵液或生物细胞进行分离和提取精制，将发酵产物制成符合要求的成品。从发酵液中分离、精制有关产品的过程称为发酵生产的下游加工过程。常用的分离提纯法有过滤、离心、树脂吸附、萃取、离子交换、浓缩和结晶等。如果产物是菌体，可采用过滤、离心沉淀等措施把菌体与发酵液分开，也可直接喷雾干燥制成粉剂。如果是乙醇、丙醇等溶剂类产物，则需用蒸馏操作获得。如果是溶于发酵液中的其他代谢产物，需根据产物的性能，采用有机溶剂萃取或离子交换等化工操作来提取。在实际生产中，多是几种方法联合使用。产物提取后要经过质量检查，医药用品需按药典规定进行检验和动物毒性测定等，合格后才能成为正式产品。

发酵液是含有细胞、代谢产物和剩余培养基等多组分的多相系统，黏度很大，很难从中分离固体物质。发酵产品在发酵液中浓度很低，且常与代谢产物、营养物质等大量杂质共存于细胞内或细胞外形成复杂的混合物；欲提取的产品通常很不稳定，遇热、极端 pH、有机溶剂会分解或失活；另外，由于发酵是分批操作，生物变异性大，各批发酵液不尽相同，这就要求下游加工有一定弹性，特别是对染菌的批号也要能处理。发酵的最后产品纯度要求较高，上述种种原因使下游加工过程成为许多发酵生产中最重要、成本费用最高的环节，如抗生素、乙醇、柠檬酸等的分离和精制费用占全部投资的 60%左右，而且还有继续增加的趋势。发酵生产中因缺乏合适的、经济的下游处理方法而不能投入生产的例子很多。因此，下游加工技术越来越引起人们的重视。下游加工过程由许多化工单元操作组成，一般可分为发酵液预处理和固液分离、提取、精制及成品加工 4 个阶段。

1. 发酵液预处理和固液分离

发酵液预处理和固液分离是下游加工的第一步操作。预处理的目的是改善发酵液性质，以利于固液分离，常用酸化、加热及加絮凝剂等方法。固液分离则常用到过滤、离心等方法。如果欲提取的产物存在于细胞内，还需先对细胞进行破碎。细胞破碎方法有机械法、生物法和化学法，大规模生产中常用高压匀浆器和球磨机。细胞碎片的分离通常用离心、两水相萃取等方法。

2. 提取

经上述步骤处理后，活性物质存在于滤液中，滤液体积很大，浓度很低。接下来要进行提取，提取的目的主要是浓缩，也有一些纯化作用。常用的方法：①吸附法，对于抗生素等小分子物质可用吸附法，现在常用的吸附剂为大网格聚合物，另外还可用活性炭、白土、氧化铝或树脂等；②离子交换法，极性化合物可用离子交换法提取，该法亦可用于精制；③沉淀法，广泛用于蛋白质提取，主要起浓缩作用，常用盐析、等电点沉淀、有机溶剂沉淀和非离子型聚合物沉淀等方法，沉淀法也用于一些小分子物质的提取；④萃取法，是提取过程中的一种重要方法，包括溶剂萃取、两水相萃取、超临界流体萃取和逆胶束萃取等方法，其中溶剂萃取法仅用于抗生素等小分子生物物质而不能用于蛋白质的提取，两水相萃取法则仅适用于蛋白质的提取，小分子物质不适用；⑤超滤法，是利用一定截断分子量的超滤膜进行溶质的分离或浓缩，可用于小分子提取中去除大分子杂质和大分子提取中的脱盐浓缩等。

3. 精制

经提取过程初步纯化后，滤液体积大大缩小，但纯度提高不多，需要进一步精制。初步纯化中的某些操作，如沉淀、超滤等也可应用于精制中。大分子（如蛋白质）精制依赖于层析分离，其是利用物质在固定相和移动相间分配情况的不同，进而在层析柱中的运动速度不同而达到分离的目的。根据分配机制的不同，分为凝胶层析、离子交换层析、聚焦层析、疏水层析和亲和层析等几种类型。色层分离中的主要困难之一是层析介质的机械强度差，研究生产优质层析介质是下游加工的重要任务之一。

4. 成品加工

经提取和精制后，一般根据产品应用要求，最后还需要浓缩、无菌过滤、去热原、干燥和加稳定剂等加工步骤。随着膜质量的改进和膜装置性能的改善，下游加工过程各个阶段，将会越来越多地使用膜技术。浓缩可采用升膜或降膜式的薄膜蒸发，对热敏性物质，可用离心薄膜蒸发，对大分子溶液的浓缩可用超滤膜，小分子溶液的浓缩可用反渗透膜。用截断分子量为 10 000 的超滤膜可除去分子量在 1000 以内产品的热原，同时也达到了过滤除菌的目的。如果最后要求的是结晶性产品，则上述浓缩、无菌过滤等步骤应放于结晶之前，而干燥则通常是固体产品加工的最后一道工序。干燥方法根据物料性质、物料状况及当地具体条件而定，可选用真空干燥、红外线干燥、沸腾干燥、气流干燥、喷雾干燥和冷冻干燥等方法。

二、发酵的操作方式

根据操作方式的不同，发酵过程主要有分批发酵、连续发酵和补料分批发酵三种类型。

（一）分批发酵

营养物和菌种一次性加入进行培养，直到结束放出，中间除空气进入和尾气排出之外，与外部没有物料交换。传统的生物产品发酵多用此过程，它除控制温度和 pH 需要通气以外，不进行任何其他控制，操作简单。从细胞所处的环境来看，发酵初期营养物过多可能抑制微生物的生长，而发酵的中后期可能又因为营养物减少而降低培养效率；从细胞的增殖来说，初期细胞浓度低，增长慢，后期细胞浓度虽高，但营养物浓度过低也长不快，总的生产能力不是很高。

分批发酵的具体操作主要包括以下步骤：①种子培养系统开始工作，即对种子罐用高压蒸汽进行空罐灭菌（空消），之后投入培养基再通过高压蒸汽进行实罐灭菌（实消）；②接种，即接入用摇瓶等预先培养好的种子进行培养；③在种子罐开始培养的同时，以同样程序进行主培养罐的准备工作，对于大型发酵罐，一般不在罐内对培养基灭菌，而是利用专门的灭菌装置对培养基进行连续灭菌（连消）；④种子培养达到一定菌体量时，即转移到主发酵罐中，发酵过程中要控制温度和 pH，对于需氧微生物还要进行搅拌和通气；⑤主罐发酵结束即将发酵液送往提取、精制工段进行后处理。

根据不同发酵类型，每批发酵需要十几个小时到几周的时间。其全过程包括空罐灭菌、加入灭菌培养基、接种、培养的诱导期、发酵过程、放罐和洗罐，所需时间的总和为一个发酵周期。

分批培养系统属于封闭系统，只能在一段有限的时间内维持微生物的增殖。微生物处在限制性条件下的生长，表现出典型的生长周期，培养基在接种后，在一段时间内细胞浓度的增加常不明显，这一阶段为延滞期，延滞期是细胞在新的培养环境中表现出来的一个适应阶段。接着是一个短暂的加速期，细胞开始大量繁殖，很快到达指数生长期。在指数生长期，由于培养基中的营养物质比较充足，有害代谢物很少，因此细胞的生长不受限制，细胞浓度随培养时间呈指数增长，也称对数生长期。随着细胞的大量繁殖，培养基中的营养物质迅速消耗，加上有害代谢物的积累，细胞的生长速率逐渐下降，进入减速期。营养物质耗尽或有害物质的大量积累，使细胞浓度不再增大，这一阶段为静止期或稳定期。在静止期，细胞的浓度达到最大值，最后由于环境恶化，细胞开始死亡，活细胞浓度不断下降，这一阶段为衰亡期。大多数分批发酵在到达衰亡期前就结束了。分批培养是常用的培养方法，广泛用于多种发酵过程。

（二）连续发酵

所谓连续发酵，是指以一定的速度向发酵罐内添加新鲜培养基，同时以相同的速度流出培养液，从而使发酵罐内的液量维持恒定，微生物在稳定状态下生长。稳定状态可以有效地延长分批培养中的对数期。在稳定的状态下，微生物所处的环境条件，如营养物浓度、产物浓度和 pH 等都能保持恒定，微生物细胞的浓度及其生长速率也可维持不变，甚至还可以根据需要来调节生长速度。

连续发酵使用的反应器可以是搅拌罐式反应器，也可以是管式反应器。在罐式反应器中，即使加入的物料中不含有菌体，只要反应器内含有一定量的菌体，在一定进料流量范围内，就可实现稳态操作。罐式连续发酵可多罐连续发酵。如果在反应器中进行充分搅拌，则培养液中各处的组成相同，且与流出液的组成一样，成为一个连续流动搅拌罐式反应器。连续发酵的控制方式有两种：一种为恒浊器（turbidostat）法，即利用浊度来检测细胞的浓度，通过自控仪表调节输入料液的液量，以控制培养液中的菌体浓度达到恒定值；另一种为恒化器（chemostat）法，它与前者的相似之处是维持一定的体积，不同之处是菌体浓度不是直接控制的，而是通过恒定输入的养料中某一种生长限制基质的浓度来控制。

在管式反应器中，培养液通过一个返混程度较低的管状反应器向前流动（返混指反应器内停留时间不同的料液之间的混合），其理想类型为活塞流反应器（PFR，没有返混）。在反应器内沿流动方向的不同部位，营养物浓度、细胞浓度、传氧和生产率等都不相同。在反应器的入口，微生物细胞必须和营养液一起加到反应器内。通常在反应器的出口安装一个支路使细胞返回，或者来自另一个连续培养罐。这种微生物反应器的运转存在许多困难，故目前主要用于理论研究，基本上还未进行实际应用。

与分批发酵相比，连续发酵具有以下优点：①可以维持稳定的操作条件，有利于微生物的生长代谢，从而使产率和产品质量也相应保持稳定；②能够更有效地实现机械化和自动化，降低劳动强度，减少操作人员与病原微生物和毒性产物接触的机会；③减少设备清洗、准备和灭菌等非生产占用的时间，提高设备利用率，节省劳动力和工时；④灭菌次数减少，使测量仪器探头的寿命得以延长；⑤容易对过程进行优化，有效地提高发酵产率。当然，它也存在一些缺点：①由于是开放系统，加上发酵周期长，容易造成杂菌污染；②在长周期连续发酵中，微生物容易发生变异；③对设备、仪器及控制元器件的技术要求较高；④黏性丝状菌菌体容易附着在器壁上生长和在发酵液内结团，给连续发酵操作带来困难。

（三）补料分批发酵

补料分批发酵又称半连续发酵，是介于分批发酵和连续发酵之间的一种发酵技术，是指在微生物分批发酵中，以某种方式向培养系统补加一定物料的培养技术。通过向培养系统中补充物料，可以使培养液中的营养物浓度较长时间地保持在一定范围内，既保证微生物的生长需要，又不造成不利影响，从而达到提高产率的目的。

补料在发酵过程中的应用，是发酵技术上一个划时代的进步。补料技术本身也由少次多量、少量多次逐步改为流加，近年又实现了流加补料的微机控制。但是，发酵过程中的补料量或补料率，目前在生产中还只是凭经验确定，或者根据一两个一次检测的静态参数（如基质残留量、pH或溶解氧浓度等）设定控制点，带有一定的盲目性，很难同步满足微生物生长和产物合成的需要，也不可能完全避免基质的调控反应。因而现在的研究重点在于如何实现补料的优化控制。

补料分批发酵可以分为两种类型：单一补料分批发酵和反复补料分批发酵。在开始时投入一定量的基础培养基到发酵过程的适当时期，开始连续补加碳源或（和）氮源或（和）其他必需基质，直到发酵液体积达到发酵罐最大操作容积后，停止补料，最后将发酵液一次全部放出，这种操作方式称为单一补料分批发酵。该操作方式受发酵罐操作容积的限制，发酵周期只能控制在较短的范围内。反复补料分批发酵是在单一补料分批发酵的基础上，每隔一定时间按一定比例放出一部分发酵液，使发酵液体积始终不超过发酵罐的最大操作容积，从而在理论上可以延长发酵周期，直到发酵产率明显下降，才最终将发酵液全部放出。这种操作类型既保留了单一补料分批发酵的优点，又避免了它的缺点。

补料分批发酵作为分批发酵向连续发酵的过渡，兼有两者的优点，而且克服了两者的缺点。同传统的分批发酵相比，它的优越性是明显的。首先它可以解除营养物质的抑制、产物反馈抑制和葡萄糖分解阻遏效应。对于好氧发酵，它可以避免在分批发酵中因一次性投入糖过多造成细胞大量生长，耗氧过多，以致通风搅拌设备不能匹配的状况，还可以在某些情况下减少菌体生成量，提高有用产物的转化率。在真菌培养中，菌丝的减少可以降低发酵液的黏度，便于物料输送及后处理。与连续发酵相比，它不会产生菌种老化和变异问题，其适用范围也比连续发酵广。

目前，运用补料分批发酵技术进行生产和研究的范围十分广泛，包括单细胞蛋白、氨基酸、生长激素、抗生素、维生素、酶制剂、有机溶剂、有机酸、核苷酸和高聚物等，几乎遍及整个发酵行业。它不仅被广泛用于液体发酵中，在固体发酵及混合培养中也有应用。随着研究工作的深入及计算机在发酵过程自动控制中的应用，补料分批发酵技术将日益发挥出其巨大的优势。

三、发酵工艺控制

发酵过程中，为了能对生产过程进行必要的控制，需要对有关工艺参数进行定期取样测定或进行连续测量。反映发酵过程变化的参数可以分为两类：一类是可以直接采用特定的传感器检测的参数。它们包括反映物理环境和化学环境变化的参数，如温度、压力、搅拌功率、转速、泡沫、发酵液黏度、浊度、pH、离子浓度和溶解氧基质浓度等，这些称为直接参数。另一类是至今尚难以用传感器来检测的参数，包括细胞生长速率、产物合成速率和呼吸熵等。这些参数需要根据一些直接检测出来的参数，借助于电脑计算和特定的数学模型才能得到。因此这类参数被称为间接参数。上述参数中，对发酵过程影响较大的有温度、pH、溶解氧浓度、泡沫与消沫、营养物质浓度和罐压等。

（一）温度

温度对发酵过程的影响是多方面的。它可影响微生物的各种生理活动和代谢过程，因而影响发酵反应速率。在一定温度范围内，温度的升高，可使微生物生长和代谢加快，发酵反应速率也加快。当超过一定范围时，菌体容易衰老，会导致发酵总产量降低。温度还能改变发酵液的物理性质，如发酵液的黏度、基质和氧在发酵液中的溶解度及传递速率、某些基质的分解和吸收速率等，进而影响发酵的动力学特性和产物的生物合成。

发酵工业上应用的生产菌绝大多数属于中温性微生物，其最适生长温度为25～40℃，但应注意的是，最适生长温度并不一定等于最适发酵温度（即代谢产物积累最多的温度）。在某些发酵过程中，还要采取变温工艺，开始时采用较高的温度以使微生物充分生长，进入产物形成期后，将温度降低以便使产物有效形成。例如，灰色链霉菌最适生长温度是37℃，但产生抗生素的适温是28℃。所以，必须通过实验来确定不同菌种发酵各阶段的培养温度。

最适发酵温度是既适合菌体生长，又适合代谢产物合成的温度，它随菌种、培养基成分、培养条件和菌体生长阶段不同而改变。理论上，整个发酵过程中不应只选一个培养温度，而应根据发酵的不同阶段选择不同的培养温度：在生长阶段，应选择最适生长温度；在产物分泌阶段，应选择最适生产温度。但实际生产中，由于发酵液的体积很大，升降温度都比较困难，因此在整个发酵过程中，往往采用一个比较适合的培养温度，使得到的产物产量最高，或者在可能的条件下进行适当调整。发酵温度可通过温度计或自动记录仪表进行检测，通过向发酵罐的夹套或蛇形管中通入冷水、热水或蒸汽进行调节。工业生产上所用的大发酵罐在发酵过程中一般不需要加热，因发酵中释放了大量的发酵热，在这种情况下通常还需要加以冷却，利用自动控制或手动调整的阀门，将冷却水通入夹套或蛇形管中，通过热交换来降温，保持恒温发酵。

同其他的化学反应相似，微生物所催化的生物化学反应，尤其是其反应速率，也取决于温度。所不同的是，作为生物催化剂的微生物酶，对温度特别敏感，往往只能在很窄的温度范围内表现其活性；超过其最适温度（10～20℃）就可能影响酶的活性，进而对微生物本身产生不可逆的损伤，从而导致整个发酵过程的失败。例如，在青霉素酰化酶的发酵过程中，当温度高于最适温度1℃时，产率即下降20%。

（二）pH

pH 对微生物的生长繁殖和产物合成的影响体现在以下几个方面：①影响酶的活性，当 pH 抑制菌体中某些酶的活性时，会阻碍菌体的新陈代谢；②影响微生物细胞膜所带电荷的状态，改变细胞膜的通透性，影响微生物对营养物质的吸收及代谢产物的排泄；③影响培养基中某些组分和中间代谢产物的离解，从而影响微生物对这些物质的利用；④pH 不同往往引起菌体代谢过程的不同，使代谢产物的质量和比例发生改变。另外，pH 还会影响某些霉菌的形态。

发酵过程中，pH 的变化取决于所用菌种、培养基成分和培养条件。培养基中营养物质的代谢，是引起 pH 变化的重要原因，发酵液的 pH 变化是菌体产酸和产碱代谢反应的综合结果。每一类微生物都有其最适和能耐受的 pH 范围，大多数细菌生长的最适 pH 为 6.3～7.5，霉菌和酵母菌为 3～6，放线菌为 7～8。而且微生物生长阶段和产物合成阶段的最适 pH 往往不一样，需要根据实验结果来确定。为了确保发酵的顺利进行，必须使其各个阶段经常处于最适 pH 的变化范围内。首先需要考虑和试验发酵培养基的基础配方，使它们配比适当，使发酵过程中的 pH 变化在合适的范围内。在工业发酵中，多选用含氮物质如氨水、尿素等调节 pH，这样可以同时起到补充氮源的作用。有时也可用碳酸钠或氢氧化钠来调节 pH。如果达不到要求，还可在发酵过程中补加酸或碱。过去是直接加入酸（如 H_2SO_4）或碱（如 NaOH）来控制，现在常用的是以生理酸性物质 $(NH_4)_2SO_4$ 和生理碱性物质氨水来控制，它们不仅可以调节 pH，还可以补充氮源。当发酵液的 pH 较低或需要补充氨氮时，可以补加氨水；反之，pH 较高，氨氮含量又低时，可以补加 $(NH_4)_2SO_4$。此外，用补料的方式来调节 pH 也比较有效。这种方法，既可以达到稳定 pH 的目的，又可以不断补充营养物质。最成功的例子就是青霉素发酵的补料工艺，利用控制葡萄糖的补加速率来控制 pH 的变化，其青霉素产量比用恒定的加糖速率和加酸或碱来控制 pH 的产量高 25%。目前已成功试制适合于发酵过程监测 pH 的电极，能连续测定并记录 pH 的变化，将信号输入 pH 控制器来下指令加糖、加酸或加碱，使发酵液的 pH 控制在预定的数值。

控制培养基 pH 的主要方式：①在培养基中适当添加生理酸性物质[如 $(NH_4)_2SO_4$ 等]或生理碱性物质（如 $NaNO_3$ 等），这些物质既可作为微生物生长代谢的氮源物质，又可以把 pH 控制在一定范围内；②在培养基中加入缓冲剂，如磷酸盐、柠檬酸盐和碳酸钙等，也可以调节培养基的 pH；③使用检测器监测培养液的 pH 变化，并通过控制器自动向培养基中补加酸（H_2SO_4 等）或碱（NaOH、氨水等），调节 pH 至设定范围。但如果 pH 降低是有机酸大量生成而引起的，补氨过多就会造成氨中毒而影响发酵异常，此时不宜用氨水调节 pH。

（三）溶解氧浓度

对于好氧发酵，溶解氧浓度是重要的参数之一。好氧性微生物深层培养时，需要适量的溶解氧以维持其呼吸代谢和某些产物的合成，氧的不足会造成代谢异常，产量降低。微生物发酵的最适氧浓度与临界氧浓度是不同的：前者是指溶解氧浓度对生长或合成有最适的浓度范围，后者一般指不影响菌体呼吸所允许的最低氧浓度。为了避免生物合成处在氧限制的条件下，需要考察每一发酵过程的临界氧浓度和最适氧浓度，并使其保持在最适氧浓度范围。现在已可采用复膜氧电极来检测发酵液中的溶解氧浓度。要维持一定的溶氧水平，需从供氧和需氧两方面着手。在供氧方面，主要是设法提高氧传递的推动力和氧传递系数，可以通过调节搅拌转速或通气速率来控制，同时要有适当的工艺条件来控制需氧量，使菌体的生长和产物形成对氧的需求量不超过设备的供氧能力。已知发酵液的需氧量，受菌体浓度、基质的种类和浓度及培养条件等因素的影响，其中以菌浓度的影响最为明显。发酵液的摄氧率随菌浓度增大而增大，但氧的传递速率随菌体浓度的对数关系而减少。因此可以控制菌的生长速率比临界值略高一点，达到最适菌体浓度。这样既能保证产物的生产速率维持在最大值，又不会使需氧大于供氧。这可以通过控制基质的浓度来实现，如控制补糖速率。除控制补料速度外，在工业上，还可采用调节温度（降低培养温度可提高溶氧浓度）、液化培养基、中间补水、添加表面活性剂等工艺措施来改善溶氧水平。

发酵过程中对各参数的控制很重要，目前发酵工艺控制的方向是自动化控制，因而希望能开发出更多更有效的传感器用于过程参数的检测。此外，对于发酵终点的判断也同样重要。生产不能只单纯追求高生产力，而不顾及产品的成本，必须把二者结合起来。合理的放罐时间由实验来确定，就是根据不同的发酵时间所得的产物产量计算出发酵罐的生产力和产品成本，将生产力高而成本又低的时间作为放罐时间。确定放罐的指标有产物的产量、过滤速度、氨基氮的含量、菌丝形态、pH、发酵液的外观和黏度等。

一般情况下，在 101.32 kPa、25℃时，空气中氧在水中的溶解度为 $2.6×10^{-4}$ mol/L，而在同样条件下发酵液中的溶解度小于这个数值，为 $2×10^{-4}$ mol/L，而且随着温度的升高，水中溶质浓度增加，可使氧的溶解度进一步下降。好氧性微生物只能利用溶解氧，因此好氧性发酵必须有适当的通气搅拌条件才能保证正常进行。工业生产使用的大部分菌种为需氧菌，在发酵过程中通常要供给大量空气，才能满足菌体对溶解氧的需要。而微生物的摄氧率通常为 $(1～5)×10^{-2}$ mol/（L·h），因此要维持菌的正常呼吸，就必须及时地补充培养液中的溶解氧。在搅拌式发酵罐中，溶解氧的浓度主要由两个变量来控制，即通气速率和搅拌转速。一般来说，通气速率要控制在 $0.25～1.00$ m^3/min；搅拌转速的变化则视发酵罐的大小而有所不同。

通气可保证氧溶解度的提高。通气量大，能提高发酵产物产量，但也增加了动力消耗、影响经济效益。搅拌能提高通气效率，使氧气更好地分散并溶解于发酵液中。同时，搅拌还可使菌体在发酵液中保持均匀的最好状态，利于提高代谢速率。多数情况下，控制器首先会增加搅拌叶的转速，只有当搅拌叶转速达到上限，仍不能获得所需的溶解氧浓度时，控制器才会增加通气量。

（四）泡沫与消沫

发酵过程中的发酵液中会产生泡沫。其中既有通气搅拌所带来的机械性泡沫，也有由培养基某些成分（如蛋白质）和微生物代谢过程中产生的气体聚结而生成的发酵性泡沫。在发酵过程中产生一定数量的泡沫是正常现象，但过多的持久性泡沫对发酵是不利的，如干扰通气、妨碍菌的呼吸、造成代谢异常、使发酵罐装料系数下降、进气管大量溢液、泡沫从轴封渗出、造成杂菌污染等。泡沫影响发酵罐的有效容积，严重时还会影响通气和搅拌的正常进行，导致发酵代谢异常，因而需要采取消沫措施。

消沫方法有机械法和化学法。机械法是在搅拌轴上装消沫挡板，通过强烈的机械振荡，使液体内压力变化，从而破坏气泡的表面张力使其破裂。化学法是利用消泡剂降低泡膜的机械强度使其破裂。常用的消泡剂有天然油脂和合成消泡剂两大类：天然油脂主要是各种植物油，如花生油、豆油等；合成消沫剂有聚醚类物质，如聚氧乙烷、丙烷、甘油醚等。

（五）营养物质浓度

发酵过程中发酵液内各种营养物质的浓度，直接影响菌体的生长发育和发酵产物的积累，特别是碳氮比、无机盐、维生素和金属离子浓度的影响非常明显。例如，谷氨酸发酵中当碳氮比为 4 : 1 时，菌体大量繁殖，谷氨酸积累很少；当碳氮比为 3 : 1 时，则产生大量谷氨酸。

（六）罐压

在发酵过程中，发酵罐一定要对外界环境保持一定的正压，以免外界物质进入罐内而引起杂菌污染。一般罐压应保持在 0.2～0.5 Pa。对于大型发酵罐，流体静压会影响氧气和二氧化碳在液体物料中的溶解性，这一点也应该充分考虑。

四、发酵过程中的检测

发酵过程中必须检测糖、氮、无机盐的消耗、pH、排气组成、菌丝量和产物积累状况等，目的在于控制这些参数，使其达到最佳水平，以便获得最大产量。

（一）糖量

以糖为碳源的微生物，在发酵过程中要消耗一定量的糖。因此，随着发酵过程的进行，发酵液中糖量将不断下降。糖量的测定包括总糖和还原糖。总糖是指发酵液中各种糖的总量，它是观察、计算发酵过程中糖消耗的主要依据。还原糖指培养基中含自由醛基的糖，通常指葡萄糖等单糖。单糖能直接进入微生物细胞壁内参与代谢活动，对发酵的影响比较显著。

糖量可用糖度计测定，此法简便但不够准确。测定还原糖时常用比较精确的快速滴定法。在正常发酵中，糖量下降得越快，说明发酵越旺盛，代谢产物也就越多。如果糖量降低，而代谢产物不增加，则多是杂菌污染所致。测定残存糖量是判断发酵结束的一个依据。通常认为当还原糖降到 0.5% 以下时，可判断为发酵彻底。

（二）氮量

耗氮量的多少，也是发酵进程的主要标志之一。一般在发酵初期培养基中营养物质含量较高，氨基酸的含量也较高。但随着微生物发酵过程的进行，蛋白质被分解，氨基酸的含量也开始迅速下降，最后达到平衡。当发酵终了，部分菌体开始自溶，菌体内的含氮物质释放出来，可以使氨基酸的含量有所上升。发酵液中氮量的测定一般用半微量定氮法，硫酸铵等无机氮源可直接加氢氧化钠并用蒸馏滴定法，有机氮源（如蛋白胨）可用有机氮测定法。

（三）pH

在发酵过程中，由于代谢产物的累积，必然会使发酵液 pH 改变。因此，必须在发酵过程中随时检查 pH 的变化，并及时进行调节。

（四）发酵终点的判断

发酵终止时间的判断应参考多种因素，如菌体发育状况、产物浓度、残糖量和 pH 等。比较简单的方法是用显微镜检查菌体发育状况。在真菌的发酵中，发酵开始时菌丝中液泡很少，当液泡增加，菌丝开始自溶时，一般就应停止发酵而放罐。

第三节 杀虫微生物的发酵生产

一、苏云金芽孢杆菌的选育和发酵生产

苏云金芽孢杆菌（*Bacillus thuringiensis*，Bt）是一种分布极广、在其生活史中能形成芽孢和产生伴胞晶体的需氧（或兼性厌氧）革兰氏阳性杆菌。苏云金芽孢杆菌能寄生于昆虫体内并引起虫体发病，它选择性强，对多种昆虫具有高毒力。目前，*Bt* 制剂广泛用于粮食、经济作物与蔬菜、林业及一些卫生害虫的防治，是近年来研究最深、开发最快和应用最广的微生物杀虫剂之一。《伯杰氏细菌鉴定手册》将苏云金芽孢杆菌归为芽孢杆菌科（Bacillaceae）、芽孢杆菌属（*Bacillus*）、蜡状芽孢杆菌组，包括许多亚种。从 20 世纪初人类首次分离和发现苏云金芽孢杆菌以来，全世界已收集保藏的苏云金芽孢杆菌超过 40 000 株。随着新菌株的不断涌现，采用形态和培养特征、生理生化反应、鞭毛抗原（H 抗原）血清特性、酯酶分析和现代分子生物学技术等分类与鉴别苏云金芽孢杆菌的方法被相继提出。

（一）苏云金芽孢杆菌的选育

由于早期得到的苏云金芽孢杆菌菌株均来自死亡虫尸，因此人们一度认为苏云金芽孢杆菌的生境即为昆虫虫尸。由于苏云金芽孢杆菌菌株受地势或气候条件等方面的影响都很小，其分布又极为广泛，自从被报道之后，国内外广泛开展了苏云金芽孢杆菌菌株的研究工作。各国的科研人员已从全球的植物、水体、虫体及土壤等多种不同的环境中分离筛选出大量的苏云金芽孢杆菌菌株，并为其开展了关于基因的鉴定、毒力分子改造等工作。下面以马琪琪等（2020）、张文飞等（2009）的文献资料为例介绍苏云金芽孢杆菌的筛选和生物测定过程。

1）土样采集与菌株分离。采样方法为选取无农事操作土地，去掉 5 cm 深的表层土壤；用无菌药勺采集 5 g 土样装于无菌采样袋中；将土样带回实验室于 4℃冰箱中保存备用。菌株分离方法为取 1 g 土样悬浮于 10 mL 无菌水中，65℃水浴加热 30 min，振荡混匀；吸取 10 μL 溶液，稀释 100 倍；取 100 μL 稀释液，加入 900 μL 无菌水稀释成 1000 倍稀释液；分

别吸取 10 μL 的 100 倍稀释液和 1000 倍稀释液，涂布在营养琼脂培养基（NA）上，置于 30℃ 培养箱培养 2～3 天；挑取菌落在显微镜下观察，标记呈苏云金芽孢杆菌菌落形状的菌落；将标记菌落进行纯化，将纯化菌落置于 4℃冰箱保存备用。

2）苏云金芽孢杆菌基因型的鉴定。采用 PCR 方法对分离出的苏云金芽孢杆菌菌株进行基因型鉴定，鉴定的 cry1、cry2、cry4 等引物的设计和 PCR 反应可根据文献（张文飞等，2009）中的方法进行。

3）伴孢晶体杀虫活性的鉴定。①初步筛选。取 100 mL 灭菌锥形瓶，向其中加入一定量的苏云金芽孢杆菌晶体悬浮液，对照组加入等量无菌水，然后向锥形瓶中加入饲养幼虫水体，定容至 50 mL，配制成晶体浓度为 1 mg/mL 的溶液，每个菌株设 3 组平行。在饲养的幼虫中选择 3～4 龄幼虫，用小毛笔挑至锥形瓶中，每个锥形瓶中 10 头，用封口膜将锥形瓶封口。记录幼虫接入时间，于第二天相同时间统计死亡幼虫及存活幼虫数量，共统计 5 天，记录其总存活数和死亡数量。②复筛。挑选初步筛选中表现出显著杀虫活性的高毒菌株，按照上述步骤进行不同浓度的杀虫性试验。

（二）苏云金芽孢杆菌的发酵生产

苏云金芽孢杆菌的发酵培养对营养物质的要求不高，但对发酵条件要求高，且亚种、血清型或菌株不同，其相应的发酵条件也不同，因此，如何降低生产成本、提高经济效益及减少污染环境已成为国内外研究苏云金芽孢杆菌发酵培养的重点。例如，利用废味精水为主要原料对苏云金芽孢杆菌进行发酵，或利用低成本的马铃薯、常用的糖和孟加拉豆为原料进行苏云金芽孢杆菌发酵研究，或利用海水、大豆粉和淀粉为混合培养基对苏云金芽孢杆菌进行发酵研究，发现海水有利于菌体的生长。下面以张路路等（2014）的文献为例介绍发酵生产的基本过程。

1）培养基。建议用前期筛选时所用的相同培养基继续培养，如溶菌肉汤（LB）液体培养基：胰蛋白胨 10 g，酵母浸出物 5 g，氯化钠 10 g，蒸馏水补至 1000 mL，pH 7.0。

2）发酵条件的优化。采用最优培养基配方，固定摇瓶培养的其他发酵条件后，对初始 pH、温度、转速、装液量、通气量和接种量进行逐一优化。①在最优培养基条件下，用 3 mol/L NaOH 将初始 pH 分别调至设定值。将菌种按 1%接种量接入含有 40 mL 最优培养基的锥形瓶中，28℃、200 r/min 振荡 20 h。在无菌条件下，收集发酵液测 OD_{600} 值。用未接种的培养基作空白对照，确定最适初始 pH。②在最优培养基、最适初始 pH 条件下，将靶标菌株按 1%接种量接入含有 40 mL 最优培养基的锥形瓶中，分别在设定温度下，200 r/min 振荡培养 20 h。在无菌条件下收集发酵液测 OD 值。用未接种的培养基作空白对照，确定最适温度。③在最优培养基、最适的初始 pH 和温度下，将靶标菌株按 1%接种量接入含有 40 mL 最优培养基的锥形瓶中，摇床转速分别调至设定速度。振荡培养 20 h 时，在无菌条件下收集发酵液测 OD 值。用未接种的培养基作空白对照，确定最佳转速。④在最佳培养基、最适的初始 pH、温度和转速下，在锥形瓶中分别装入设定体积的最优培养基，将靶标菌株按 1%接种量接入含有不同含量最优培养基的锥形瓶中，振荡培养 20 h，在无菌条件下收集发酵液测 OD 值。用未接种的培养基作空白对照，确定最佳装液量。⑤在最适初始 pH、温度和转速条件下，将靶标菌株分别按设定接种量接入装有最适装液量的最优培养基的锥形瓶中，振荡培养 20 h，在无菌条件下收集发酵液测 OD 值。用未接种的培养基作空白对照，确定最佳接种量。

3）测定方法。将发酵菌液稀释 40 倍后，测定 OD_{600} 值；使用 pH 测定仪测定 pH。苏云金芽孢杆菌的生产工艺主要按照液体深层发酵、离心浓缩、喷雾干燥和剂型化的路径进行。因此，发酵液后续还需进行浓缩工艺的研究。

二、核型多角体昆虫病毒的鉴定、生产和加工技术

核型多角体病毒（nuclear polyhedrosis virus，NPV）产生的多角体是一种蛋白质晶体，主要由包埋型病毒粒子（occlusion derived virus，ODV）和多角体（polyhedron，Polh）蛋白组成。多角体在外界环境中非常稳定，能保护其中包埋的 ODV 免受野外环境的破坏，使其在被宿主昆虫摄入前仍保持感染活性。多角体包埋外源蛋白质中研究最为深入的是家蚕质型多角体病毒（bombyx mori cytoplasmic polyhedrosis virus，BmCPV）。多角体能包埋外源蛋白质，而且包埋其中的外源蛋白质能在较长时间内保持生物活性，因此可将多角体制成具有重要应用价值的微晶（microcrystal）。多角体作为天然存在的蛋白质晶体，具有蛋白质的一般性质。多角体在蛋白酶、酸和碱作用下发生水解，如多角体被家蚕摄食后，在家蚕中肠的碱性条件下溶解或降解释放 ODV，起始和导致原发感染。制备多角体微晶的关键之一是选择适宜的载体蛋白并使其与外源蛋白质融合表达，而且该载体蛋白必须是多角体的成分之一。当前，研究应用最多的载体蛋白是 Polh（郭忠建等，2018）。在世界范围内，涉及核型多角体病毒杀虫剂专利申请最多的为中国，占全球申请总量的一半多。美国和欧洲的专利申请量较为相近，分别占全球申请总量的 15% 左右。

（一）核型多角体昆虫病毒的鉴定方法

下面以徐莉等（2020）的资料为例，介绍核型多角体昆虫病毒的鉴定方法。①试虫饲养及染毒。采集特定靶标昆虫幼虫 100 余头，转入养虫室，在室内不接触药剂的情况下连续饲养，饲养条件为（27±1）℃，相对湿度保持在 60%～70%，光照周期（光：暗）14 h：10 h。②病毒粗提。取若干头典型患病死虫于已灭菌研钵中研碎，放置一段时间使其腐化，细胞降解释放出病毒颗粒。用无菌蒸馏水将研磨物冲洗至一小烧杯中，取部分悬液置于离心管中，4000 r/min 离心 30 min，弃上清，用适量的无菌蒸馏水悬浮沉淀，800 r/min 离心 5 min，取上清转入另一离心管中，再重复以上离心步骤两次，可得到纯化的病毒颗粒。③病毒的分离鉴定。一般鉴定分析 NPV 的蜕皮甾体尿苷二磷酸葡萄糖转移酶（EGT）序列，PCR 引物见具体参考文献（徐莉等，2020）。

（二）核型多角体昆虫病毒生产和加工技术

核型多角体昆虫病毒生产和加工技术领域发展迅速，国家知识产权局专利局专利审查协作江苏中心对此进行了详细概述（朱青，2019）。①在生产方法方面，中山大学曾利用保幼激素类似物 ZR-515 处理甜菜夜蛾幼虫，同时进行病毒感染；河南大学饲喂棉铃虫 C 型凝集素 dsRNA（Ha-lectin1 dsRNA），发现可增强核型多角体病毒防治棉铃虫的效果。此方法杀虫效率高，可大大降低核型多角体病毒的使用量。②在制剂方面，中国科学院武汉病毒研究所发明了一种制备方法，包括 200 亿 PIB/g 美国白蛾核型多角体病毒母药、昆虫源氨基酸、荧光增白粉、木质素磺酸钠、灭幼脲、黄原胶、油菜籽油、烷基多糖苷和水等。昆虫源氨基酸和短肽作为昆虫病毒保护剂加入制剂中，可提高病毒的光保护能力，解决昆虫病毒对紫外线敏感的问题。③在增效复配方面，NPV 与苏云金芽孢杆菌都是经口感染的

昆虫病原微生物，中肠是两者作用的共同靶位。因此 NPV 与苏云金芽孢杆菌混用一般具有增效作用。武汉武大绿洲生物技术有限公司发明了一种茶尺蠖核型多角体病毒苏云金芽孢杆菌杀虫悬浮剂。这种药剂可加快病毒的杀虫速度，使病毒杀虫剂的杀虫时间缩短到 3～5 天。江苏省农业科学院将蛇床子素作为昆虫病毒增效剂，与不同昆虫核型多角体病毒（AcNPV、SlNPV、MbNPV 等）联合使用时，可显著提高昆虫病毒对害虫的侵染毒力。

三、白僵菌和绿僵菌的选育和发酵生产

自 1878 年首次利用金龟子绿僵菌（*Metarhizium anisopliae*）防治奥地利金龟子（*Anisoplia austriaca*）和甜菜象甲（*Cleonus punctiventris*）以来，昆虫病原真菌在农林害虫的防治方面得到了不断的应用与发展。白僵菌（*Beauveria bassiana*）和绿僵菌是虫生真菌中的重要种类，在虫生真菌的利用中占有重要地位。白僵菌和绿僵菌分别属于真菌界无性菌类的白僵菌属（*Beauveria*）和绿僵菌属（*Metarhizium*）（全宇等，2011；郭东升等，2019）。病原菌侵染虫体的途径主要是通过表皮，当以浸叶法接种时，幼虫的胸、胸足首先被病原菌侵染。幼虫取食过程中主要以足接触叶片上的分生孢子，足末端的趾钩有助于孢子的存留，在较密集的孢子条件下，成为病原菌侵入的突破点。

（一）白僵菌或绿僵菌的鉴定和选育

下面以陈越渠等（2021）、王定峰等（2021）、陈玉宝等（2021）的资料为例，介绍白僵菌或绿僵菌的鉴定和选育。

1）供试菌株的采集。可在野外观察各种寄主昆虫的感染状态并收集样本，如鞘翅目昆虫（吉丁虫、小蠹、天牛）、鳞翅目昆虫（落叶松毛虫、螟蛾）、双翅目昆虫（食蚜蝇）和半翅目昆虫（蝽）等。样本可保存于超低温冰箱（-70℃）中备用。所有供试菌株均可用特定培养基在 25℃下培养活化。

2）供试虫源。可选某种鳞翅目幼虫。

3）马铃薯葡萄糖琼脂培养基（PDA）：马铃薯 200 g、葡萄糖 20 g、琼脂 20 g 及蒸馏水 1000 mL。或其他培养基，如萨氏培养基（SDAY）：蛋白胨 10 g、葡萄糖 40 g、酵母 10 g 及琼脂 20 g，补充蒸馏水至 1000 mL。

4）形态学鉴定。将菌株接种于培养基上，25℃，12 h 光照/12 h 黑暗下培养 8 天，并观察菌落形态特征、菌株产孢结构和分生孢子形态等显微结构。

5）分子鉴定。采用白僵菌或绿僵菌特异性引物，PCR 扩增基因组中的 rDNA-ITS、Bloc、RPB1、RPB2 和 TEF 等标记基因序列，通过 NCBI BLAST 程序进行初步的同源对比分析，进而判定。

6）菌落生长速率测定。接种后每天观察 1 次，记录菌落的形态、颜色和质地等，采用十字交叉法用游标卡尺测量菌落生长直径，14 天后统计菌落平均日增长量。

7）产孢量测定。培养 14 天后，用直径 8 mm 的圆形打孔器在菌落中心点至边缘的中间位置打孔截取菌块，放入 50 mL 锥形瓶中，加入 0.05% 吐温-80 水溶液 20 mL，磁力搅拌器搅拌 10 min，获得孢子悬浮液，每个菌株 10 个重复；用毛细管从锥形瓶中吸取孢子悬浮液滴在血球计数板上，400 倍显微镜下计数，计算产孢量。

8）毒力测定。①半致死时间 LT_{50} 测定。用 PDA 培养基将供试菌株于 25℃培养 7 天，置显微镜下观察，长出分生孢子后，用 0.05% 吐温-80 配制成 1.0×10^7 个/mL 的悬浮液。取 20 mL

孢子悬浮液放在培养皿中。接种时，将供试昆虫的幼虫在孢子悬液中浸渍 5 s 后取出，25℃单头饲养。每组 20 头幼虫，3 次重复，以 0.05%吐温-80 为对照。每日记录死亡虫数，持续 10天，统计幼虫死亡率与 LT_{50}。②致死中浓度 LC_{50} 测定。将菌株分别配制成 1.0×10^5 个/mL、1.0×10^6 个/mL、1.0×10^7 个/mL、1.0×10^8 个/mL 分生孢子悬浮液接种于供试幼虫，方法与半致死时间测定相同。每个处理 20 头幼虫，3 次重复。每天调查死亡情况，计算 LC_{50}。通过上述一系列的统计学对比分析，选择易培养、高毒力及杀虫效果好的菌株，进行后续的产品研发。

（二）白僵菌和绿僵菌的主要剂型

1. 原粉剂与粉剂

利用真菌杀虫剂固体发酵产品，连同固体培养基一起粉碎，便成为原粉剂。若利用旋风分离等分离方法，将固体培养基表面生长的真菌孢子分离提纯，便得到含孢子量很高的高孢粉。为了增强分生孢子对周围环境的抵抗力，增加真菌杀虫剂的存活力，可将高孢粉进一步加工，制成粉剂。

2. 可湿性粉剂、乳剂和油剂

可湿性粉剂是以孢子粉加入湿润剂和载体混合而成的一种剂型；乳剂是利用乳化剂将分生孢子制成水悬液的一种剂型；油剂是以油为稀释剂，将分生孢子制成孢悬液的一种剂型。

3. 微胶囊剂、混合剂和干菌丝

为了延长真菌杀虫剂的菌丝或孢子暴露在环境中的存活时间和增强侵染效果，可用可溶性淀粉、明胶和氯化钙等为囊壁材料，对菌丝或孢子进行微胶囊化包被。对真菌杀虫剂来说，杀虫速度较慢是其使用受到限制的一个重要因素。为了克服这个缺点，人们将化学杀虫剂、植物源杀虫剂及其他生物杀虫剂与真菌杀虫剂混合以取得更快的杀虫效果。另外，真菌杀虫剂多采用液固双相发酵，以获取分生孢子；而单独由液体发酵产生的芽生孢子由于寿命短且生活力弱而在使用方面受到限制。干菌丝的研制为液体发酵产物的应用提供了新的途径，如利用白僵菌的液体发酵物，将其制成直径为 0.5～0.7 mm 的干菌丝颗粒，该颗粒在田间应用时，可在作物上产孢侵染害虫。

4. 其他剂型

已登记注册及应用的绿僵菌剂型还有悬乳剂、饵剂和超低量剂等，但极少报道研究内容。相关文献见来有鹏和张登峰（2011）、农向群等（2015）。

（三）白僵菌或绿僵菌制剂生产和加工技术

影响菌制剂性能的组分及加工环节有如下方面（农向群等，2015）。

1. 载体

对于绿僵菌等真菌制剂，载体主要起两方面作用：一是作为有效成分菌体的微小容器或稀释剂；二是保护和恢复有效成分菌体的活性，使其在贮存期间免受环境因子侵扰，在施用后能够恢复活力，有的还能提高菌体活力和侵染力。已用于研究试验的矿物类载体有硅酸盐类、碳酸盐类、硫酸盐类、氧化物类和磷酸盐等；植物类载体有蔗渣、稻壳、秸粉、玉米芯和锯末粉等。制剂中载体比例通常占 90%以上。对于囊剂和一些颗粒剂，载体还兼有成型或保护作用，以一定的构建形成微小容器，对保护孢子在贮存期间免受环境因子侵扰和田间应用后恢复孢子活力有积极作用。可以生物聚合物藻酸钠、羟丙基甲基纤维素和脱乙酰壳多糖作为囊材，以氯化钙作为交联剂，形成不溶性的囊壁。

2. 助剂

助剂在很大程度上决定了制剂性能的优劣。绿僵菌等真菌制剂中，对于在应用前需要加液体稀释的制剂，除要保护真菌生物活力外，悬浮稳定性尤其重要，其作用是使制剂稀释后达到均匀持久的悬浮，以便在施用过程中能够均匀喷洒或喷雾，如羧甲基纤维素钠、木质素磺酸钠适宜作为绿僵菌等生防真菌制剂的分散和悬浮稳定剂。而海藻糖和酪氨酸能够促进孢子萌发，促进率为15%～29%。固体制剂中若添加蚯蚓粪，液体制剂中若添加大豆卵磷脂或楝树油都可促进绿僵菌的生长，增加其生物量。

3. 加工过程

制剂加工过程的温度和干燥是影响绿僵菌生命活力的重要因素。孢子对温度敏感，在高温下容易失活，而加工混合及造型过程通常会产热升温，同时菌剂干燥过程易使细胞因快速或过度脱水而失活。当前对加工过程的研究报道较少，尚未能提供详细的资料。曾报道的冷冻干燥法对绿僵菌等真菌制剂的加工虽然适宜，但成本较高而不适合大规模生产。

第四节　杀菌微生物的发酵生产

很多细菌和放线菌可以通过拮抗作用抑制植物病原的生长，它们中的绝大多数都可产生抗生素或细菌素。土壤杆菌属的细菌可以分泌土壤杆菌素84、土壤杆菌素D286和土壤杆菌素J73共3种细菌素。其中由放射形土壤杆菌（*Agrobacterium radiobacter*）K84菌株所分泌的土壤杆菌素84是迄今为止应用最成功的一种细菌素。

一、微生物抑制病原菌的作用机制

植物病原菌的活动经常受到来自其他微生物的抑制或干扰，其作用机制主要是拮抗、竞争及寄生等。

（一）拮抗作用

拮抗（antagonism）是指一种微生物通过向环境中释放某些化学物质来抑制其他微生物生长的现象，微生物通过同化作用产生抗菌物质抑制有害病原的生长、发展或直接杀灭病原。拮抗菌主要产生一些代谢物质来影响病原的生存，如绿色木霉能够产生胶霉毒素和绿胶菌素两种抗生素，芽孢杆菌会产生一些抗生素，如伊枯草菌素、丰宁素和表面活性素等。

抗生素是指由生物（包括微生物、植物和动物）在其生命活动过程中所产生的活性物质，这类物质能以极小的浓度选择性地抑制或杀灭其他微生物或肿瘤细胞、抑制酶的活性、杀虫或刺激作物生长。细菌素是非复制性的抗细菌物质，是细菌合成的对其他微生物具有抗生作用的小分子量蛋白质，这类物质对亲缘关系相近的细菌具有特异性的抑制效果。当细菌素与细菌结合并进入细菌细胞后，细菌素能以多种方式杀死其目标细胞，如扰乱蛋白质合成、破坏脱氧核糖核酸稳定性及能量流出或膜的完整性。例如，利用亲缘关系很近的非致病放射土壤杆菌菌株来防治病原细菌根癌农杆菌（*Agrobacterium tumefaciens*）。芽孢杆菌也能产生多种细菌素，如枯草芽孢杆菌产生的枯草菌素（subtilin）、枯草溶菌素（subtilosin）、多肽（3.4 ku）及巨大芽孢杆菌产生的巨杆菌素（megacins），对G^+细菌具有很强的活性。但细菌素只限于对亲缘关系密切的微生物才有抑制作用。嗜铁素是一种胞外低分子化合物，是具二羟基配位体的链状六肽，对 Fe^{3+} 有高度的络合能力，大量结合根际或根围土壤中的 Fe^{3+}，使包括病原菌在内的其他微生物因缺铁元素而难以繁殖，从而使寄主免遭病菌侵染。可能机制如下：①由于其结合了根际有限的 Fe^{3+}，限制了病原菌对 Fe^{3+} 的利用，从而抑制病原菌生长，保护寄主免遭病菌侵染；②病原菌自身不能产生嗜铁素或产生的量极少，不能与 Fe^{3+} 结合或结合能力弱；③病原菌产生的嗜铁素结合的铁可被拮抗菌所利用，而拮抗菌产生的嗜铁素结合的铁不能被病原菌所利用。

某些微生物还具有溶菌作用。许多枯草芽孢杆菌（*Bacillus subtilis*）类拮抗体产生的次生性代谢物质对病原菌的菌丝或孢子的细胞壁产生溶解作用，使致病菌细胞壁穿孔、畸形、菌丝断裂、原生质消解和外溢而丧失活力，如 *B. subtilis* PRS5 菌株的代谢产物可使水稻纹枯病菌（*Rhizoctonia solani*）菌丝分隔增多、隔间变短、胞内原生质消解、胞壁大量穿孔或不规则消解、菌丝缩短、断裂和原生质外溢解体而失活。

（二）竞争作用

竞争（competition）作用指两种微生物之间通过争夺营养或生存空间来相互抑制对方。生防菌对病原菌的竞争作用主要体现在争夺营养物质和生存空间，生防真菌中的木霉菌（*Trichoderma* spp.）、生防细菌中的芽孢杆菌（*Bacillus* spp.）及放线菌中的链霉菌（*Streptomyces* spp.）均可以在根际土壤中、作物体表、体内或根部大量繁殖并迅速定殖，与病原菌争夺营养物质和空间位点。竞争作用是生防微生物发挥作用的主要机制之一，涉及微生物在植物根际、体表或体内的定殖、繁殖和种群的建立及与病原微生物的相互作用。橄榄叶面附生菌（*B. subtilis*）R14，接种病原前 3 天施用、与病原同时施用和接种病原后 3 天施用对野油菜黄单胞菌（*X. campestris* pv. *campestris*）的防治效果没有差别，而内生菌巨大芽孢杆菌（*B. megaterium*）和蜡样芽孢杆菌（*B. cereus*）则是接种病原前 3 天施用最好，原因是后者需要较长时间才能定殖和建立有效种群。

（三）寄生作用

某些微生物能寄生（parasitism）于病原微生物，从而抑制病原微生物的活动。生防菌株缠绕并产生吸器等结构依附在水稻纹枯菌菌丝或菌核上，进而穿透菌丝的细胞壁或菌核的皮层，最终导致菌丝表面坍塌、溃解或菌核腐烂。叶面上有一种壳针孢菌（*Septoria* spp.）的菌丝能寄生于叶面其他真菌的菌丝上。锈生座孢菌（*Tuberculina maxima*）能寄生于松疱锈病病原菌（*Cronartium ribicola*）的性孢子器或锈孢子器上，最终导致此病原菌死亡。白粉菌的重寄生菌（*Ampelomyces quisqualis*）能减轻某些花卉的白粉病。某些真菌能寄生或捕食植物线虫而起到抑制线虫危害的作用。某些病毒寄生于植物病原真菌的菌丝中，能抑制病原真菌的繁殖及生长，在小麦全蚀病菌变种（*Gaeumannomyces graminis* var. *tritici*）的菌丝中观察到病毒粒子。用感染了病毒的小麦全蚀病菌接种小麦后抑制了毒性病毒株系的侵入。

（四）共生作用

许多真菌能同树木共生（symbiosis），形成外生菌根，对土壤病害的发生具有抑制作用。例如，丛枝菌根真菌（*Arbuscular mycorrhizal* fungi，AMF）是一种生活在自然界土壤中的内生真菌，其寄主范围广泛，可以与 80% 以上维管植物形成共生结构，因其菌丝一端在植物根系细胞内形成丛枝结构而得名。丛枝菌根真菌是一种内生真菌，无法进行自养，需要从寄主植物得到碳源和营养物质才能进行生长繁殖，而丛枝菌根真菌发达的根外菌丝可以深入根系无法到达的土壤颗粒缝隙，吸收矿物质和水分供寄主植物生长，因此与寄主植物形成互惠共生的丛枝菌根共生体。内生细菌在非常恶劣的自然环境中通过增加多年生树木生理可塑性，在维持森林生态系统中也可能发挥着重要的作用，保持植物良好的生长状况，提高植物自身的防病、抗病能力。

（五）诱导作用

促进植物生长的根际微生物，如荧光假单胞菌（*Pseudomonas fluorescens*）菌株，从自身定殖的根部诱导出不依赖水杨酸或者致病相关蛋白质积累的系统性反应，产生诱导系统性抗性（induced systemic resistance，ISR）。研究发现荧光假单胞菌 CHAO 可以产生氢氰酸（HCN），诱导植物的防御反应。番茄青枯假单胞菌 Tn5 无毒突变体也表现有一定的诱导抗性。何礼远等利用青枯菌无致病力菌株 A-P7 和 A82 对花生做茎部毛细管滴注接种可诱导茎部产生对青枯病的抗病性，且具有一定的传导性。

关于生防菌诱导（induction）抗性的可能机制包括：①产生抗微生物的低分子量化学物质，如植物保卫素、木质素和富含羟脯氨酸的糖蛋白等，拮抗菌无名假丝酵母（*Candida famata*）可以诱导柑橘产生植保素和 7-羟基-6-甲氧基香豆素（7-hydroxy-6-methoxy coumarin）等抗性物质；②诱导病程相关蛋白质的产生，有研究表明，生防菌介导的 ISR 与 pR 蛋白质积累、植物抗毒素的合成及分泌次生代谢产物有关。③诱导一些水解酶和氧化酶类，如几丁质酶、过氧化物酶。

（六）交叉保护作用

利用真菌防治植物病害的一种方法是先用弱毒株系感染植物，引入的弱毒真菌即可抑制之后侵染的强毒株的正常生长，从而保护植物免受真菌强毒株的侵染。例如，将栗疫菌（*Endothia parasitica*）的弱毒株接种板栗之后，当强毒株来时，就会有显著的保护作用；先接种炭疽病菌可诱导黄瓜抗性的建立，对黄瓜褐斑病的防治效果达到 92.07%，这种被称为交叉保护（cross protection）的策略在病毒防病中也应用很广。弱毒病毒株系的感染对植物病毒病的发生也常产生抑制作用。在同一种病毒内存在着多个株系，有的致病性强，有的致病性弱。这些株系间可以相互干扰，即植株感染了一个株系后，可以不再受其他相近株系的侵染。根据这一原理，可先给寄主接种弱毒株系，从而避免强毒株系的侵染。

目前已分离得到烟草花叶病毒、黄瓜绿斑驳花叶病毒、柑橘萎缩病毒的弱毒株系，并将其接种于植物，成功地防治了番茄花叶病、甜瓜果实坏死病等多种植物病害。

二、木霉菌的选育和发酵生产

在植物病害防治中最有应用前景的拮抗性真菌主要是无性菌类木霉属（*Trichoderma*）中的种类。目前国内外已经有上百种木霉菌商品化制剂。最常用的木霉菌生防菌株有 *T. harzianum*、*T. virens*、*T. asperellum* 和 *T. viride* 等。木霉菌是在各种气候带的土壤、植物根际、叶面和各种纤维质物质枯烂环境中普遍存在的一种腐生型、多细胞真核微生物，在学术研究和工农业生产中都引起广泛关注。许多木霉菌能产生抗生物质，如木质素、绿色木霉素等。木霉菌对杨树溃疡病菌（*Botryosphaeria dothidea*）和杨树烂皮病菌（*Cytospora chrysosperma*）表现出很强的抑制作用。木霉生长速度很快，在培养基上其菌落的扩展往往能压制其他微生物的菌落，在争夺营养和生存空间方面占据优势地位。此外，木霉对某些病原菌还具有重寄生作用，如木素木霉能寄生丝核菌而使其死亡。国外已有商品化的木霉制剂问世，如美国的 Topshield（哈茨木霉 T22）和以色列的 Trichodex（哈茨木霉 T39）。随着现代生物技术的发展，科学家已开始从生化和分子水平上对拮抗木霉的生防机制进行研究，并取得了很大进展。

（一）木霉菌对病原真菌的拮抗机制

1. 竞争作用

木霉菌对病原真菌的竞争作用主要体现在竞争生存空间和营养物质。木霉菌生命力强、生长繁殖快，能迅速占领空间，吸收营养，抑制其他微生物的生长，还能够分解利用各种营养物质，其分泌大量的胞外降解酶类能够降解土壤环境中各种能够提供营养元素维系其生长的物质，包括难降解物质，如纤维素、木质素类物质、有毒的酚酸类物质和大分子的角蛋白等。与土壤环境中其他的微生物相比，木霉菌具有更强的吸收和利用土壤营养的能力。

2. 重寄生作用

木霉菌的重寄生作用是木霉菌对病原菌识别、接触、侵染、缠绕、穿透和寄生的一系列过程。木霉菌与病原菌互作的过程中，寄主菌丝分泌一些物质使木霉菌趋向寄主真菌生长，建立寄生关系。木霉菌可分泌几丁质酶、葡聚糖酶、蛋白酶和脂酶等，对病原真菌细胞壁具有强烈的水解作用，从而抑制病原孢子的萌发，并引起菌丝和孢子的崩溃，其中几丁质酶、葡聚糖酶和蛋白酶的作用尤为明显。

3. 抗生作用

木霉菌在代谢过程中可以产生拮抗性化学物质来毒害植物病原真菌，这些物质包括抗生素和一些酶类。包括蒽醌类物质（如帕奇巴赛因、大黄酚等）、Daucanes 类物质（如倍半萜、胡萝卜烷类代谢物等）、吡喃酮类物质、绿胶霉素类、含氮杂环化合物类等。

4. 诱导抗性

研究发现木霉菌的木聚糖酶或其他的激发子能够诱导植物的抗病性。木霉菌株能和植物建立共生关系，和菌根真菌与植物的共生机制类似，包括在植物根系定殖、刺激植物生长、诱导植物产生防御反应、合成抵御病原真菌入侵的化合物；诱导植物合成的抗性物质包括抗毒素、类黄酮、萜类化合物、酚衍生物、糖苷配基和其他抗菌化合物。

5. 协同拮抗作用

木霉的拮抗作用可能是两种或三种机制同时或顺序作用的综合。

另外，木霉菌对病原真菌的拮抗机制可能还包括：①在干旱、养分胁迫的逆境下，通过加强根系和植株的发育提高耐性；②可诱导植物对病菌的抗性；③增加土壤中营养成分的溶解性，并促进其吸收；④使病原菌的酶钝化。

（二）木霉菌的选育

木霉菌广泛分布于自然界，常见于土壤，特别是富含有机质的土壤，为土壤微生物的重要群落之一。不同深度土层中的木霉菌种群结构和生物活性差异明显，在 1～10 cm 深的土壤上表层主要是有重寄生能力的哈茨木霉，在 10～20 cm 深的土层内则以能分解纤维素的康宁木霉为主。可用稀释平板法、直接稀释法和诱捕法等方法从土壤中分离。常用的培养基有 PDA 培养基、改进的查氏酵母浸膏培养基等。对分离到的菌株可以经 UV、NTG、MMS 等诱变剂进行诱变处理，筛选出高效的木霉菌。目前木霉菌的改良手段主要有诱变育种、基因工程技术、原生质体融合及转化和分子标记技术等。

（三）木霉菌的发酵生产

1. 液体发酵

液体发酵方法使用麦麸等材料作底物，并加入较大比例的水制成液体培养基。接种后需要不断搅拌通入无菌空气，稳定控制发酵温度和 pH。液体发酵法对设备要求高，生产成本和耗能高于固体培养。但这种方法有不易污染、出产稳定、效率高和条件控制简单等优点，从而越来越受到市场的重视并且技术日趋完善。

2. 固体发酵

固体发酵方法大多以麦麸、米糠等原材料为发酵底物，添加一些糖类、无机盐类等木霉生长必要的营养物质。固体发酵优点较为明显，设备简易、污染小、原料粗放度高及获得纤维素酶活性较高。但仍存在缺点，包括发酵产物品质不稳定、生产效率低及容易发生污染等。

三、抗病芽孢杆菌的选育和发酵生产

芽孢杆菌科（Bacillaceae）中大多数革兰氏阳性菌以周生鞭毛运动，少数种不运动。化能异养菌对有机质的分解通过好氧呼吸作用、厌氧呼吸作用及发酵作用进行，在细菌内形成内生孢子，即芽孢。细胞在旺盛的生长分裂时期通常不形成芽孢，当营养群体超过对数生长期，进入静止期后，由于营养不足，开始了芽孢的分化。每个营养细胞只形成 1 个芽孢，成熟的芽孢由于营养细胞的溃溶释放出来。芽孢杆菌广泛存在于土壤和植物组织中，其特点是生长速度快、繁殖力强，能产生对紫外线、高温（280℃）、低温（−60℃）等抗逆性强的芽孢，这有利于其在各种生态环境，甚至是在恶劣的环境下生长和繁殖。除此之外，芽孢杆菌还能够产生对病原真菌和细菌具有广谱抑菌活性的抗生素。与人类关系最密切的是芽孢杆菌属（Bacillus）和梭状芽孢杆菌属（Clostridium）。

我国利用芽孢杆菌防治植物病害的应用研究处于世界先进水平，已开发出一批生防作用优良的枯草芽孢杆菌（Bacillus subtilis）、蜡状芽孢杆菌（B. cereus）、短小芽孢杆菌（B. pumillus）和增产菌系列产品等，对水稻白叶枯病、稻瘟病、花生青枯病、马铃薯软腐病、小麦纹枯病、小麦白粉病、棉花枯萎病、棉花黄萎病、棉花炭疽病、苹果霉心病、马尾松叶枯病、荔枝疫霉病和辣椒疫病等主要农作物病害有很好的抑制作用。在中国农药信息网（http://www.chinapesticide.org.cn/hysj/index.jhtml）中，可以检索到已经登记了 165 个与芽孢杆菌有关的微生物农药。

（一）抗病芽孢杆菌的抗病机制

1. 直接促生作用

巨大芽孢杆菌（Bacillus megaterium）具有降解土壤中有机磷的功效，是生产生物有机肥的常用菌种。芽孢杆菌还能分泌一些促进植物生长的植物激素类物质，其中最常见的是吲哚类物质，如吲哚乙酸。此外还有一些挥发性的小分子物质。

2. 生物防治功能

芽孢杆菌的作用机制以竞争、拮抗和诱导植物抗性为主。竞争作用主要包括空间位点竞争和营养竞争。空间位点竞争是指植物在土壤中、植物根系表面或者根系内定殖，优先占领病原菌的侵染点，使病原菌无法侵染植物。当芽孢杆菌被施入土壤中后能大量繁殖生长，迅速占据植物根际土壤或者根系，从而有效阻止病原菌的侵染。有研究发现解淀粉芽孢杆菌 FZB42 可以定殖在玉米、拟南芥和浮萍的根系中，在根系表面形成生物膜。营养竞争是指生防菌通过与病原菌争夺植物体内的营养物质，从而抑制病原菌的生长或者完全杀死病原菌。相比于位点竞争，营养竞争并不是芽孢杆菌防治植物病害中的优势作用。

芽孢杆菌产生的拮抗物质主要有细菌素、荧光素、酚类物质、多肽类抗生素、蛋白质类抗真菌素及挥发性抑菌物质等。其中大部分是多肽，主要抑制革兰氏阳性菌；有些多肽还能抑制革兰氏阴性菌、霉菌和酵母。其中有一些抗菌肽已被应用于治疗人类、动物和植物的疾病，同时也可作为生物表面活性剂、食品防腐剂、饲料添加剂和分子生物学的研究工具。枯草芽孢杆菌能产生多种抑制植物病原真菌的抗菌物质，且对人畜无害，不污染环境，因而在生物防治植物病害中具有相当重要的作用。

（二）抗病芽孢杆菌的选育

芽孢杆菌广泛分布于自然界，尤其是果园的土壤中含有大量的芽孢杆菌，可以通过稀释分离法在牛肉膏蛋白胨培养基上进行培养。

菌株的选育对微生物发酵产物的工业化生产具有重要意义。一般从自然界筛选到的野生菌株的目标物产量都比较低，不能直接用于工业化生产。因此，需要采取一定的方法对野生菌株进行改造，以得到高产且性状稳定遗传的优良菌株。菌株的选育包括自然选育、诱变育种和现代生物技术育种（基因工程、代谢工程等）。由于菌株发生自然突变的概率非常低，因此自然育种耗时长，工作量大，基本不被人们使用。虽然利用基因工程、代谢工程等生物技术对菌株进行理性设计成为育种领域的新热点，但由于目前多数菌种缺乏清晰的遗传背景和明确的代谢机制，因此当下使用最多的选育方法仍然是诱变育种，包括紫外（UV）诱变、ARTP诱变、电离辐射诱变、激光诱变、NTG 诱变、DMS 诱变、复合诱变。

（三）抗病芽孢杆菌的发酵生产

目前，枯草芽孢杆菌（*Bacillus subtilis*）主要有 3 种发酵工艺：液态发酵、固态发酵和液固两相发酵。液态发酵是在发酵罐中接种已活化的菌种进行液体培养的方法，液体发酵有利于底物、菌体等的分散，使得发酵在营养物质、生存空间等均衡的条件中进行，并且易于机械化操作。固态发酵是一种培养基中几乎没有流动水、培养基呈固态的培养方式，其利用惰性底物作为支持物或利用自然底物作为能源。固态发酵可利用麸皮、秸秆等成本较低的农产品剩余物作为发酵底物，发酵体系涉及气、固、液三相，因此发酵体系内营养物质浓度、热量等存在梯度，菌体吸附在固体基质上生长。液固两相发酵是指先将菌种接种在液体培养基上，使其快速发酵生产大量高活力的菌体，再通过密闭管道将其接种到固体发酵罐中继续进行固态发酵。液态发酵存在高耗能、分离纯化成本高、污染严重等弊端，使得固态发酵这一清洁环保生产方式日益受到重视。固态发酵成本低廉，没有发酵废水产生，不会对环境造成污染，利用固态发酵制成微生态制剂可将农林废弃物如麸皮、秸秆等进行高值化利用，且固态发酵与微生物自然生长环境类似，更有利于微生物发酵。

第五节　除草微生物的选育和发酵生产

全世界广泛分布的杂草超过 30 000 种，其中约 1800 种杂草对作物造成不同程度的危害，每年因杂草危害造成的农作物减产高达 10%。虽然施用化学除草剂可以有效控制许多杂草的危害，但传统除草剂以化学合成为主，不符合绿色发展的要求。此外，使用单一除草剂导致的杂草抗药性问题也不容忽视。据统计，截至 2021 年 6 月，全球有 263 种杂草（双子叶 152 种，单子叶 111 种）对 164 种除草剂产生抗性，对已知的 30 个除草剂活性位点中的 21 个产生抗性，涉及 71 个国家。化学药剂的大量使用还导致土壤污染、水质恶化及对非靶标生物产生危害等。随着全球环境保护意识的提高和农业可持续发展的需要，高效、环保和无害的微生物除草剂的研究越来越显示出其重要的社会意义和经济价值。人们从杂草病株中筛选到的杂草病原微生物表现出潜在的除草活性，有可能开发成为替代化学除草剂的新型生物农药。

微生物防治杂草的主要目的不是根除杂草，而是根据群体生态学的原理，使一种杂草的密度减少到经济上或生态上允许的水平。利用微生物资源开发除草剂，主要集中在两个方面。①用病原微生物直接作为除草剂，即微生物除草剂。杂草的病原微生物主要包括真菌、细菌和病毒等，已商品化的微生物除草剂中大多为真菌除草剂（mycoherbicide），美国的真菌除草剂 Devine 和 Collego 上市之后，关于病原真菌的研究越来越多，因而真菌除草剂已成为生物除草剂（bioherbicide）的代名词。②利用微生物代谢过程中所产生的对植物具有毒性的次生代谢产物，如 Herbiace 和 Gluphocinate 已商品化，这主要是利用放线菌生产的抗生素除草剂。2014 年底病毒除草剂研制成功并在美国获得注册登记。但由于生产条件、成本、应用效果和规模等因素的限制，目前细菌和病毒类除草剂的开发落后于真菌除草剂。被选作除草剂的微生物通常需具备以下几个条件：①可以进行人工培养、繁殖；②在喷施处理后其生长、繁殖速度快，能在一定时间内抑制杂草生长直至死亡；③适合工业生产；④便于包装、运输和使用。

随着除草剂在农业中的广泛应用，利用高效低毒的微生物除草剂引起了许多国家如美国、澳大利亚、加拿大和俄罗斯等的重视，并相继开展了大量的研究工作，涉及的微生物有 80 多种，有的已进入大规模商品化生产

一、真菌除草剂

最常见的真菌病原，例如，柄锈菌属（*Puccinia*）、镰孢菌属（*Fusarium*）、炭疽菌属（*Colletotrichum*）、梨孢属（*Pyricularia*）、链格孢菌属（*Alternaria*）、尾孢菌属（*Cercospora*）、叶黑粉菌属（*Entyloma*）、壳单孢菌属（*Ascochyta*）和核盘菌属（*Sclerotinia*）等，它们都对宿主杂草表现出不同程度的抑制作用。最早报道的是 20 世纪 60 年代我国山东省农业科学院开发研制的真菌除草剂"鲁保一号"，其利用胶孢炭疽菌菟丝子专化型（*Colletotrichum gloeosporioides* f.sp. *cuscutae*）的培养物防治南方菟丝子（*Cuscuta australis*），效果显著。

1981 年"Devine"作为第一种注册的真菌除草剂在美国成功登记注册，它是一种含棕榈疫霉菌（*Phytophora palmivora*）的以厚垣孢子为有效成分的液体制品，用于控制柑橘园中的杂草莫伦藤（*Morrenia odorata*），可杀死 96% 的杂草群体，施用后除草效果可延续两年。次年"Collego"制剂由美国 Upjohn 公司开发成功，它是胶孢炭疽菌田皂角亚种的无性孢子制剂，用于防除水稻和大豆田中的弗吉尼亚田皂角。之后开发出的利用罗得曼尼尾孢（*Cercospora rodmanii*）防除水葫芦（*Eichhornia crassipes*）的技术也获得了专利保护。第一个在加拿大注册的真菌生物除草剂是"BioMal"。从 1986 年开始，欧洲杂草学会在全欧洲开展对 10 种主要作物的杂草天敌资源调查工作；菲律宾于 1989 年开始进行稻田主要杂草真菌除草剂的开发研究，到目前为止已将 50 多种杂草中的近 100 种杂草病原微生物

作为潜在微生物除草剂进行了大量研究。

中国应用植物病原真菌防除杂草的研究起步较早，是首先将该技术大面积应用于生产的国家之一。1963 年，山东省农业科学院植物保护研究所从感病的南方菟丝子上分离得到胶孢炭疽菌菟丝子专化型，该菌对中国大豆田菟丝子有特殊效果，国内在 20 余省开展了"鲁保一号"菌剂的生产和应用，推广面积达 60 万 hm²，防效在 85%以上，取得了巨大的经济效益。1979 年新疆维吾尔自治区农业农村厅哈密植物检疫工作站从自然感病的埃及列当植株中分离得到镰刀菌（*Fusarium orobanches*），并制成生防制剂 F798，防治瓜列当的效果达到 95%以上。湖南农业大学的罗宽教授自 1986 年开始，对稗叶枯菌（*Helminthosporium monoceras*）及其毒素进行研究，探讨了稗叶枯菌的产孢、产毒条件及其寄主范围和致病性等。近年来，我国在杂草生物防治方面取得了一系列新成果。例如，初步利用画眉草弯孢霉（*Curvularia eragrostidis*）和厚垣孢镰刀菌（*Fusarium chlamydosporum*）防治马唐（*Digitaria sanguinalis*）；利用新月弯孢菌（*Curvularia lunata*）、禾长蠕孢菌（*Helminthosporium gramineum*）和露湿漆斑菌（*Myrothecium roridum*）防治稗子（*Echinochloa crusgalli*）；利用空心莲子草假隔链格孢菌（*Nimbya alternantherae*）防治空心莲子草（*Alternanthera philoxeroides*）；利用胶孢炭疽菌婆婆纳专化型（*C. gloeosporioides* f.sp. *veronicae*）防治波斯婆婆纳（*Veronica persica*）；利用齐整小核菌（*Sclerotium rolfsii*）防治加拿大一枝黄花（*Solidago canadensis*）等。

我国科学家从稻田中染病的稗叶上分离到新月弯孢菌（*Curvularia lunata*）、稻突脐蠕孢菌（*Exserohilum oryzae*）、离蠕孢菌（*Bipolaris sacchari*）、膝屈弯孢菌（*Curvularia geniculata*）、指孢菌（*Dactylaria dimorphospora*）和尖角突脐孢菌（*Exserohilum monoceras*）等病原菌，发现尖角突脐孢菌在保湿 12 h 条件下对 2 叶期稗草的致病能力为 100%。据报道，从马唐植株上分离到的画眉草弯孢霉菌 QZ-2000 对马唐、千金子和稗草等杂草具有较强的侵染力，而对玉米、大豆等作物安全，研究者以 QZ-2000 的分生孢子为主要成分研制出了具有自主知识产权的微生物源除草剂"敌散克"（Disancu）。有人从患病杨树叶片上分离得到一株出芽短梗霉菌（*Aureobasidium pullulans*）WP-1 菌株，盆栽试验表明施用其发酵滤液的量为 20 mL/盆时，对猪殃殃、藜、冬葵、酸模叶蓼及野燕麦的 7 天鲜重防效分别为 87.2%、78.5%、82.2%、62.1%和 80.3%，且对小麦、蚕豆等作物很安全。以草茎点霉菌（*Phoma herbarum*）为原料制备水分散粒剂，活菌率为 2.55×10^8 cfu/g。田间试验表明，用量为 1305 g/hm² 时对鸭跖草 21 天鲜重的防效为 50.9%。据报道，从麦瓶草上筛选到的一株寄生疫霉菌株 WP-1，温室盆栽法表明在用量为 1×10^7 cfu/m² 时，WP-1 对麦瓶草、播娘蒿和反枝苋的鲜重防效分别为 79.6%、77.2%和 66.7%，且具有一定的选择性，敏感植物主要集中在十字花科、苋科和石竹科。此外，有人从野慈菇致病菌中分离到一株链格孢菌 SC-018，孢子浓度为 1×10^6 个/mL 的 SC-018 水乳剂对野慈菇的防效与 30%二氯喹啉酸可湿性粉剂相当，ED_{50} 值为 36.2 g/mL，且安全性好，施用 10 天、15 天、30 天均未对水稻产生任何不良影响。人们从发病的空心莲子草上筛选出莲子草假隔链格孢（*Nimbya alternantherae*）SF-193 菌株，其菌丝体培养液进行 1∶10 稀释后在田间喷雾空心莲子草，喷雾量为 200 mL/m²，2 天即严重发病，4 天防效达 98%。有人筛选出两种对稗草和反枝苋致病作用较强的生防菌链格孢菌（*Alternaria alternata*）和 *A. amaranthi*-3，盆栽试验表明，接种孢子浓度为 10^7 个/mL 时，*A. amaranthi*-3 水乳剂对反枝苋生长的抑制率为 88.4%，高于水剂，且 *A. amaranthi*-3 菌剂与低浓度除草剂复配可以增强除草效果。

二、细菌除草剂

植物根际一般都存在植物根际有害细菌（deleterious rhizobacteria，DRB）和植物根际促生菌（plant growth promoting rhinoacteria，PGPR）两大菌群，可作为微生物除草剂重要资源的主要是植物根际有害细菌。另外，从自然感病杂草的根、茎、叶等部位分离的目标潜力菌也是微生物除草剂的重要资源。细菌病原如假单胞菌属（*Pseudomonas*）、欧文氏菌属（*Erwinia*）、黄杆菌属（*Flavobacterium*）、柠檬酸杆菌属（*Citrobacter*）、无色杆菌属（*Achromobacter*）、肠杆菌属（*Enterobacter*）、产碱杆菌属（*Alcaligenes*）和野油菜黄单胞杆菌（*Xanthomonas campestris*）等，对宿主杂草都表现了不同程度的抑制作用。日本的今泉等从黄单孢菌属（*Xanthomonas*）中筛选出 P-482 菌株，用于防除草坪中剪股颖类杂草，防效可达 90% 以上，该菌寄主专一性强，对同属的草坪草不致病。美国从 7 种主要杂草的根际中分离出 9 个属的细菌，其中假单胞菌属、欧文氏菌属、黄杆菌属、柠檬酸杆菌属和无色杆菌属对宿主杂草都表现了不同程度的抑制作用，以非荧光假单胞菌及草生欧文氏菌的除草能力最强。美国南部，野油菜黄单胞杆菌早熟禾变种（*Xanthomonas campestris* pv. *poannua*）被用于防治草坪中的一年生早熟禾，防效可达 82%。在加拿大，从草原土壤中分离出 1000 株以上的细菌作为防除一年生杂草的目标菌株。用丁香假单胞菌（*Pseudomonas syringae* pv. *tagetis*）的一个变种防治大豆田里的蓟属杂草，杂草的每平方米株数降低了 78%，而对大豆不致病。另外，肠杆菌属和产碱杆菌属（*Alcaligenes*）也存在对杂草有不同程度抑制活性的菌种。

研究者从链霉菌中还分离得到了许多具有除草活性的化合物，它们结构多变，从简单到复杂都有，生测实验表明这些化合物对多种植物具有潜在的生物除草活性。链霉菌属（*Streptomyces*）所含的肠球菌素（enterocin）也具有苗期除草活性，并对大麦、棉花和玉米安全。从狗尾草根际细菌筛选到的 S7 菌株能完全抑制狗尾草的种子萌发，对供试草坪草高羊茅没有负面影响。人们发现荧光假单胞菌（*Pseudomonas fluorescens*）D7 菌株可抑制旱雀麦的生长。我国科学家从反枝苋根际细菌中筛选到 1 株野油菜黄单胞菌反枝苋致病变种，其发酵液 1∶1 稀释时，对荠菜和反枝苋株高及根长的抑制率大于 90%，1∶30 稀释时对荠菜根长、反枝苋株高和根长的抑制率大于 70%。此外，细菌毒素也具有除草活性，菜豆假单孢菌（*Pseudomonas syringae*）产生的三肽化合物能使野葛叶片出现黄萎病，烟草假单孢菌毒素水解物能抑制谷氨酸合成酶的活性。有报道采用谷氨酰胺合成酶抑制剂模型从马唐根际土壤中分离出一株色杆菌属马唐致病菌 S-4，喷施其发酵上清液 50 mL 时，对马唐的 14 天鲜重的抑制率在 60% 以上，喷雾第 3 天出现叶片失绿，重新喷施灭菌水后 2 天又可恢复生长。

三、放线菌除草剂

以放线菌进行杂草防除的应用较少，常用的是其次生代谢产物。由链霉菌（*Streptomyces*）产生的茴香霉素（*Anisomycin*）对稗草和马唐有较强的除草活性，而对其他阔叶植物没有影响。上海市农药研究所发现了一株放线链霉菌 9018 产生的 3 个环己酰亚胺类物质具有极强的杀草活力，用 25 g/667 m² 的 9018 发酵液进行苗前处理时，对野苋、春蓼的防除效果均达 100%，比对照药双丙氨膦高；用 100 g/667 m² 进行苗后处理时，对野苋、春蓼的防除效果分别为 78.6%、64.9%。从上海附近海岛中分离到的一株浅灰链霉菌（*Streptomyces griseolus*）

70014，发酵液经纯化得到一个活性物质 2-[2-（3,5-二甲基-2-氧-环己基）-6-氧-四氢吡喃-4-基]-乙酰胺，它在 1 mg/L 浓度时可彻底抑制多种杂草种子的萌发，在 75 g/hm² 剂量下进行盆栽试验，对供试阔叶杂草的抑制率为 96%～100%，在 2000 g/hm² 浓度下对花生和小麦依然安全。从放线菌 709084 分离出的吲哚霉素（indolmycin）在用量 500 g/hm² 时造成小藜 40%子叶皱缩，醴肠部分植株死亡；2000 g/hm² 土壤处理时稗草出现黄化和白化现象。从贵州地区鉴定到的放线菌 612243 发酵液中分离得到的葡糖杀粉蝶菌素（glucopiericidin A），用它进行茎叶处理时，植株主要表现为发黄、矮化和生长较弱，最佳起效时间为 3 天左右。有人从浙江四平山土壤中分离得到一株放线链霉菌 SPRI-10885，其发酵液稀释 20 倍后仍然对多种阔叶杂草和禾本科杂草具有良好的生长抑制作用，经纯化得到 5 个单体化合物，分别为除草素 A、除草素 B、除草素 F 及两个异黄酮类物质。有人研究了杨凌霉素对稗草种子萌发和小麦幼根生长的抑制效果，抑制中浓度 EC_{50} 分别为 26.2 mg/L 和 20.9 mg/L，对幼苗的生长防效较差，均低于 30%。

四、病毒除草剂

国内外以病毒进行除草活性研究的报道较少。例如，烟草轻型绿花叶病毒（Tobacco mild green mosaic virus，TMGMV）能抑制毛果茄的生长，在接种 12～14 天后，植株叶片上出现坏死斑，叶柄、茎尖及整株发生继发系统性坏死。田间试验表明，TMGMV 对不同大小和处于不同成长阶段的毛果茄致死率为 83%～97%。此外，藻类 Lpp-1 病毒可用来防治水中的蓝绿藻等水生杂草，将 100 mL Lpp-1 制剂接种于容积为 3.8 m³ 的贮水池中，7 天内可使藻类数量明显下降。微生物源除草活性物质的研究已经非常普遍且成果丰富，商品化品种也不少，具有来源广、对目标杂草专一、不伤害作物和见效快等优点。但其也存在不少缺陷：菌种筛选困难、活性物质不稳定、发酵及制剂加工困难、次生代谢产物化学成分复杂、寄主单一、环境因素可影响防效、有安全问题、微生物除草剂与化学除草剂相互影响等，因此开发微生物源除草剂任重而道远。

五、微生物除草剂的作用机制

在病原菌侵染寄主的过程中，病原菌可以分泌大量的胞外酶、蛋白质和代谢产物。这些化合物可能在感染的不同阶段发挥作用。细胞壁降解酶可能有利于渗透到寄主表面，而毒素、草酸和活性氧等可能有助于杀死宿主细胞，所以，利用微生物除草涉及对防除对象的侵染能力、侵染速度及对杂草的损害性等多方面因素。微生物的侵染能力可以从侵染途径（如直接穿透表皮或只经气孔）、侵染部位、侵入后在组织中的感染能力等方面反映。微生物对杂草的损害常表现为可引起杂草的严重症状，如炭疽、枯萎、萎蔫和叶斑等，这些症状的发生有时与特异植物毒素的产生有关。杂草的防御机制和生长会逐渐修复侵染物导致的损害，只有侵害速度高于杂草生长速度，才能控制住杂草。微生物除草剂的除草机制主要包括前体除草、代谢产物除草及活体除草等。

（一）前体除草

除草剂的先导化合物——生物活性化合物大多数具有水溶性、分子结构中不含卤原子、对环境友好和半衰期短等特点，但其结构比较复杂。谷外停（cornexistin）是一种来源于嗜粪担子菌纲宛氏拟青霉（*Paecilomyces variotii*）的植物毒素，对单子叶和双子叶杂草具有良好的除草活性。谷外停的作用机制可能是前体除草剂的作用机制，即它要被代谢为至少一种天冬氨酸氨基转移酶（AST）同工酶的抑制剂。莎草素（cyperin）是一种天然产生的二苯醚类化合物，是由侵染香附子的壳二孢菌、嗜粪真菌和侵染商陆的茎点霉菌产生，它是一种中等活性的生长抑制剂和膜干扰剂，其在光照和黑暗条件下可引起叶绿素的缺失。hydantocidin 是吸水链霉菌的代谢产物，是一种强烈的腺苷酸基琥珀酸合成酶抑制剂。AAL-毒素是由侵染番茄的交链孢菌致病种产生的，其作用机制是抑制 RNA 的合成。从双丙氨膦（bialaphos）到草丁膦（glufosinate），从纤精酮（leptospermone）到三酮类除草剂，从天然壬酸到人工合成壬酸，从桉树胺（cineole）到环庚草醚（cinmethylin），它们都是将除草活性先导化合物开发成化学除草剂的先例。

　　双丙氨膦（ptt）是 1971 年德国首先从链霉菌（*Streptomyces*）和吸水链霉菌（*Streptomyces hygroscopicus*）中分离得到的既抗细菌又抗真菌的抗生素，并且有强烈的杀草活性，能防治一年生和多年生的农田杂草，是一种速效和特效兼而有之的除草剂，也是第一个报道的含有膦基的天然产物氨基酸，化学结构为（2-氨基-4-甲基磷酸-乙酰）-丙氨酸-丙氨酸。双丙氨膦是由一个不常见氨基酸（phosphinothricin，Pt）和两个丙氨酸构成。Ptt 的抗菌活性是由于其到达细胞后在细胞内酶的作用下释放出 Pt，Pt 同谷氨酸结构相似，因此可以作为谷氨酰胺（Gln）合成酶的阻断剂而使谷氨酰胺的生物合成受阻，导致植物体内氨的积累而使植物中毒死亡。双丙氨膦的前体及其组装如图 4-1 所示。

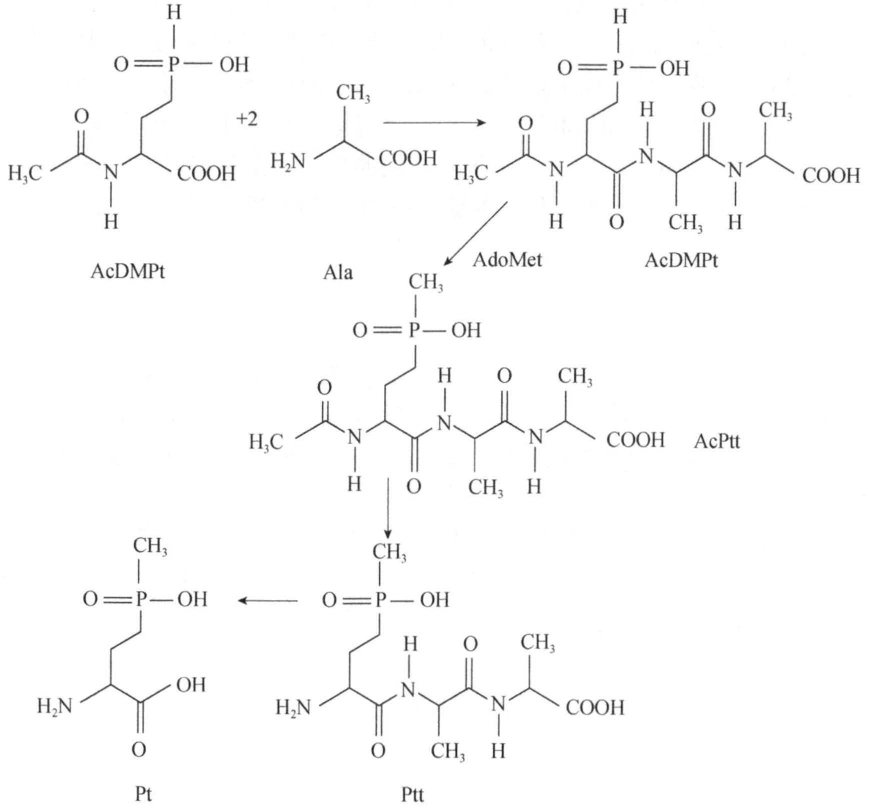

图 4-1　双丙氨膦的前体及其组装

我国上海市农药研究所发现了 1 株放线链霉素，它产生的两类环己酰亚胺物质具有极强的杀草活性，用其发酵液的稀释液对野苋、春蓼进行苗后处理的防效可达 100%，苗前处理防效分别达到 78.6% 和 64.9%。采用 Ames 检测结果表明此抗生素为低毒化合物，在细菌试验中无诱变作用。

hydantocidin 是从 *S. hygroscopicus* SANK 63584 的培养液中分离得到的抗生素，对多年生植物的除草活性明显高于对一年生植物，但对一年生和多年生植物没有选择毒性。合成的 hydantocidin 脱氧衍生物没有除草活性。在 hydantocidin 与草甘膦、双丙氨膦除草剂对 17 种杂草的对比试验中，hydantocidin 对一年生单子叶植物和双子叶植物的活性与草甘膦相当，稍大于双丙氨膦，3 种化合物对多年生植物的防治效果则相似。hydantocidin 在植物体内被代谢为 hydantocidin-5'-磷酸盐，该化合物对腺苷酸基琥珀酸合成酶具有强烈的抑制作用。研究认为，hydantocidin 抑制生长的作用机制是由于其在植物体内代替了腺嘌呤和腺苷单磷酸（AMP），或者是腺苷酸基琥珀酸，但不能代替次黄嘌呤单核苷酸（IMP）。hydantocidin 离体条件下没有活性，但其 hydantocidin-5'-磷酸盐是一种有效的腺苷酸基琥珀酸合成酶抑制剂，因此 hydantocidin 作为一种前体除草剂，可以干扰 IMP 转变成 AMP。通过 hydantocidin-5'-磷酸盐结合腺苷酸基琥珀酸合成酶的晶体结构分析，可能有助于设计更多有效的腺苷酸基琥珀酸合成酶抑制剂。

（二）代谢产物除草

微生物能够分泌多种代谢产物，可侵入宿主杂草破坏其内部结构，使其产生坏死和环状枯萎的病斑，导致致病性，这些活性成分通常称为植物毒素（phytotoxin）。大多数情况下它们为微生物的次生代谢产物，具有控制杂草的作用。它们在化学结构和分子大小上有很大差异，一部分为聚合肽、萜、大环内酯类和酚类。利用具有除草剂活性的微生物天然产物开发新型的除草剂日益受到人们的重视，因为这些天然产生的植物毒素具有以下特点：①具有种的特异性；②具有各种不同的化学结构，且大多数是新的化学结构，用传统的农药化学难以合成；③大多对哺乳动物无毒或低毒；④相对于化学除草剂更易于降解，不会引起生物灾害。

1. 来源于真菌的植物毒素

产植物毒素的真菌多来自链格孢属、镰刀菌属和炭疽菌属等。从炭疽菌中分离出的一种植物毒素具有除草活性，对 7 种不同杂草的杀草谱实验表明，杂草 jointvevch 受害最严重、pigweed 和 florida beggarweed 遭受严重的灼伤，并被抑制生长，johnsongras 虽未被杀死，却被严重矮化。毒素提取纯化后经红外线光谱、核磁共振等实验分析发现，该毒素为高铁藏红花素，是一种铁离子载体，其作用机制可能与螯合物的形成有关。来源于真菌的其他植物毒素如 AAL-toxin、cornexistin 和 tentoxin 等都具有除草活性。AAL-toxin 及其一些结构类似物能抑制神经酰胺合成酶的活性，引起鞘氨醇的迅速积累，导致细胞膜破裂。cornexistin 表现为代谢抑制剂，与氨氧乙酸盐的作用相似，即抑制某一天冬酰胺转氨酶的活性，在加入天冬氨酸、谷氨酸或任一三羧酸循环的中间物后，毒素的作用消失。tentoxin 有两种作用机制：一种是通过阻断核编码质体蛋白的形成过程，从而打断叶绿体的形成；另一种机制是作为 ATP 酶的偶联因子的能量转移抑制剂，进而抑制光合磷酸化。

2. 来源于细菌的植物毒素

产植物毒素的细菌大多是革兰氏阴性菌，如假单胞菌属、欧文氏菌属、黄单胞菌属和少量革兰氏阳性菌，如链霉菌和一些非荧光植物假单胞菌。病原细菌丁香假单胞杆菌菜豆致病变种（*Pseudomonas syringae* pv. *phaseolicola*）能使野葛的叶片出现黄萎病的症状，产生局部坏死。经研究发现这种缺绿症是该菌所产生的植物毒素菜豆菌毒素（phaseolotoxin）所致，这种毒素一旦进入植物将向枝端感染，导致植株矮化、失绿，严重的导致植物叶片坏死。导致旱雀麦病害的荧光假单胞菌（*Pseudomonas fluorescens*）D7 菌株发酵液经初步纯化后，发现毒素中至少含有 2 个多肽、1 个生色团、1 个脂肪酸酯和 1 个脂多糖基团。而当初毒素再被进一步纯化后，就几乎丧失了植物毒性，说明纯化过程某种物质或方法导致了毒素失活。为了进一步探索 D7 菌株的可能作用机制，通过对比实验发现，D7 菌株对细胞分裂、呼吸作用及蛋白质、核酸、脂类的合成不产生明显的影响或影响很小，却明显抑制了膜的形成和脂类代谢。另一些研究发现，假单胞菌属的其他一些菌株产生的植物毒素具有不同的生理机制，如丁香假单胞杆菌菜豆致病变种产生的菜豆菌毒素是一种三肽化合物，通过与氨甲酰磷酸竞争鸟氨酸氨甲酰转移酶的结合位点来抑制精氨酸的合成；烟草野火病菌（*Pseudomnas syringae* pv. *tabaci*）产生的烟草丁香假单孢菌毒素，其水解物能抑制谷氨酸合成酶的活性；*Pseudomonas syringae* pv. *syringae* 产生的丁香霉素起先被认为能导致膜的水解，进一步研究发现，丁香霉素能提高钾离子流量，并增强 H^+-ATP 酶的活性，同时又与 Ca^{2+} 的运输有关。

茴香霉素（anisomycin）是从链霉菌中分离得到的一种毒素，浓度为 12.5 μg/g 时对单子叶植物如水稻、稗、马唐及双子叶植物如紫花苜蓿和番茄等表现出对根的选择性生长抑制，在浓度大于 50 μg/g 时对幼苗具有抑制作用。除草菌素（herbicidins）及其类似物均来源于链霉菌，它们都具有选择性触杀除草活性。这些类似物中至少有 4 种表现出相似的除草活性谱，通常对双子叶植物表现出更高的除草活性，而在单子叶植物中，水稻最安全。除草菌素 A 在供试的水稻和其他植物之间所表现出的选择性优于除草菌素 B。herboxidiene 是一种从色褐链霉菌（*Streptomyces chromofuscus*）中提取的新型聚酮类化合物，已被用于水稻和大豆田杂草的防治。pyridazocidin 是从内生链霉菌（*Streptomyces* sp.）培养液中得到的除草农用抗生素，对苘麻、裂叶牵牛、稗及大狗尾草等几种杂草具有显著的苗期除草活性，其中对大狗尾草最敏感。pyridazocidin 在抑制植物生长的一定浓度范围内可以引起叶绿体中氧的快速消耗。张金林等发现葱叶枯病菌毒素可以强烈抑制禾本科杂草种子萌发，其中对马唐的防效与百草枯药效相当。经过进一步研究，研究人员又从 15 株灰霉病菌株 BC-4 中分离出了三株具有较强除草活性的菌株，在 100 mg/L 浓度下可以抑制马唐生长，在 50 mg/L 浓度下能完全抑制马唐和反枝苋种子发芽。姜述君等通过色谱技术从狭卵链格孢菌株 AAEC0523 中分离到淡黄色的油状毒素，对稗草的种子萌发和幼苗生长都有较强的抑制作用，作为微生物源除草剂具有较好的开发潜力。上述工作的开展，填补了我国在农用抗生素除草剂这一领域的研究空白，扩大了我国微生物代谢产物的研究范围，为微生物除草剂的研制开辟了新的领域。

（三）活体除草

近几十年来，活体除草领域的研究得到了迅速发展，从最初的简单采集、分离和筛选植物病原菌，发展到对以下方面进行的研究：活体产品制剂，利用生态学和流行病学释放生物，在组织学、生物化学和遗传学水平上利用植物病原菌的相互影响进行除草，以及候选微生物除草剂基因操作。以根际细菌活体释放来实现除草目的也成为现在细菌除草剂的研究热点之一。同时，某些根细菌对某些作物还有促进生长的作用。通过在作物上施用某些对杂草有害又可促进作物生长的根细菌，有可能增加作物的竞争机制。

六、微生物除草剂存在的问题和措施

(一)活性物质不稳定、制剂加工困难

真菌孢子型制剂对环境条件要求严格,在批量生产、配方和贮藏等技术问题上要求过高。细菌除草剂的活性物质稳定性和适合的剂型也是影响细菌除草剂储存和致病力的主要原因。因此,适当的助剂类型及制剂加工技术非常重要,科学合理的制剂不仅能促进和调节致病力,而且可以减少对环境的依赖性,提高防治效果和稳定性。

(二)寄主单一的限制

在农业生态系统中,常常是多种杂草并存。但目前的微生物除草剂通常只能防除一种或几种亲缘关系相近的杂草,只能在特定的场合发挥它特有的作用,很难达到理想的除草效果,大规模推广受到限制。为改善这类问题,可以将作用谱不同的两种或两种以上的微生物合用或虫菌并用等,也可以用细胞融合、DNA 重组等技术对现有的除草微生物进行改造。

(三)环境因素的影响

现在,除部分微生物除草剂是微生物代谢产物外,大多数是直接释放的活菌体,受环境因素的影响大,效果不是很稳定。可以通过基因工程或原生质体融合技术改善生物除草剂的药效。

微生物除草剂尽管存在上述问题,使其推广及大规模生产受到限制,但是随着生物科学技术的迅速发展和科学家对微生物除草剂研究的逐步深入,一些问题已经得到解决:①通过适当的助剂及制剂加工技术可以促进和调节孢子萌发,增加致病性,减少对环境的依赖性,提高防治效果和稳定性;②通过基因导入和细胞融合技术可以重组自然界存在的优良除草基因,改良潜在除草作用的特殊酶基因,以此来提高致病力和药效;③选择两种或两种以上微生物作为一种单独的除草剂防治多种杂草,改良微生物除草剂的品种和寄主专一性等。此外,由于某些根际细菌的固氮作用能够减少施用化学肥料的费用,开发同时有固氮作用的细菌除草剂将会产生较大的经济效益。以上这些研究的广泛开展,为微生物除草剂的进一步开发提供了可能,相信未来将会有更多的活体微生物及其代谢产物实现商品化。部分国内外已商品化的微生物除草剂见表 4-1。

表 4-1   部分国内外已商品化的微生物除草剂

商品名	病原微生物	靶杂草	研发单位或国别
"鲁保一号"	胶孢炭疽菌菟丝子专化型 (*Colletotrichum gloeosporioides* f.sp. *cuscutae*)	南方菟丝子(*Cuscuta australis*)	中国
"Devine"	棕榈疫霉(*P. palmovora*)	柑橘园莫伦藤(*Morrenia odorata*)	美国 Abbott 实验室
"Collego"	胶孢炭疽菌田皂角亚种 (*Colletotrichum gloeosporioides* f.sp. *aeschynomene*)	水稻和大豆田中的弗吉尼亚田皂角 (*Aeschynomene virginica*)	美国 Arkansas 大学与 Upjohn 公司
"Dr. bioseoge"	锈菌(*Puccinia canaliculata*)	油莎草(*Cyperus esculentus*)	美国
"Biomal"	胶孢炭疽菌锦葵亚种 (*Colletotrichum gloeosporioides* f.sp. *malvae*)	圆叶锦葵(*Malva pusilla*)	加拿大 Philom Bios

续表

商品名	病原微生物	靶杂草	研发单位或国别
"Casst"	决明链格孢（*Alternatia cassiae*）	钝叶决明（*Cassia abtusifolia*）	美国
"MYX–1200"	砖红镰孢（*Fusarium lateritium*）	大豆及棉花田中的豆科杂草	Mycogen
"Φ"生物除草剂	镰刀菌（*Fusarium orobanches*）	列当（*Orobanche coerulescens*）	苏联
"敌散克"（Disancu）	交链格孢（*Alternaria alternate*）	马唐及其稗草、狗尾草和千金子等	南京农业大学

第六节　产抗生素微生物的发酵生产

　　抗生素是生物体在生命活动中产生的一种次级代谢产物，能在低浓度下抑制或杀灭活细胞，这种作用有很强的选择性。例如，医用的抗生素仅对造成人类疾病的细菌或肿瘤细胞有很强的抑制或杀灭作用，而对人体正常细胞损害很小，这是抗生素为什么能用于医药的原理。目前人们在生物体内筛选出的抗生素近万种，约80%来自放线菌。抗生素主要用微生物发酵法生产，少数抗生素也可用化学方法合成。还可对天然得到的抗生素进行生化或化学改造，使其具有更优越的性能，这样得到的抗生素叫半合成抗生素，数目已达到两万多种。抗生素不仅广泛用于临床医疗，而且已经用于农业、畜牧及环保等领域中。

　　青霉素是人类历史上发现的第一种抗生素，拯救了无数人的生命，至今仍在生产应用。青霉素是1928年由英国人弗莱明（Fleming）发现的，20世纪40年代投入工业生产。在二战期间大显身手，它能有效控制伤口的细菌感染，挽救了战争中数百万受伤者的性命。在自然界中，有许多微生物能够抑制植物病原的生长发育或使植物害虫致病死亡，从而起到保护植物的作用，其中主要是通过微生物所产生的抗生素对病、虫、草等有害生物进行控制。目前应用于防治植物病、虫、草害的抗生素主要来源于放线菌中的链霉菌属，如放线菌酮被用于毒杀螨虫、土霉素被用来防治棉花红蜘蛛。其他具有杀虫作用的抗生素还有多杀霉素、莫能菌素、杀粉蝶菌素等。杀草素、茴香霉素等被用于杀死杂草。主要的植物病虫害防治用抗生素及其来源见表4-2。

表4-2　主要的植物病虫害防治用抗生素及其来源

抗生素	来源	防治的病害
灭瘟素	灰色链霉菌（*Streptomyces griseochromogenes*）	稻瘟病
春雷霉素	春日链霉菌（*S. kasugaensis*）	稻瘟病
多抗霉素	金色产色链霉菌（*S. aureochromogenes*）	烟草赤星病、人参黑斑病
庆丰霉素	庆丰链霉菌（*S. qinfengmyceticus*）	稻瘟病
放线菌酮	灰色链霉菌（*S. griseochromogenes*）	松疱锈病、樱桃叶斑病、小麦锈病
内疗素	吸水链霉菌（*S. hygroscopicus*）	苹果树腐烂病、甘薯黑斑病
灰黄霉素	青霉菌（*Penicillium* spp.）	苹果花腐病、瓜类蔓枯病
灭胞素	千叶链霉菌（*S. chibaensis*）	水稻白叶枯病
井冈霉素	吸水链霉菌变种（*S. hygroscopicus* var. *jinggangensis*）	水稻纹枯病、棉花立枯病
多氧霉素	可可链霉菌变种（*S. cocaoi* var. *asoensis*）	稻纹枯病、烟草赤星病、小麦白粉病
四抗霉素	金色链霉菌（*S. aureus*）	螨类
莫能霉素	肉桂地链霉菌（*S. cinnamonensis*）	叶蝉、豆象
阿维菌素	除虫链霉菌（*S. avermitilis*）	线虫、节肢动物
武夷菌素	不吸水链霉菌武夷变种（*S. ahygroscopicus* var. *wuyiensis*）	黄瓜白粉病、稻瘟病、小麦赤霉病、水稻纹枯病

续表

抗生素	来源	防治的病害
中生菌素	淡紫灰链霉菌（*S. lavendulae*）	青枯病
嘧啶核苷类抗生素	刺孢吸水链霉菌北京变种（*S. ahygroscopicus* var. *beijingensis*）	番茄疫病、花卉白粉病、白菜黑斑病
宁南霉素	诺尔斯链霉菌西昌变种（*S. noursei* var. *xichangensis*）	番茄病毒病
申嗪霉素	荧光假单胞菌（*Pseudomonas fluorescens*）	辣椒疫病、稻瘟病、小麦赤霉病、水稻纹枯病、西瓜枯萎病
四霉素	吸水链霉菌梧州亚种（*S. ahygroscopicn* subsp. *wuzhouensisn*）	小麦赤霉病、小麦白粉病、水稻立枯病
公主岭霉素	不吸水链霉菌公主岭新变种（*S. ahygroscopicus* var. *gongzhulingensisn*）	高粱散黑穗病、高粱坚黑穗病、小麦网腥黑穗病

一、农用抗生素的类别

农用抗生素大致可分为 7 类。①氨基糖苷类抗生素（aminoglycoside antibiotics），由糖或氨基糖与其他分子结合而成，一般为碱性，可以与无机酸或有机酸形成盐，能够干扰细菌和真菌的蛋白质合成。井冈霉素和链霉素（streptomycin）即属于此类。②多烯类抗生素，在分子里既有经内酯化作用而闭合的大的碳原子环结构，又有一系列的共轭双键结构。易氧化、溶解度低，能够损伤真菌和动物细胞的细菌膜。两性霉素 B（amphotericin B）、匹马霉素（pimaricin）即属于此类。③四环类抗生素（tetracycline antibiotics），由 4 个芳香环组成，仅在其第 4、5、6、7 位碳原子上的取代基有所不同，是酸碱两性化合物，可干扰细菌蛋白质合成过程中氨酰 tRNA 的合成。④多肽类的抗生素，其分子由肽键将多种不同的氨基酸结合而成，多黏菌素即属于此类。⑤大环内酯类抗生素（macrocyclic antibiotics），是由糖苷、大环内酯构成的分子，为碱性物质，可与酸酐结合形成盐和酯。它能与细菌核糖蛋白的 50S 亚基相结合，抑制蛋白质的合成。⑥核苷酸类抗生素，是一类由微生物产生的、结构上与存在于细胞中的嘌呤、嘧啶核苷和核苷酸有关的具生物活性的化合物。它主要能够抑制 DNA 合成前体物的形成和 RNA 多聚酶的活性。多氧霉素 B、多氧霉素 D 和灭瘟素等都属于此类。⑦其他类型的抗生素，包括少数不属于上述六大类的抗生素，如放线酮。

二、产抗生素微生物的筛选过程

农用抗生素主要是由土壤微生物产生的，这类微生物的筛选过程如下。

（一）初选

将土壤悬浮液稀释接种在琼脂平板培养基上，同时接种大量某种病原菌的菌体或孢子。若土壤中含有对这种病原菌有抗性的菌种，则在该菌落的周围会形成抑菌圈，形成抑菌圈的菌种就是初选对象。经过分离纯化后，进行控制生长条件的培养，然后培养液用管碟法做较为精细的抑菌试验。

（二）复选

用特定病原接种试验用植株使其发病。将初选菌株的培养液喷施在试验植株上，检验其对病害的防治效果及对植物是否有药害。经验表明初选菌株能通过复选的概率仅为数千分之一。

（三）发酵条件的优化

1）筛选培养基和发酵条件，优化发酵条件，提高抗生素产率。将甘油保存的菌种室温冷却，按 1%接种量接入装有 150 mL LB 液体培养基的 500 mL 锥形瓶中，37℃、200 r/min 振荡培养 16 h，试验设置发酵温度分别为 28℃、30℃、32℃、34℃和 36℃。将种龄为 16 h 的种子液以 3%接种量接入初始 pH 7.0、装液量为 30%的发酵培养基中，200 r/min 摇床发酵培养 48 h，检测发酵液的杀菌效价，确定最佳发酵温度。

2）发酵培养基初始 pH 试验设置。初始 pH 分别为 6.0、6.5、7.0、7.5 和 8.0。将种龄为 16 h 的种子液以 3%接种量接入装液量为 30%的发酵培养基中，36℃、200 r/min 发酵 48 h，检测发酵液的杀菌效价，确定最佳初始 pH。

3）接种量试验设置。接种量分别为 1%、3%、5%、7%、10%。将种龄为 16 h 的种子液分别按相应种量接入初始 pH 7.0、装液量为 30%的发酵培养基中，36℃、200 r/min 摇床发酵 48 h，检测发酵液的杀菌效价，确定最佳接种量。

4）摇床转速试验设置。摇床转速分别为 160 r/min、180 r/min、200 r/min、220 r/min 和 240 r/min。将种龄为 16 h 的种子液以 3%的接种量接入初始 pH 7.0、装液量为 30%的发酵培养基中，36℃发酵 48 h，检测发酵液的菌效价，确定摇床最佳发酵转速。

5）发酵时间试验设置。发酵时间分别为 0 h、6 h、24 h、30 h、48 h、55 h。将种龄为 16 h 的种子液以 3%的接种量接入初始 pH 7.0、装液量为 30%的发酵培养基中，36℃、200 r/min 摇床发酵，检测发酵液的杀菌效价，确定最佳发酵时间。

（四）抗生素初步鉴别、分离纯化、结构测定和解析

选用合适的分离方法、培养条件及不同的鉴别条件，初步估计抗生素的类型；根据抗生素的性质采取合适的分离纯化条件，得到具抗菌活性的抗生素纯品；采用多种鉴别方法进行测定，得到抗生素的结构类型，确定其归属。

（五）微生物分类鉴定和抗菌谱测定

微生物分类鉴定和抗菌谱测定是指采用多相分类技术，确定产生菌的分类地位，以及了解此抗生素是否可以一药多用。

三、产杀虫抗生素链霉菌的选育和发酵生产

1975 年，日本北里研究所从静冈县土样中筛选到一种除虫链霉菌（*Streptomyces avermitilis*）MA-4680。随后，美国默克（Merck）公司从该菌发酵液中提取出了一组由 8 个结构相近的同系物组成的混合天然产物，并命名为阿维菌素（avermectin）。1981 年，该公司实现了阿维菌素的产业化，并逐渐应用在农牧业和医疗卫生方面。20 世纪 80 年代末，上海市农药研究所从广东揭阳土壤中分离筛选得到 7051 菌株，经鉴定该菌株与 *S. avermitilis* MA-8460 相似，所得产物与阿维菌素的化学结构相同。阿维菌素是一种新型抗生素类，具有结构新颖、农畜两用的特点。通过 X 射线衍射 ^{13}C-NMR 和质谱分析，发现阿维菌素是一种十六元大环内酯类化合物。根据其分子结构中 C5、C22-23 和 C25 上所连接基团的不同分成 8 个组分。"A"和"B"系列的差别在于 C5 上的连接基团，C5 位是甲氧基的称为"A"组分，是羟基的称为"B"组分；"1"和"2"系列的差别在于 C22-23 上，C22-23 呈双键的称"1"组分，含有羟基的称"2"

组分；"a"和"b"系列的差别在于 C25 上，C25 上是叔丁基侧链的称为"a"组分，是异丙基侧链的称为"b"组分。其中 A1a、B1a、A2a、B2a 这四者为出发菌株发酵液的主要组分，A1b、B1b、A2b、B2b 为次要组分，以 B1a 最为重要。因该类化合物对寄生于动物体内的线虫和节肢动物有极强的驱杀作用，使用剂量的单位由 mg/kg 降到 µg/kg，并因具有作用机制独特、安全性高等特点，所以该类药物首先被作为一种抗寄生虫药剂应用到牲畜体内外的寄生虫防治。据1993 年美国食品药品监督管理局报道，阿维菌素不仅在自然环境中与土壤结合紧密，不易被冲刷和下渗，而且在光照条件下或在土壤微生物作用下迅速降解成无活性的化合物，其分子碎片最终作为碳源被植物和微生物分解利用，没有任何残留毒性。阿维菌素作为一类重要的抗生素，已经成为一种农用和兽用的高效生物源杀虫剂，被专家誉为继青霉素之后又一类对人类做出巨大贡献的产品。

目前已商品化的产杀虫抗生素链霉菌有阿维菌素（avermectin）、伊维菌素（ivermectin）、甲氨基阿维菌素苯甲酸盐（emamectin benzoate）、乙酰氨基阿维菌素（eprinomectin）和道拉菌素（doramectin）等，其中阿维菌素为天然发酵组分的混合物，后 4 种药物则为阿维菌素的化学结构改造产物，改造后的新化合物克服了原母体化合物阿维菌素的某些不足，在防治范围、杀虫活性和对人畜及环境毒性等方面有了进一步的提高和改善。阿维菌素对螨类和昆虫具有胃毒（咀嚼式和刺吸式昆虫通过口器将阿维菌素吸入胃中）和触杀作用（可以通过昆虫的气孔或爪垫进入体内），杀虫、杀螨活性高，比常用农药高 5～50 倍，用药量仅为常用农药的 1%～2%。其作用方式是干扰害虫神经生理活动，刺激释放 γ-氨基丁酸（GABA），作用于神经肌肉接头，增加氯离子的释放，阻断昆虫的神经传导系统，抑制神经接头的信息传递，导致害虫和害螨出现麻痹而中毒死亡。阿维菌素无内吸及熏蒸作用，对尚未完成胚胎发育的卵无效，但对即将孵化的卵有一定的杀伤作用。喷雾后对叶片有很强的渗透作用，残效期长，并可渗入植株体内杀死叶片表皮下的害虫，且受降雨的影响小。螨成虫、若虫中毒后，麻痹、不活动且停止取食，2～3 天后死亡。因不引起昆虫迅速脱水，所以作用速度缓慢。阿维菌素对捕食性昆虫和寄生性天敌没有直接触杀作用，因植物表面残留少，因此，对益虫的损伤小。与常用有机磷、拟除虫菊酯类农药和杀螨剂无交互抗性。阿维菌素可用于防治多种园林植物上的螨类及鳞翅目、同翅目和鞘翅目的主要害虫。特别适合于防治对其他类型农药已产生抗药性的害虫，但不宜连续使用，也要轮换用药。

（一）阿维菌素发酵生产菌株

最初的阿维菌素产生菌是从日本北里大学收集的土壤样品中分离得到的，经一系列的生理代谢实验和培养特征确定，阿维菌素产生菌被列为链霉菌下单独的一个种，属于革兰氏阳性丝状菌。阿维菌素原始菌株发酵单位非常低，最先发现的菌株 MA-4680 的发酵单位只有9 µg/mL，经改变发酵条件后有较大提高，但也仅为 120 µg/mL，不适合进行大规模发酵生产。该菌株经过紫外诱变，从中选出一株突变株，发酵单位可达到 500 µg/mL，相比原始菌株有了长足的提高。阿维菌素 B1a 组分是阿维菌素中活性最强、衍生物最多的一个组分，因此自从被发现以来，人们通过尝试各种不同的育种手段来提高其产量，其中比较常见的有以下几种。

1. 诱变育种

阿维链霉菌自发现以来，就不断有人尝试通过诱变育种来提高阿维菌素 B1a 的产量，并取得了一些不错的成果。例如，通过紫外线-氯化锂（UV-LiCl）和紫外线-亚硝基胍（UV-NTG）复合诱变的方法对阿维链霉菌进行诱变，最终得到 B1a 产量提高 65.1% 和 64.8% 的菌株；采用

$^{12}C^{6+}$ 重离子束对阿维链霉菌进行辐照诱变处理，可有效获得 B1a 组分显著提高 30% 的两株菌。然而这种单纯的通过诱变育种提高菌株产量的方法不可避免地具有缺陷，如筛选的盲目性、工作量大和诱变的不定向性等。

2. 代谢工程育种

代谢工程育种是指以生物化学和遗传学为基础，研究代谢产物的生物合成途径和代谢调节机制，巧妙选择技术路线，以获得有用产物的大量合成和积累。

以阿维链霉菌为出发菌株，经连续 3 次紫外诱变，同时使用 D-脱氧葡萄糖进行定向筛选，选育得到阿维菌素高产菌株，代谢产物产量提高了 34.4%。有人通过紫外线（UV）、氯化锂（LiCl）、亚硝基胍（NTG）并结合甲硫氨酸（Met）诱导等手段对出发菌株进行诱变处理，通过初筛、复筛获得总效价 4524.3 μg/mL 的高产阿维菌素突变株，其中"B"组分含量显著提高，达 85.3%，B1a 也显著提高。这些说明通过了解阿维菌素的合成途径，找到合成过程中的关键点，并通过理性筛选，能够大大提高阿维菌素的产量。迄今为止，代谢调控育种提供了大量工业发酵生产菌种，使抗生素等的次级代谢产物产量成倍提高，大大促进了相关产业的发展，而其也因为自身的优点而被人们广泛使用。

3. 基因组改组

基因组改组技术巧妙地模拟和发展了自然进化过程，以工程学原理加以人工设计，以分子进化为核心在实验室实现微生物全细胞快速定向进化，使得人们能够在较短时间内获得性状大幅度改良的正向突变目标菌株，成为微生物育种的前沿技术。近年来，也有不少研究者通过基因组改组技术提高阿维菌素的产量，如通过紫外线和加热将原生质体灭活，最终获得较出发菌株产量分别提高 117.1% 和 103.6% 的菌株。在 2009 年，有科学家首次采用细胞融合的方法，将阿维链霉菌和刺糖多孢菌进行细胞融合，结果使得多杀菌素的产量提高了 447.22%，这一研究成果的发现，更加证明了基因组改组技术在工业生产中具有提高菌株产量的巨大潜力。

4. 基因敲除育种

微生物基因敲除技术是 20 世纪 80 年代发展起来的一种技术。通过在阿维链霉菌中表达含有 S-腺苷甲硫氨酸合成酶 metK 的完整性载体，结果发现产量比野生型菌株高两倍。通过双拷贝 aveC 基因，探究其对阿维菌素产量的影响，结果发现阿维菌素"1"组分比例并没有明显的变化，但 B1a 效价却有显著提高。利用基因敲除手段来提高阿维菌素 B1a 的产量，具有目的性强、得到的菌株代谢产物更加单一等优点。

（二）阿维菌素发酵生产培养基

发酵培养基是一个发酵产品工业化中非常重要的因素，其组分直接影响阿维菌素的产量和生产成本。目前用于工业发酵的培养基种类很多，由于各种培养基成分产地不同，特别是天然组分对发酵产量的影响很大，因此选择较好的培养基组合及培养条件是非常必要的。

在阿维菌素发酵培养基的优化试验中，水解淀粉作为唯一发酵碳源时，发酵单位能比对照组提高 32%～35%，B1a 组分含量也略有提高，这说明水解淀粉可以作为阿维链霉菌发酵的优良碳源，且高浓度有利于提高阿维菌素的发酵产量。葡萄糖组的发酵效价尽管很低，但 B1a 组分含量在较高浓度（60 g/L）时可提高 10%，说明充足的葡萄糖也有利于 B1a 组分的合成。麦芽糖组（60～80 g/L）的发酵效价也提高了 13%～19%，但 B1a 组分含量没有增加，菌液浓度较对照明显下降。这是因为唯一碳源并不一定适合菌体生长，菌体生物量增长受到抑制，而且菌丝体极易衰老自溶，并释放出菌丝体内的有机氮物质，造成培养液 pH 升高。汪嵘等和宋渊等分别对阿维链霉菌的发酵培养基进行了筛选，并得到了其最佳培养条件。最佳培养基：淀粉 50 g、豆饼粉 2 g、酵母粉 10 g、$K_2HPO_4 \cdot 3H_2O$ 0.5 g、$CaCO_3$ 2 g、$MgSO_4 \cdot 7H_2O$ 0.5 g、$CoCl_2 \cdot 6H_2O$ 0.005 g。

豆饼粉、花生饼粉、棉籽蛋白粉、花生蛋白粉和大豆蛋白粉等 5 种有机氮源都对阿维菌素的发酵生产有显著的促进作用，阿维菌素 B1 组分和阿维菌素总的发酵单位均显著提高。其中，提高最明显的是花生蛋白粉和花生饼粉。阿维菌素 B1 组分产量比酵母浸粉作为氮源分别提高了 334.7% 和 308.9%，而阿维菌素的总产量也比对照使用酵母浸粉分别提高了 311.6% 和 299.7%。阿维菌素发酵培养基中补充某些无机氮源，有利于阿维菌素发酵产量的提高。其中，硫酸铵的效果最好，相比其他无机氮源物质更能够促进阿维菌素产量的提高。在 1.0 g/L 的添加浓度下会促进阿维菌素的生物合成，阿维菌素 B1 组分和阿维菌素总单位都达到最大值。但是当添加硫酸铵的浓度继续提高时，阿维菌素的产量反而下降。玉米浆随着添加浓度的增加也显现出对发酵单位的影响，这可能是由于菌丝体的快速增长导致料液黏稠，影响氧的传递及营养物质的吸收。菌丝体为了获得氧和其他营养物质，形态上会向更有利于传质的方向进行分化，便形成了以絮状为主的菌丝结构形态。只有在除虫链霉菌生长为密实的球状时，才能得到较高的发酵产量，而且发酵中后期维持一定的菌丝球尺寸（球核面积、菌丝球面积和核区周长）对维持菌体产素有利。

（三）阿维菌素的发酵工艺

1. 斜面和平板培养基

可溶性淀粉 20 g、酵母膏 4 g、KNO_3 1 g、NaCl 0.5 g、$MgSO_4 \cdot 7H_2O$ 0.5 g、K_2HPO_4 0.5 g、$FeSO_4 \cdot 7H_2O$ 0.01 g，加去离子水至 1000 mL，pH 7.2～7.4。冷冻管菌种、分离纯化后的菌种或斜面保藏菌种接种于上述的培养基，于 28℃、40% 湿度下培养 5 天。

2. 种子培养基

淀粉 25 g、黄豆饼粉 10 g、花生饼粉 10 g、酵母粉 5 g、$CoCl_2 \cdot 6H_2O$ 0.0005 g，加水至 1000 mL，pH 7.0～7.2。将成熟斜面上的孢子用无菌接种铲挖块接种于种子培养摇瓶中，种子摇瓶装量为 30 mL/250 mL，于 28℃、220 r/min 旋转式摇床上培养 2 天。

3. 发酵培养基

淀粉 100 g、黄豆饼粉 30 g、花生饼粉 5 g、酵母粉 5 g、$CoCl_2 \cdot 6H_2O$ 0.0005 g，加水至 1000 mL，pH 7.0～7.2。接种量为 5%，装量为 30 mL/250 mL，于 28℃、220 r/min 旋转式摇床上培养 8 天。阿维菌素的摇瓶发酵采用二级发酵。

4. 固体发酵初筛

将培养好的各个平皿中的单菌落，随机挑取接种斜面，在 28℃培养 8 天，孢子生长成熟后，用分光光度法进行效价测定，根据测定结果挑选高产菌株进行复筛。

5. 液体摇瓶复筛

从初筛得到的高产菌株斜面上铲取 0.15 cm×0.15 cm 大小的培养物接种于种子摇瓶中，在 220 r/min 摇床上 28℃培养 24 h 后，以 5% 的转种量接种于发酵摇瓶中，于 220 r/min 摇床上 28℃培养 7 天，用高压液相色谱法（HPLC）测定阿维菌素的含量。

6. 发酵后处理

阿维菌素的发酵单位虽然高，但产物浓度仍然较低。现在常用的分离方法一般为浓缩结晶法。阿维菌素是一种胞内产物，它的提取一般是先通过发酵得到菌丝，再用萃取剂萃提后浓缩结晶得到。工业上常用 95%乙醇、甲苯溶液和乙酸乙酯等作为萃取剂浸提干菌丝。结晶是阿维菌素精制工艺的关键。

四、产杀菌抗生素链霉菌的选育和发酵生产

井冈霉素（validamycin）是上海市农药研究所于 1973 年从江西井冈山地区的土壤中分离出的抗生素，是吸水链霉菌井冈变种（*Streptomyces hygroscopicus* var. *jinggangensis*）的代谢产物，为氨基糖苷类抗生素，是一种防治水稻纹枯病、小麦纹枯病极为有效的农用抗生素。井冈霉素的杀菌机制：井冈霉素由 A、B 等多种组分组成，主要组分 A 是由一种糖和氨基结合的假糖类化合物。纹枯病菌接触到井冈霉素后，误以为是糖类化合物而将其吸收到菌丝体内，并从菌丝的一端向另一端传送，菌丝体内的海藻糖酶接触到这种物质后，阻碍海藻糖转化为葡萄糖，使菌丝顶端产生树枝状的异常分枝，干扰菌丝的正常生长，使纹枯病失去致病的能力。井冈霉素至今仍是防治水稻纹枯病的当家品种，使用面积在 866.67 万 hm^2 以上。

（一）井冈霉素发酵生产菌种的选育

在生产菌株选育方面，对原始菌株进行诱变从而选育高产菌株是一种常规并有效的方法。沈寅初等利用紫外线、氯化锂、亚硝基胍、氮芥和 ^{60}Co-γ 射线对吸水链霉菌井冈变种进行一系列的复合诱变，使井冈霉素的发酵效价提高 10 倍。目前工厂使用的生产菌株 TL01 也是通过物理诱变的方法获得。另一类直接改造菌株的方式为代谢工程改造，主要体现在以基因操作为手段对菌株的代谢途径进行优化从而提高井冈霉素的生物合成能力。产生井冈霉素的野生型菌株（吸水链霉菌 5008，GenBank：CP003275）和工业生产菌株（TL01，GenBank：CP003720）全基因组测序的完成为这一部分工作的开展打下了坚实的基础。据报道，通过超量表达 UDP-葡萄糖焦磷酸酶（UDP-glucose pyrophosphorylase，UGP）以弥补原先糖基供体的不足，使 TL01 在摇瓶发酵中的井冈霉素产量由 18 g/L 提高为 22 g/L；通过串联缺失 γ-丁内酯受体基因使 TL01 的产量由 19 g/L 提高 24 g/L；利用 ZouA 介导的 DNA 复制系统构建了含有多拷贝井冈霉素基因簇的重组菌，井冈霉素产量相较出发菌株提高了 34%。

（二）井冈霉素的发酵生产

优化发酵条件是提高井冈霉素产量的有效方式，并且在大规模的工业生产中具有一定的节能降耗作用。近年来影响力较大的是在发酵过程中采用控制温度策略来提高井冈霉素产量的方法。有人发现在 28~42℃，随着发酵温度的升高，井冈霉素的产量逐渐提高，并且在 35~37℃存在一个阈值，当温度达到或超过这一阈值时，产量能够急剧提升。Wei 等进一步提出了井冈霉素的温度迁移发酵策略，即先在较低的发酵温度（30℃）下提高细胞量，再迁移到较高的发酵温度（42℃）促进井冈霉素的积累。除控制发酵温度外，增加培养体系中的氧供应及适当引入环境压力也能有效提高井冈霉素的发酵水平。通过向培养基添加作为携氧剂的液体石蜡，提高了培养基中溶解氧的水平及细胞内的氧化压力，从而将井冈霉素产量提高了58%；在发酵前期向发酵培养基中添加过氧化氢，检测到细胞活性氧水平及井冈霉素产量显著提高，并且证明活性氧水平的提高是促进井冈霉素合成的关键原因；在发酵过程中添加适量氢氧化钠溶液制造碱性 pH 冲击，加速了碳源的利用并且促进了细胞生长，最终实现了井冈霉

素增产 27%。

发酵培养基成分的选择在对微生物发酵产量和成本控制方面具有举足轻重的影响。井冈霉素的合成需要充足的碳源供应，经过大量的培养基优化研究，井冈霉素发酵的碳源已由刚开始的 20 g/L 葡萄糖及 40 g/L 玉米粉发展为现在工业上普遍使用的 95 g/L 大米粉，氮源则使用花生饼粉、黄豆饼粉代替相对昂贵的酵母粉，能够在保证产量的前提下降低生产井冈霉素的成本。然而将粮食作为培养基成分尤其是需求量最大的碳源终究占用了人和牲畜的口粮，且很难有进一步缩减成本的空间。很多企业为了生存只得进行恶性的低价竞争，不利于整个产业的健康发展。结合对井冈霉素产生菌代谢能力的分析及非粮食原料的调研，Zhou 等（2015）首次使用木糖母液作为井冈霉素培养基中的碳源，优化培养基之后，野生型菌株摇瓶发酵井冈霉素产量可以达到 9.6 g/L，结合补料策略在 3-L 反应器中将产量进一步提升到 17.4 g/L，经过培养基成本估算，表明木糖母液具有在工业中进一步应用的潜力。

第五章

分子检测技术在植物保护上的应用

分子生物学是从分子水平研究生命本质的一门学科，该学科以核酸和蛋白质等生物大分子的结构、组成与功能，以及它们在遗传信息和细胞信息传递中的作用与机制等为研究对象，是当前生命科学中发展最快并正在与其他学科广泛交叉和渗透的前沿领域。它包括研究核酸结构及其功能的核酸分子生物学、研究蛋白质结构与功能的蛋白质分子生物学和研究细胞信息传递与细胞信号传导的细胞分子生物学等。目前分子生物学技术广泛应用于生物科学的各个领域。核酸分子生物学技术已形成了比较完整的理论和技术体系，是目前分子生物学中内容最丰富的一个领域，近年蛋白质分子生物学也发展迅速，以致在很多情况下，人们将核酸和蛋白质分子生物学与分子生物学等同起来。

植物保护是研究植物有害生物（如病原、害虫和杂草等）的生物学特性、发生发展规律和防治方法的一门科学。因此，对有害生物进行诊断、检测和鉴定是植物保护研究的基础，只有正确认识了有害生物，才能"对症下药"，达到保护植物的目的。有害生物的传统检测鉴定，主要是从症状、形态鉴定、接种鉴别寄主和病原培养性状等方面来观察有害生物所表现的表型和性状，易受环境因素、人为因素等多种因素的影响，因此对病原鉴定的结果有时会出现偏差。此外，对于病害，许多传统的诊断程序一般都涉及两个过程：第一，先要对病原进行培养，然后再分析它的生理生化特性；第二，确定它到底是哪一类的病原，是病毒、细菌还是其他的病原。这种诊断方法成本高、速度慢且效率低。如果病原生长特别慢或者根本无法通过人工培养的方法获得，如有些衣原体、植原体不能培养或很难人工培养，那么这种传统的诊断程序就很难有结果。而分子生物学研究表明，所有生命类型和不同物种差异的根源都是由遗传物质（DNA 或 RNA）决定的，而遗传信息又是核酸上的核苷酸序列所决定的。因此最准确的检测鉴定方法就是基于核酸序列测定的分子检测技术。

分子检测技术主要指应用分子生物学的方法来对有害生物进行诊断检测鉴定。从理论上讲，任何一个决定特定生物学特性的 DNA 序列都应该是独特的，都可以用作专一性的检测标记，这就是分子诊断检测鉴定的理论基础。不论是传统的常规检测，还是现代的分子技术，一种有效的病原检测方法都应该具备以下 3 个条件：①专一性（specificity）强，即检测只对目标分子或只对有害生物的某一种分子产生特异的阳性反应；②灵敏度（sensitivity）高，是指即使只有微量的目标分子，或是在有很多干扰存在的情况下，也能够很灵敏地检测出有害生物的目标分子；③操作简单（simplicity），主要是指在做大规模检测时，要求能够操作方便、简单、高效且廉价。

本章将对目前在有害生物诊断检测鉴定中应用的几种分子检测技术的原理和方法及其在植物保护上的应用进行介绍。

第一节　蛋白质检测技术

一、酶联免疫吸附测定

（一）原理

酶联免疫吸附测定（enzyme linked immunosorbent assay，ELISA）是以酶联免疫吸附试验为基础的测定技术。酶联免疫吸附试验创始于 1971 年，当时，瑞典学者恩瓦尔（Engvall）和帕尔曼（Perlman）及荷兰学者维尔曼（Weerman）和舒尔斯（Schuurs）分别报道将免疫技术发展为检测体液中微量物质的固相免疫测定方法，称为酶联免疫吸附试验。1974 年沃勒尔（Voller）等又将固相支持物改为聚苯乙烯微量反应板，使 ELISA 技术得以推广应用。ELISA 是免疫测定技术中应用最广、最有发展前途的技术之一，可用于测定抗原，也可用于测定抗体。

酶联免疫测定方法的基本原理：以免疫学反应为基础，先将已知的抗体或抗原结合在某种固相载体上，并保持其免疫活性，使抗体或抗原与酶分子结合成酶标抗体或抗原。测定时，将待检标本和酶标抗原或抗体按不同步骤与固相载体表面吸附的抗体或抗原发生反应；用洗涤的方法分离抗原抗体复合物和游离成分，然后加入底物显色，根据颜色深浅进行定性或定量测定。

最初发展的免疫酶测定方法，就是使酶与抗体或抗原结合，用以检查组织中相应抗原或抗体的存在。后来发展为将抗原或抗体吸附于固相载体，在载体上进行免疫酶染色，底物显色后用肉眼或分光光度计判定结果。

（二）试剂与材料

在酶联免疫吸附试验中，除酶标抗体和底物外，还需要抗原、抗体、抗抗体、阳性对照、阴性对照、标准品、封闭液、包被缓冲液、洗涤液、稀释液、底物工作液和反应终止液等，以上试剂需用双蒸水或超纯水配制，材料主要是固相载体。

1. 固相载体

可作为 ELISA 固相载体的物质很多，如聚氯乙烯、聚丙烯酰胺、琼脂糖、玻璃和硅橡胶等，但现已不多用。理想的 ELISA 板应该吸附性能好、空白值低、透明度高、各孔的大小和性能相同。目前最常用的是聚苯乙烯，因为它具有较强的吸附蛋白质的性能，并且既不损害蛋白质的免疫活性又不影响 ELISA 过程中的免疫反应和显色反应，价格低廉，来源容易，因此被普遍采用。

固相载体的形状有小试管、小圆珠和微量反应板 3 种。微量反应板适于微量标本的大数量检测，是目前应用最广泛的。微量反应板可根据实际需要采用不同的规格，如 24 孔/板、48 孔/板和 96 孔/板。聚苯乙烯材料的反应板在经过射线或紫外线照射后，吸附蛋白质的性能增强。由于原料和工艺不同，产品之间的差异很大，因此对每批产品应事先检查。检查方法是以一定浓度的人 IgG（10 μg/L）包被 ELISA 板，加入适当酶标抗人 IgG，加底物显色。严格控制反应条件，各孔读数与平均读数之差不应大于 10%。

2. 包被抗原或包被抗体

将抗原或抗体连接到固相载体上的过程称为包被（coat）。以聚苯乙烯微量反应板为例，通常先将抗原或抗体溶于 pH 9.6 的碳酸缓冲液中，将包被液以 100 μL/孔的量加到微孔板中，置 4℃下过夜后洗涤即可。成功的包被应该是让抗原或抗体完全覆盖孔表面，以免后来加入的标本或酶标物再结合到孔表面，引起实验误差。包被后再用 1%～5%牛血清白蛋白（BSA）包被一次，可以清除这种干扰，这一过程称为封闭（blocking）。包被好的 ELISA 反应板置低温下存放一段时间尚可应用。

3. 对照品和标准品

对照品分为阳性对照（positive control，PC）和阴性对照（negative control，NC），可检查试验的有效性，并作为结果判断的依据。标准品用于制作标准曲线，进行定量测定，标准品应至少包括检测范围内的 5～7 个浓度。

4. 稀释液

用于稀释酶标抗体及标本，常用含有无关高浓度蛋白质（10%动物血清、1%BSA 和 1%明胶等）和非离子型表面活性剂（如 0.05%吐温-20 或 0.05% TritonX-100 等）的中性 PBS 或 Tris-HCl 缓冲液。

5. 洗涤液

一般与稀释液相同，常用 PBS 或 Tris-HCl 缓冲液。加入 0.05%吐温-20 可加强去除非特异性反应的作用。一些洗涤仪器设计有特殊的冲洗装置，用蒸馏水作洗涤液，同样有彻底的洗涤效果。

6. 酶反应终止液

辣根过氧化物酶（HRP）在酸性条件下酶活性丧失，因此强酸常作为 HRP 酶反应的终止剂，如 2～4 mol/L H_2SO_4，产物由橙黄色固定为棕黄色（邻苯二胺 OPD 显色），或由蓝色固定为黄色（3,3′,5,5′-四甲基联苯胺 TMB 显色），1～2 h 内稳定不变色，OPD 显色可在 492 nm 波长处测其最高吸收峰，TMB 显色可在 452 nm 波长处测其最高吸收峰。

（三）ELISA 检测程序

ELISA 通常的检测过程包括以下几个步骤：①将待测样品结合在固体支持物上，常用的固体支持物是带有 96 孔的微量滴定板（microtiter plate）；②加入可与目标分子特异反应的抗体，即一抗（primary antibody），反应后进行冲洗，将未结合上的一抗洗去；③加入二抗（secondary antibody）。二抗通常只特异地识别一抗，而不识别目标分子。二抗上还连着一种酶，如碱性磷酸酶（alkaline phosphatase）、过氧化物酶（peroxidase）或脲酶（urease）等，这些酶都能够催化一种化学反应将无色底物转变成有色物质。一抗与二抗反应完成后，再次冲洗将未与一抗结合的二抗洗去，加入无色底物。如果一抗没有结合上样品中的目标分子，那么第一次冲洗时一抗就会被全部洗去，因而二抗也就无法结合，底物仍保持无色。但如果样品中带有目标分子，一抗能够特异地与之结合，二抗可以与一抗结合，二抗上连带的酶就可以将无色的底物转变成有色物质，通过颜色变化来判断出被测样品中是否带有目标分子。颜色的深浅可用目测或酶联仪进行检测。如果只是定性鉴定，可以用目测法；如果是定量鉴定，则可以用酶联仪检测。

（四）常用酶联免疫吸附测定诊断技术

根据检测目的和操作步骤的不同，常用的酶联免疫吸附测定方法有 3 种类型：①用于测定抗原的技术类型有双抗体夹心法、双位点一步法和竞争法；②用于测定抗体的技术类型有间接法、双抗原夹心法和竞争法；③捕获法，其中以双抗体夹心法（DAS-ELISA）在抗原测定上应用最广泛。下面主要介绍双抗体夹心法、间接法和竞争法。

1. 双抗体夹心法

（1）原理　将已知抗体包被微量反应板，并与待检抗原反应，再加酶标抗体和底物，根据显色反应对抗原进行定性或定量分析。

病原及其大分子物质进入有机体后都可能成为一种抗原，所以检测机体内的抗原同样可以判断有机体是否感染了相应的病原。此法常用于测定抗原，是将抗原免疫第一种动物（如兔子、小鼠、山羊、绵羊或豚鼠等）获得第一种抗体；将第一种抗体吸附于固相载体（微量反应板）上，加入待测样品（如含有相应抗原的动物血清等）与其结合；温育后洗涤，如果待测样品中含有相应的抗原，则该抗原将被吸附在抗体上从而保留在微孔板上；加入用相同抗原免疫另一种动物产生的抗体（第二种抗体），同样保温洗涤后，第二个抗体也将与抗原结合而保留在微孔板上；最后加入抗第二种抗体的酶标抗体，保温、洗涤后将使酶标抗体也结合在微孔板上；加底物通过酶的催化反应显色，观察反应后颜色的有无及深浅，从而判断反应结果，若有颜色反应，说明检测样品中含有相应的抗体，所以是阳性反应。根据颜色深浅，还可以进行定量分析；反之，若为无色，说明样品中无相应抗体，为阴性反应。

（2）操作步骤　操作步骤如下：①用已知特异性抗体包被固相载体，孵育一定时间，使其形成固相载体，洗涤除去未结合的抗体和杂质；②加待检标本，经过温育使相应抗原与固相载体上的抗体结合，形成固相抗原抗体复合物，洗涤除去无关物质；③加酶标特异性抗体，经过温育使其形成固相抗体-待检抗原-酶标抗体夹心复合物，洗涤除去未结合的酶标抗体；④加底物，温育固相上的酶催化底物产生有色产物，显色；⑤终止反应后，目测其定性结果或用酶标仪测量光密度值进行定量测定。

（3）方法评价　双抗体夹心法是检测抗原最常用的方法，其具有 ELISA 技术的优点，但仅适用于二价或二价以上的大分子抗原的检测，不能用于测定半抗原等小分子物质。

2. 间接法

（1）原理　标本中的待检抗体与固相抗原结合后，利用酶标记抗体进行检测。测定抗体的间接法的原理是病原或其他外源大分子物质进入机体后都可能刺激机体产生相应的抗体，所以可以通过检测某种病原的相应抗体来判断机体是否曾经被某种病原感染，从而达到诊断的目的。此法是测定抗体最常用的方法，首先将已知定量的抗原（如某个病原的蛋白质）吸附（也称包被）于固相载体（微孔滴定板的微孔内），加入待检测的样品（为第一抗体）与其结合，温育反应一定时间。此时，如果含有该病原蛋白质的抗体（第一抗体），则该抗体与固相抗原发生特异性结合。然后，加入酶标抗球蛋白抗体（第二抗体即酶标抗体，如血清为动物血清，则加入抗动物抗体的抗体），该酶标抗体就与结合了固相抗原的第一抗体结合，形成抗原-抗体-酶标第二抗体的复合物；同样温育、洗涤后加入无色的酶底物，保温一定时间进行酶促反应。酶催化底物显色，结果分析参考上述双抗体夹心法。

（2）操作步骤　操作步骤如下。①包被固相载体：用已知抗原包被固相载体，形成固相抗原，洗涤除去未结合的抗原和杂质。②封闭：用高浓度无关蛋白封闭，阻止待检血清中非特异 IgG 吸附固相。③加待检标本：经过温育（37℃、2 h），使相应抗体与固相抗原结合，洗涤除去无关物质。④加酶标抗体或酶标 SPA（金黄色葡萄球菌 A 蛋白）：再次温育（37℃、2 h），使酶标抗体与固相载体上的抗原抗体复合物结合，形成固相抗原-待检抗体-酶标抗抗体（或酶标 SPA）复合物，洗涤除去未结合的酶标抗抗体。⑤加底物显色：温育（37℃、30 min）；

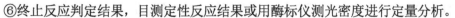

⑥终止反应判定结果，目测定性反应结果或用酶标仪测光密度进行定量分析。

（3）方法评价　　间接法是检测抗体最常用的方法，应用广泛、反应敏感。应用一种酶标抗抗体可用于检测一个种系内各种抗原的相应抗体。

3. 竞争法

竞争法可用于抗原和半抗原的测定，也可用于测定抗体。

（1）原理　　小分子抗原或半抗原缺乏可作双抗体夹心法的两个及以上位点，可用竞争法测定。其原理是将待检抗原和酶标抗原与相应固相抗体竞争结合，样品中抗原越多，与固相抗体结合的酶标抗原越少，与底物反应生成的颜色越浅，因此根据颜色深浅可定量测定。

（2）操作步骤　　操作步骤如下。①用已知特异性抗体包被固相载体（微孔板），形成固相抗体，洗涤除去未结合物质。②测定孔加入待检样品和一定量的酶标抗原，经过温育，使两者与固相抗体竞争结合。对照孔只加一定量的酶标抗原，使其与固相抗体直接结合。分别洗涤，除去未结合到固相上的游离酶标抗原及其他未结合物质。③加底物显色，对照孔由于只加酶标抗原，与固相抗体充分结合，因此分解底物显色深；测定孔的显色程度则随待测抗原和酶标抗原与固相抗体竞争结合的结果而异。如待测抗原量多，它就会竞争性地抑制酶标抗原与固相抗体结合，使固相抗体上结合的酶标抗原量减少，致使加入底物后显色反应较弱。其结果表明颜色的深浅与待测抗原量成反比。分别测定各孔的光密度（OD）值，根据对照孔与测定孔 OD 值之比，计算样品中待测抗原含量。

同理，也可用固相抗原和酶标抗体作试剂，使固相抗原和样品中的待检抗原竞争结合酶标抗体。待检抗原竞争性地抑制酶标抗体与固相抗原结合，即待检抗原越多，显色越浅。

测定抗体的竞争法与测定抗原的竞争法类似：对已知抗原进行包被，让待检抗体和酶标抗体与其竞争结合，然后加底物显色。待检抗体越多，颜色越浅；待检抗体越少，颜色越深。

ELISA 的工作原理主要是利用一抗与目标分子的特异性结合。假定目标分子是一种蛋白质，那么要得到可用于检测的抗体则先需要纯化出这种蛋白质，然后用纯化的蛋白质免疫动物，一般都是免疫兔子；在免疫过的兔子血清中就会产生不同的抗体，每一种抗体都能特异地与目标分子上的不同的抗原决定簇（epitope）相结合，这种抗体混合物称为多克隆抗体。对于诊断检查来说，使用多克隆抗体有两大缺点：①同一抗体混合物中不同抗体的含量会有差异，而且每次制备的抗体之间的含量也会有差异；②无法区分相类似的目标分子，也就是特异性不强。例如，如果病原分子与非病原分子之间只相差一个抗原决定簇，这时多克隆抗体就无法区分，因为在 ELISA 检测中都会发生颜色变化。因此要对某一目标分子进行诊断检查，最好是采用只与某一单个的抗原决定簇结合的抗体蛋白质，即单克隆抗体。由于单克隆抗体只结合抗原上某一个单一的位置，因此采用单克隆抗体进行 ELISA 检测的特异性比多克隆抗体要高得多。目前人们已成功制备了许多不同化合物和病原的单克隆抗体用于免疫诊断。

（五）酶联免疫吸附测定最佳工作浓度的选定

ELISA 反应试剂多，其工作浓度不同对结果影响较大，因此必须进行最佳工作浓度的滴定和选择，形成最佳反应条件。程序如下。①包被抗原：常用棋盘滴定法滴定。在 ELISA 反应板上按行加入逐渐稀释的抗原进行包被，按列逐渐加入稀释的（1∶100）强阳性血清、弱阳性血清、阴性血清及空白对照，加工作浓度酶标抗动物 IgG，加底物显色。选择强阳性血清吸光度为 0.8 左右、阴性血清吸光度小于 0.1 的包被抗原稀释度作为工作浓度。②包被抗体：用棋盘滴定法滴定。将抗体稀释为 10.0 mg/L、1.0 mg/L、0.1 mg/L 三个浓度，按行分别包被

ELISA 板，按列依次加入强阳性血清、弱阳性血清和阴性血清对照，加入工作浓度的酶标抗体，加底物显色。选择强阳性抗原吸光度为 0.8 左右、阴性血清吸光度小于 0.1 的抗体浓度作为工作浓度。③酶标抗体：用工作浓度的抗体包被 ELISA 板，用棋盘滴定法按行加入强阳性抗原液、弱阳性抗原液和阴性抗原液，按列依次加入不同浓度的酶标抗体，加底物显色。选择强阳性抗原的吸光度为 0.8 左右、阴性抗原吸光度为 0.1 左右的酶标抗体浓度作为工作浓度。通常，可以将酶标抗体和包被抗体两者工作浓度的选择相结合。④酶标抗抗体：用 100 µg/L 的动物 IgG 包被 ELISA 板，加入不同稀释浓度的酶标抗动物 IgG，加底物显色。取吸光度为 1.0 时的浓度作为酶标抗抗体的工作浓度。

（六）酶联免疫吸附测定的局限性

ELISA 法在植物病毒诊断中优点突出：①灵敏度极高，可检出微量病毒，其检测极值为 1 ng/mL；②所需反应物少，1 mL 抗血清可测定 10 000 个样品；③方法简便，工作效率高，每人每天可做 1000 个样品左右，而且可同时测定数种病毒；④试剂制备的费用少、稳定性高，同时可用肉眼和简单仪器观察结果，对设备条件要求不高。因此，ELISA 检测已用于很多种病原的诊断。但是在某些情况下，仅凭 ELISA 的检测结果难以得出确定结论，有时会存在假阳性和假阴性。如检测抗体，则要求所用包被抗原应尽可能包含所有特异抗原决定簇，同时又尽可能不含有非特异的成分，这一点往往由于技术水平的限制而难以完全做到，因此从某种意义上来说，假阳性、假阴性是不能完全避免的。此外，固相载体的质量常不统一，主要是原料及制备工艺不一致，致使不同批号的固相载体有时本底值较高，有时吸附性能很差，影响试验结果。所以，ELISA 的检测结果必须与其他检测方法的结果一起综合考虑才能做出确定结论。

二、免疫印迹法

免疫印迹法（immunoblotting）又称酶联免疫电转移印斑法（enzyme-linked immunoelectro-transfer blotting，EITB），也被称为 Western blotting。免疫印迹法是在蛋白质凝胶电泳分离和抗原抗体免疫反应检测的基础上发展起来的一项检测蛋白质的技术。它将 SDS-聚丙烯酰胺凝胶电泳的高分辨率与抗原抗体反应的特异性相结合，极大地提高了蛋白质检测的分辨率和灵敏度，使其成为使用最广泛的蛋白质定性和相对定量的检疫方法之一。免疫印迹法同样可用于有害生物的检测。

典型的免疫印迹法包括 3 个步骤：第一步为蛋白质的电泳分离，抗原等蛋白质样品经 SDS 处理后带负电荷，在聚丙烯酰胺凝胶中从阴极向阳极泳动，分子量越小，泳动速度越快，此阶段蛋白质分离效果肉眼看不见；第二步为蛋白质电转移，将电泳后凝胶上已分离的蛋白质转移至硝酸纤维膜上，此阶段分离的蛋白质条带肉眼仍不可见；第三步为免疫学检测，将印有蛋白质条带的硝酸纤维膜依次与特异性抗体和酶标第二抗体作用后，加入能形成不溶性显色物的酶反应底物，通过显色反应和化学发光显示蛋白质区带，阳性反应的条带清晰可辨，并可根据 SDS-聚丙烯酰胺凝胶电泳时加入的蛋白质分子量标准（protein marker，或 protein ladder），确定各组分的分子量。

免疫印迹法是一种灵敏、有效的分析手段，不仅广泛应用于分析抗原组分及其免疫性、检测蛋白质表达水平，还可用于诊断鉴定有害生物。抗原经电泳转移在固体膜上后，将膜切成小条，配合酶标抗体及显色底物制成的试剂盒，可方便地进行检测。根据出现显色线条的位置可判断有无目标有害生物的特异性抗体。

第二节　核酸分子杂交检测技术

核酸分子杂交（molecular hybridization of nucleic acid）是分子生物学最基本的方法，指不同来源的两条核酸单链，由于具有一定同源序列，在一定条件下按碱基互补配对原则形成异质双链的过程。核酸分子杂交和核酸复性的机制是一致的，它是分子生物学领域中应用最为广泛的技术之一，具有灵敏度高、特异性强等优点。DNA 的变性与复性如图 5-1 所示。

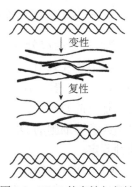

图 5-1　DNA 的变性与复性

一、原理

DNA 和 DNA 单链、DNA 和 RNA 单链或两条 RNA 链之间，只要具有一定的互补碱基序列就可以在适当的条件下相互结合形成双链。在这一过程中，如果一条链是已知的 DNA 或 RNA 片段，那么依据碱基互补配对原则就可以知道和它互补配对的另一条链的组成，这样就可以用已知的 DNA 或 RNA 片段来检测未知的 DNA 或 RNA 片段，这就是核酸分子杂交的原理，也是核酸分子杂交可以用于有害生物检测的原因。其中，已知的 DNA 或 RNA 片段被称为探针（probe），与探针互补结合的 DNA 或 RNA 片段被称为探针的靶（target）。

根据这一原理，将一种单链核酸标记为探针，再与另一种单链核酸进行碱基互补配对，可以形成异源核酸分子的双链结构，这一过程称作杂交（hybridization）。单链核酸分子之间的互补碱基序列，以及碱基对之间非共价键的形成是核酸分子杂交的基础。分子杂交的形成并不要求两条单链的碱基顺序完全互补，所以不同来源的单链核酸只要彼此之间有一定程度的互补序列就可以形成杂交体。核酸分子杂交如图 5-2 所示。

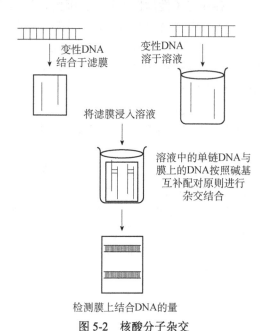

图 5-2　核酸分子杂交

二、核酸分子杂交中的探针

在化学及生物学意义上的探针是指能与特定的靶分子发生特异性相互作用的分子，并可以被特殊的方法所探知。例如，抗体—抗原、生物素—抗生物素蛋白、生长因子—受体等的相互作用都可以看作是探针与靶分子的相互作用。

　　所谓核酸分子探针是指特定的已知核酸片段，能与互补核酸序列退火杂交，因此可用于待测核酸样品中特定基因顺序的探测。要实现对核酸分子探针的有效探测必须将探针分子用一定的示踪物（标记物）进行标记。标记的核酸探针是核酸分子杂交的基础。从理论上说，任何一种核酸都可以作为探针使用，如双链 DNA、单链 DNA、寡核苷酸、mRNA 及总 RNA。探针可以是单一的核酸，也可以是多种核酸的混合物。探针的长度以十几个碱基为宜。如果是为了检测基因的表达水平，就要设计长一些的核酸探针，长度可以达到 300 个碱基。

（一）核酸探针的种类

1. 根据组成分类

（1）DNA 探针　　DNA 探针是最常用的核酸探针，是指带有某种标记物的特异性核苷酸序列，长度一般在几百碱基对以上。它多为某一基因的全部或部分序列，或某一非编码序列，可以是双链 DNA 也可以是单链 DNA。DNA 探针种类很多，有细菌、真菌、病毒、原虫、动物和人类等细胞的 DNA 探针。它在临床微生物诊断上具有广阔的前景，如用于细菌的分类与菌种鉴定。

（2）cDNA 探针　　cDNA（complementary DNA）探针是 DNA 探针的一种，它是以 mRNA 为模板经过逆转录酶催化产生的互补于 mRNA 的 DNA 链。cDNA 探针不含有内含子及其他高度重复序列，因此非常适用于对基因表达、RNA 病毒的检测，是一种较为理想的核酸探针。但 cDNA 探针不易获得，从而限制了它的广泛应用。

　　包括 cDNA 在内的 DNA 探针有三大优点：第一，这类探针多在质粒载体中克隆，条件合适的情况下可以无限繁殖，制备方法简便；第二，DNA 探针不易降解（相对 RNA 而言），一般 DNA 酶活性能有效地被抑制；第三，DNA 探针的标记方法较成熟，有多种方法可供选择，如缺口平移法、随机引物法和 PCR 标记法等，能用于同位素和非同位素标记。

（3）RNA 探针　　RNA 探针可以是标记分离的 RNA，但常常是重组质粒在 RNA 聚合酶作用下的转录产物。由于 RNA 是单链，复杂性低，也不存在竞争性的自身复性，因此它与靶序列的杂交反应效率极高。早期采用的 RNA 探针是细胞 mRNA 探针和病毒 RNA 探针，这些 RNA 探针是在基因转录或病毒复制过程中标记的，标记效率往往不高，且受多种因素的限制。这类 RNA 探针主要用于研究而不是用于检测。随着体外逆转录技术不断完善，已成功地建立了高效的体外转录系统，并且只要在逆转录系统底物中加入适量的放射性或生物素标记的 dUTP，就可以高效标记 RNA，还可以通过控制探针的长度，提高标记分子的利用率。

　　与 DNA 探针相比，RNA 探针具有 DNA 探针无可比拟的高杂交效率，但 RNA 探针也存在易降解和标记方法复杂等缺点。

（4）寡核苷酸探针　　寡核苷酸探针短，一般由 17～50 个核苷酸组成，它们可以是寡聚脱氧核糖核酸、寡聚核糖核酸，也可以是修饰后的肽核酸，是采用化学方法人工合成的核苷酸片段。合成的寡核苷酸探针具有以下特点：①链短，其序列复杂度低，分子量小，所以与靶位点完全杂交的时间短；②寡核苷酸探针可识别靶序列内至少 1 个碱基的变化，因为寡核苷酸探针很短，当靶序列出现碱基变化而与探针发生错配时就能大幅度降低杂交体的 T_m 值（解链温度），可通过测定杂交体的 T_m 值的变化来判断碱基的差异；③一次可大量合成寡核苷酸探针，使得这种探针的价格低廉。寡核苷酸探针能够用酶学或化学方法修饰以进行非放射性标记物的标记。利用寡核苷酸探针可检测靶基因上单个核苷酸的点突变，多用于克隆筛选和点突变分析。

寡核苷酸探针的最大优势是对靶序列识别的精确度高，最大的缺陷是寡核苷酸不如长链的杂交核酸分子稳定，需优化杂交以保证寡核苷酸探针杂交的特异性。为此要设计高特异性的寡核苷酸探针，需要遵循以下原则：①长度以 18～50 个碱基为宜，杂交时间长，特异性好，较短的探针杂交时间较短，特异性较差，较长的探针杂交时间较长，合成量低；②G+C 含量控制在 40%～60%，超出此范围则会增加非特异杂交；③探针分子内不应存在互补区，即应避免出现长于 4 个及以上碱基的反向互补配对，否则探针内部会出现抑制杂交的发夹状结构；④避免单一碱基的重复出现，应避免同一碱基连续出现 4 次以上；⑤应将合成的核酸序列与核酸库中各基因的核酸序列进行同源性比较（通常是在计算机上，与已知各基因的序列进行同源性比较），探针序列应与靶核酸序列杂交，而与非靶区域不应该有超过 70% 的同源性或有连续 8 个以上的碱基相同，否则该探针不能使用。

通常寡核苷酸探针是根据蛋白质的氨基酸序列进行合成的，在根据氨基酸序列设计合成探针时还应注意：①尽量选择那些只含有一种密码子编码的氨基酸组成的多肽作为合成寡核苷酸探针的参照；②优先选用使用频率最高的密码子；③由于在真核基因中极少有 CG 序列的出现，所以当两个相邻氨基酸的最高频密码子相连而导致 CG 序列出现时，应将其中一种氨基酸的密码子换为次高频密码子，通常是将前一个密码子 NNC 换成 NNT；④参考同一基因家族的基因序列；⑤合成各种可能组合的寡核苷酸探针，然后分别或混合进行探测，以考察探针的优劣。

（5）肽核酸探针　　肽核酸（PNA）是以中性酰胺键为骨架的一类新的 DNA 类似物。它以甘氨酸结构单元为骨架，碱基部分通过亚甲基羰基连接于主骨架，其结构与天然核酸具有相似性，使 PNA 对核酸分子具有独特的序列识别能力。首先，由于整个分子不带电，不存在静电排斥作用，因此与互补序列的 DNA 或 RNA 杂交比类似的 DNA 杂交具有更高的亲和性。其次，PNA 对酶引起的降解比较稳定，还具有很高的特异性，这使 PNA 成为理想的杂交探针。

2. 根据来源分类

根据来源，探针可以分为克隆探针和人工合成探针。其中前者包括上述前 3 种探针，后者是指寡核苷酸探针和肽核酸探针。

合成探针的过程比较简单，通常是在适当的条件下采用核酸合成仪自动合成。克隆探针的制备比较麻烦，由于种类较多，各种探针的制备方法也有差异，但是基本的过程是相同的：首先分离提取特异性的 DNA 片段（探针 DNA），然后将其插入质粒并转入宿主细胞中进行扩增，最后分离质粒，并将插入片段探针 DNA 从质粒中分离出来。显然克隆探针的制备过程非常复杂，耗时也较多。

一般情况下，只要有克隆的探针，就不用寡核苷酸探针，因为克隆探针有很多优点：一是克隆探针一般较寡核苷酸探针的特异性强，因为通常克隆探针比合成探针长，复杂度也高，这样它们随机碰撞非靶互补序列的机会就比短核酸序列的合成探针少，自然特异性就强；二是克隆探针可获得较强的杂交信号，因为克隆探针比寡核苷酸探针掺入的可检测标记信号更多；三是克隆探针较长，它对靶序列变异的识别能力相对较弱，这样在仅存在单个碱基或少数碱基不配对的情况下，克隆探针就不能区分它们，因此在检测有害生物时，不会因有害生物 DNA 的少许变异而漏诊，当然这也是一个缺点，因为这样就不能用于检测核酸的点突变或进行有害生物的分类鉴定。这时应该采用化学合成的寡核苷酸探针和肽核酸探针。

3. 根据适用性分类

根据探针的用途不同，探针又可以分为检测探针和捕获探针等：前者带有标记物，能产生特定的信号，用于对杂交的情况进行分析；后者通常不带标记物，一般在核酸分子杂交中起桥联作用。

（二）探针的标记

由分子杂交的定义可以知道，探针只和其靶核酸序列通过碱基互补配对的形式进行结合，而和非靶核酸不结合，所以，杂交后分析是否存在探针与靶序列结合的复合物及它们的结合情况，是分子杂交中最重要的环节之一，而这一般是通过检测探针上连接的标记物所产生的信号来实现的。这也就是说，探针特别是检测探针，在用于杂交之前一般首先要进行标记。

1. 标记物

一个理想的探针标记物，应具备以下主要特性：①高度灵敏性；②标记物与核酸探针分子的结合，应绝对不能影响其碱基配对的特异性；③应不影响探针分子的主要理化特性，如杂交特异性和杂交稳定性，杂交体的 T_m 值应无较大的改变；④当用酶促方法进行标记时，应对酶促活性无较大影响；⑤检测方法要求高度灵敏，高度特异；⑥具有较高的化学稳定性，保存时间长，标记及检测方法简单，对环境无污染，对人体无损伤和价格低廉等。

根据标记物种类的不同，探针标记法分为放射性同位素标记法和非放射性化合物标记法。放射性同位素标记法以同位素为标记物，常用的同位素包括 ^{32}P、^3H 和 ^{35}S 等，其中 ^{32}P 因其能量高、信号强，所以最常用。放射性同位素标记的探针具有敏感度高的优点，却存在辐射危害和半衰期短的限制。由于同位素标记的探针在使用过程中存在着上述缺点，因此近年来，非放射性化合物标记法得到了快速的发展。目前非放射性标记物主要包括金属（如 Hg）、荧光素（如异硫氰酸荧光素）、半抗原（如地高辛）、生物素和酶类（如辣根过氧化物酶、半乳糖苷酶或碱性磷酸酶）等。放射性物质为标记物，得到的探针用放射自显影进行检测，非放射性物质标记的探针，根据各自的生物化学性质或光学特性进行检测。

2. 标记方式

1）根据标记的方式，可将核酸分子探针的标记法分为体内（in vivo）标记法和体外（in vitro）标记法。体内标记法是指将经放射性同位素等标记的核苷酸作为底物引入活细胞内，经过细胞的生理代谢作用而将核酸分子加以标记的方法。体外标记法是在细胞体外，通过控制适当的条件，将标记物掺入探针中的方法。目前体外标记方法较为常用。

2）在体外标记法中，根据反应种类的不同，又可以分为化学标记法和酶促标记法。化学标记法是利用标记物分子上的活性基团与探针分子上的基团发生化学反应而将标记物接到探针分子上的方法。该法的优点是简单、快速和标记均匀。酶促标记法是指将标记物预先标记在核苷酸上，然后利用酶促方法将核苷酸掺入探针分子中，或将核苷酸上的标记基团交换到探针分子上的方法。酶促标记法适用于各种同位素标记及部分非放射性标记的生物素标记法和地高辛标记法等。

3. 标记方法

（1）切口平移法　在 Mg^{2+} 的存在下，微量 DNA 酶 I 的内切核酸酶活性在待标记的 DNA 双链上随机切割形成单链切口，然后利用大肠杆菌 DNA 聚合酶 I 的 5′→3′核酸外切酶活性在切口处将旧链从 5′端逐步切除，依次将其中含有一种或几种经过标记的 dNTP（如 ^{32}P-dCTP）连接到切口 3′—OH 上，再以互补的 DNA 单链为模板，合成新的 DNA 单链，从而形成标记的 DNA 探针。

该法是目前实验室中最常用的一种 DNA 探针标记法，适用于各种双链 DNA 的标记，但不适用于单链 DNA 和 RNA 的标记,也不太适用于双链 DNA 小片段(特别是小于 100 bp)的标记。

(2)随机引物法　首先将待标记的 DNA 双链变性后与随机引物(所谓随机引物是指含有各种可能排列顺序的寡核苷酸片段的混合物,可与任意核酸序列杂交)一起杂交,筛选能与待标记的 DNA 单链杂交的随机引物,然后以该随机引物为引物,以待标记的 DNA 单链为模板,利用大肠杆菌 DNA 聚合酶 I 的 Klenow 片段的 $5' \rightarrow 3'$ 聚合酶活性,将含有一种或几种经过标记的 dNTP(^{32}P-dNTP)依次连接到切口 $3'$—OH 上,以延伸合成新的 DNA 单链,从而形成标记的 DNA 探针。

随机引物法是近年发展起来的一种较理想的核酸探针的标记方法。该法除能进行双链 DNA 标记外,也适用于单链 DNA 和 RNA 探针的标记,探针标记活性高,可不经葡聚糖凝胶 Sephadex G-50 纯化而直接用于杂交,也可直接在低熔点琼脂糖溶液中进行标记。该法操作简便,避免了切口平移法中因 DNA 酶 I 处理浓度不当所带来的问题,现已成为实验室中 DNA 探针标记的常规方法。

(3)末端标记法　与切口平移法和随机引物法不同,末端标记法并不对 DNA 片段进行全长标记,而只对其末端($5'$端或 $3'$端)进行部分标记,即 DNA 片段并非均匀地被标记,因此标记活性不高。该法一般较少用于分子杂交探针的标记,而主要用于 DNA 序列测定时所需片段的标记。根据标记过程中所用酶的不同,可以分为大肠杆菌 DNA 聚合酶 I 的 Klenow 片段末端标记法、T4 DNA 聚合酶末端标记法、T4 多核苷酸激酶末端标记法和末端脱氧核苷酸转移酶末端标记法等。

(4)生物素标志法　采用切口平移或末端加尾标记法将生物素标记到核苷酸上,如将生物素-11-dUTP 掺入核酸中,就可以得到生物素标记的探针。生物素标记的探针是应用最广泛的一种探针。在杂交时,通过探针上的生物素-亲和素酶(过氧化物酶或碱性磷酸酶)结合以实现杂交的分析与检测。

(5)地高辛标记方法　地高辛(digoxigenin),又称为异羟基洋地黄毒苷,是一种固醇类的半抗原,其通过不稳定的酯键连接到 dUTP 上,然后再以随机引物法将其引入 DNA 中形成 DNA 探针。在杂交时,地高辛与连接酶(如碱性磷酸酶)抗地高辛抗体的 Fab 片段连接,从而实现杂交的检测。

三、核酸分子的杂交方法

(一)杂交方法的分类

核酸分子杂交有多种分类方法。根据杂交核酸分子的种类可以分为 DNA 与 DNA 杂交、DNA 与 RNA 杂交和 RNA 与 RNA 杂交。根据杂交探针标记的不同可分为同位素杂交和非同位素杂交。根据杂交反应所处的介质不同,核酸分子杂交可分为固相杂交(solid-phase hybridization)和液相杂交(liquid-phase hybridization)两大类型。所谓固相杂交是将参加反应的一条核酸链先固定在固体支持物上,另一条反应核酸链则游离在溶液中。常用的固体支持物有硝酸纤维素滤膜、尼龙膜、乳胶颗粒、磁珠和微孔板等。液相杂交中参加反应的两条核酸链都游离在溶液中。固相杂交和液相杂交各有优缺点,根据反应介质和操作方式等的不同,它们又可以进一步分类,下面将分别进行介绍。

1. 固相杂交

依据支持物的不同,固相杂交又可以分为膜杂交(以硝酸纤维素滤膜和尼龙膜等为支持物)、乳胶颗粒杂交、磁珠杂交和微孔板杂交等,其中,以膜杂交最常见。在固相膜杂交中,未杂交的游离片段容易漂洗除去,膜上留下杂交物,具有容易检测和能防止靶 DNA 自我复制等优点。固相膜杂交还可以进一步分为菌落原位杂交(colony *in situ* hybridization)、斑点或狭缝印迹杂交(spot or line blotting hybridization)、Southern 印迹杂交(Southern blotting hybridization)、Northern 印迹杂交(Northern blotting hybridization)、固相夹心杂交(solid sandwich hybridization)、组织原位杂交(tissue *in situ* hybridization)和基因芯片技术等。

(1)菌落原位杂交　　首先,将待检测的样品或样品的富集物稀释后涂布于琼脂平板,或将已分离纯化的待检测分析菌株点接于琼脂平板上,培养至菌落出现后,以硝酸纤维素滤膜小心覆盖在平板菌落上,将菌落从平板转移到硝酸纤维素滤膜上(对于纯化待检的菌株,也可以先将膜紧贴在琼脂平板上,然后将菌株直接点接在膜上,培养出现菌落后,将膜小心取下),然后将滤膜上的菌落裂解以释放出 DNA,烘干,将 DNA 固定于膜上并与 ^{32}P 标记的探针杂交,放射自显影检测菌落杂交信号并与平板上的菌落对位(图 5-3),从而实现杂交分析。

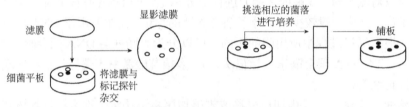

图 5-3　菌落原位杂交

(2)斑点或狭缝印迹杂交　　将粗制或纯化的核酸样品或者细胞直接点于膜上,变性、中和及干燥固定后,标记的探针直接和滤膜上的核酸分子杂交,再用放射自显影或其他方法检测杂交结果。因为没有电泳和转移的过程,操作过程完成较快。但结果不能提供核酸样品片段大小的信息,也无法区分样品溶液中存在的不同靶序列。

点样点为圆形时称为斑点杂交,点样点为线形时称为狭缝杂交。这种杂交方法具有简单、快速、灵敏、样品集中且用量少等优点,一张膜上可同时检测多个样品,可用于基因组中特异基因的定性和半定量研究。

(3)Southern 印迹杂交　　Southern 印迹杂交得名于它的发明者 E. D. Southern。Southern 印迹杂交的基本原理:硝酸纤维膜或尼龙滤膜对单链 DNA 的吸附能力很强,DNA 经限制性内切酶消化后,琼脂糖凝胶电泳分离 DNA 片段,凝胶经碱处理使 DNA 变性,覆盖滤膜于凝胶表面,DNA 因毛细管虹吸作用被转移到滤膜上。转移是原位的,即 DNA 片段的位置保持不变。转移结束后,经过 80℃烘烤,DNA 被原位固定于膜上。当含有特定基因的片段已经原位转移到膜上后,即可与同位素标记的探针进行杂交,并将杂交的信号显示出来。杂交通常在塑料袋中进行,袋内放置上述杂交滤膜,加入含有变性后探针的杂交溶液后,在一定温度下让单链探针 DNA 与固定于膜上的单链基因 DNA 分子按碱基对互补原理充分结合。Southern 印迹法克服了凝胶易碎且操作不便的问题。

Southern 印迹杂交是研究 DNA 图谱的基本技术,在有害生物鉴定、DNA 图谱分析及 PCR 产物分析等方面起着重要作用。

(4)Northern 印迹杂交　　Northern 印迹杂交和 Southern 印迹杂交的过程基本相同,区别在于靶核酸是 RNA 而非 DNA。RNA 在电泳前已经变性,进一步经变性凝胶电泳分离后,不再进行变性处理。首先将 RNA 从琼脂糖凝胶中转印到硝酸纤维素膜上，然后采用与 Southern 印迹杂交相似的方法进行杂交。

（5）固相夹心杂交　　固相夹心杂交有两个探针：一个是与固相支持物相连接的捕获（吸附）探针，另一个是检测探针，前者起着将待检测的靶核酸与固相支持物相连接的桥联作用，后者则与靶序列结合，并提供检测信号。两个探针都能与靶序列结合靠近而又互相重叠，形成夹心状，所以称为夹心杂交。在固相夹心杂交中，样品通过捕获探针与固相支持物，而不是直接固定在支持物上，所以可不对样品进行纯化，对粗制样品就可做出可靠的检测。另外，由于在固相夹心杂交中使用了双探针，只有两个探针同时与靶核酸分子杂交并形成夹心物才可以完成整个杂交过程，因此其特异性比其他膜杂交方法强。

固相夹心杂交除可用膜作为支持物外，还可用乳胶颗粒和磁珠等小珠及微孔板等固定吸附（捕获）探针。使用小珠作为支持物可更好地进行标准化试验和更容易对小量样品进行操作；利用微孔板进行夹心杂交，可进行大量样品的检测。

（6）组织原位杂交　　它是固相杂交中的一种，和其他固相杂交不同的是，它通常将待检测的细胞或组织固定在载玻片上，在分析杂交结果时，通常还要借助显微镜或电镜等。组织原位杂交是指组织或细胞的原位杂交，它与菌落原位杂交不同，菌落原位杂交需要裂解细菌释放 DNA，然后进行杂交，而原位杂交是经适当处理后，使细胞的通透性增加，让探针进入细胞内与 DNA 或 RNA 杂交，因此原位杂交可以确定探针互补序列在胞内的空间位置，具有生物学和病理学意义。例如，对细胞分裂期间的核 DNA 进行原位杂交，可研究特定 DNA 序列在染色质内的功能排布；对细胞中的 RNA 进行原位杂交，可精确分析任何一种 RNA 在细胞和组织中的分布情况。用于原位杂交的探针可以是单链或双链 DNA，也可以是 RNA。通常探针的长度以 100～400 个核苷酸为宜，过长则进入细胞困难，杂交率减低。最近的研究结果表明，寡核苷酸探针（16～30 个核苷酸）能自由出入细菌和组织细胞壁，杂交效率明显高于长探针。因此，寡核苷酸探针和小 DNA 探针或体外转录标记的 RNA 探针是组织原位杂交的首选探针。

（7）基因芯片技术　　基因芯片（又称 DNA 芯片）技术是集成化的核酸分子杂交技术。在一张固相支持介质上同时固定成百上千个核酸片段，再将扩增的核酸样品与其杂交，反应结果用同位素法、化学荧光法、化学发光法或酶标法显示，然后用精密的扫描仪或 CCD 摄像技术记录，通过计算机软件分析，综合成可读的总信息。

2. 液相杂交

液相杂交是指探针和靶核酸序列都存在于溶液中，不需固相支持物，杂交在溶液中完成。和固相杂交相比，液相杂交的反应条件均一，各种反应参数容易确定，反应速度快，通常是固相杂交反应速度的 5～10 倍。液相杂交是一种研究最早且操作简便的杂交类型，但由于液相杂交后在溶液中除去过量的未杂交探针较为困难和误差较高，因此不如固相杂交那样普遍。近几年，杂交检测技术的不断改进和荧光标记探针的使用，推动了液相杂交技术的迅速发展。

（1）吸附液相杂交　　吸附液相杂交是在杂交完成后，采用选择性吸附介质，将存在于液体中的杂交体进行吸附，使其与没有参与杂交的探针及其他成分分开，从而减少背景的干扰，提高灵敏度。根据选择性吸附介质的不同，吸附液相杂交又可以分为羟基磷灰石（HAP）层析或吸附杂交、亲和吸附杂交和磁珠吸附杂交等几种。

（2）发光液相杂交　　发光液相杂交是首先将探针以发光物质（荧光物质）进行标记，当探针与靶核酸分子杂交后，通过测定光强计算靶核酸的量。可分为能量传递法和吖啶酯标记法。

（3）液相夹心杂交　　液相夹心杂交与固相夹心杂交一样包括两个探针，吸附探针以生物素标记，当吸附探针和检测探针与靶核酸结合形成夹心杂交体后，将液体转移至预先经亲和素包被的试管或微孔内，这样杂交体通过同生物素与亲和素的结合而结合到固相支持物上，测定检测探针的信号，就可以知道靶核酸的含量。本方法保持了固相夹心杂交的高度特异性。

（4）复性速率液相分子杂交　　复性速率液相分子杂交的原理是细菌等原核生物的基因组 DNA 通常不包含重复顺序，它们在液相中复性（杂交）时，同源 DNA 比异源 DNA 的复性速度要快，同源程度越高，复性速率越快，杂交率越高。利用这个特点，可以通过分光光度计直接测量变性 DNA 在一定条件下的复性速率，进而用理论推导的数学公式来计算 DNA-DNA 的杂交（结合）度。

（二）杂交的过程

由上述可知，杂交的种类较多，各种杂交方法的具体操作过程也有较大的差别，特别是液相杂交基本上没有一个固定的模式。相对而言，固相杂交的过程基本一致，基本上都是先将核酸（通常是靶核酸）固定在固体支持物上，然后再进行杂交。下面以固相膜杂交中的 Southern 印迹杂交和 Northern 印迹杂交为例，对杂交的基本操作过程进行介绍。

1. 膜的选择

常用于杂交的膜是硝酸纤维素膜和尼龙膜，它们都具有多孔、表面积大等特性，核酸一旦固定在膜上，就可用杂交法进行检测。这两种膜各有特点和适用范围，在使用时应根据实验要求选择。

（1）硝酸纤维素膜　　它是最常用的杂交膜，用于放射性和非放射性标记探针都很方便，产生的本底（背景）浅，与核酸结合的方式尚不很清楚，推测为非共价键结合，经 80℃烤干 2 h 和杂交处理后，核酸仍不会脱落。另外，硝酸纤维素膜和蛋白质非特异性结合弱。硝酸纤维素膜的缺点是其结合核酸能力的大小取决于印迹条件和高浓度盐，因此不适于电泳转移印迹。另外，与小片段核酸（<200 bp）结合不牢，因此在同一张膜上不适宜反复进行杂交；其质地脆弱（特别是经烘烤后），不易操作。

（2）尼龙膜　　它在某些方面比硝酸纤维素膜好，强度大、耐用，可与小至 10 bp 的片段共价结合，在低离子强度缓冲液等多种条件下，它们都可与 DNA 单链或 RNA 链紧密结合，且多数膜不需烘烤。尼龙膜韧性好，可反复处理与杂交，而不丢失被检标本，它通过疏水键和离子键与核酸结合，结合力为 350～500 μg/cm²，比硝酸纤维素膜（80～100 μg/cm²）强许多。尼龙膜的缺点是对蛋白质有强亲和力，不宜用于非同位素探针，另外杂交信号本底较高。

2. 核酸的制备

通过一定的方法获得具有相当纯度和完整性的核酸是核酸分子杂交的前提。在具体的核酸提取过程中，因实验材料和实验目的不同，应注意的问题也各不相同，但都必须注意的问题是要尽可能地抑制 DNA 酶和 RNA 酶的活性，防止它们在提取过程中对 DNA 和 RNA 的降解。获得核酸后，对于 Southern 印迹杂交，应采用限制性内切酶彻底消化（分解）DNA，如果酶解不完全，就可能出现比实际数目更少或片段更长的杂交区带，从而导致错误的结果；对于 Northern 印迹杂交，应采用甲醛、乙二醛或羟基汞等变性剂处理 RNA，使其二级结构解体，从而使其在电泳时能严格按照分子量大小分布。

3. 电泳

采用琼脂糖凝胶电泳将待测核酸片段分离，根据核酸片段的大小，琼脂糖凝胶的含量可以为 0.5%～1.5%，大片段的核酸采用低含量，小片段的核酸采用高含量。例如，分离大分子 DNA 片段（800～12 000 bp）用低含量琼脂糖（0.7%），分离小分子片段（500～1000 bp）用高含量琼脂糖（1.0%），300～500 bp 的片段则用 1.3%的琼脂糖凝胶。

4. 印迹

所谓印迹（blotting）就是将琼脂糖凝胶中经电泳分离后的核酸片段转移到尼龙膜或硝酸纤维素膜上的过程，转移后核酸片段保持相对位置不变。印迹方法包括虹吸印迹（siphoning blotting）、电泳印迹（electrophoric blotting）和真空印迹（vacuum blotting）三种。

1）虹吸印迹是利用毛细管的虹吸作用由印迹缓冲液带动核酸分子从凝胶上转移到膜上，虹吸印迹装置如图 5-4 所示。

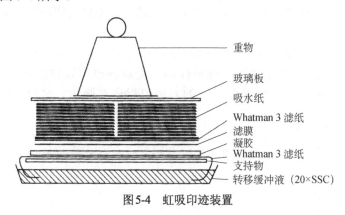

图5-4 虹吸印迹装置

2）电泳印迹是利用电泳作用将核酸从凝胶转移至膜上的方法，它具有快速、简单和高效等优点，特别适合于虹吸印迹转移不理想的大片段核酸的转移，电泳印迹装置的纵切面如图 5-5 所示。

3）真空印迹指利用真空泵将印迹缓冲液从上层容器中通过凝胶抽滤到下层真空室中，同时带动核酸分子转移至凝胶下面的膜上。真空印迹方法是近年来兴起的一种简单、快速的核酸印迹方法，真空印迹如图 5-6 所示。

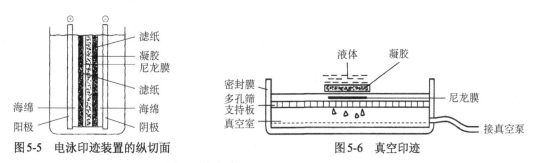

图5-5 电泳印迹装置的纵切面   图5-6 真空印迹

印迹完成后，取下印迹膜，置于缓冲溶液中漂洗一下，自然晾干，80℃真空烘烤 2 h，这样靶核酸就被固定在膜上，可以直接用于杂交，也可以室温密封保存。

5. 预杂交

预杂交（prehybridization）是为了减少非特异性的杂交反应，在杂交前采用适当的封阻剂（blocking agent），将核酸中的非特异性位点和杂交膜上的非特异性位点进行封阻，以减少探针的非特异性吸附，从而降低非特异性吸附对杂交结果的影响的过程。常用的封阻剂有两类：一是变性的非特异性 DNA，常用的是鲑鱼精 DNA（salmon sperm DNA）或小牛胸腺 DNA （calf thymus DNA）；另一类是一些高分子化合物，如聚蔗糖400、聚乙烯吡咯烷酮和牛血清白蛋白，也可使用脱脂奶粉，效果也很好。

6. 杂交

用标记探针和膜上核酸进行杂交。杂交时的各种条件，如温度、时间、离子强度、探针的长度和杂交溶液体积等都对杂交结果产生影响，因此，在实验前应充分了解它们对实验结果的影响，必要时还应做预备实验进行确定，在实验中应特别注意控制好这些条件。

7. 洗膜

杂交完成后，为了将膜上没有和核酸结合（杂交）的探针去除，需要在一定的条件下对膜进行洗涤。由于非特异性杂交形成的双链稳定性差，T_m值低，因此在一定的温度下，一般低于特异性杂交链T_m值5~12℃进行洗脱，非特异性的杂交双链变成单链而被洗掉，而特异性的杂交双链则保留在膜上。

洗膜的温度对杂交结果影响很大，温度过高或过低都会影响实验结果，温度过高时，除非特异性杂交的双链会被洗掉外，特异性的杂交双链也可以被洗掉，这样就可能产生假阴性；相反，温度过低则非特异性杂交的双链仍保留在膜上，这样就可能产生假阳性。

8. 检测

根据探针标记物的不同，选择放射性自显影或化学显色等方法显示标记探针的位置和含量，从而对待测核酸片段的大小和含量等进行分析。膜杂交过程如图5-7所示。

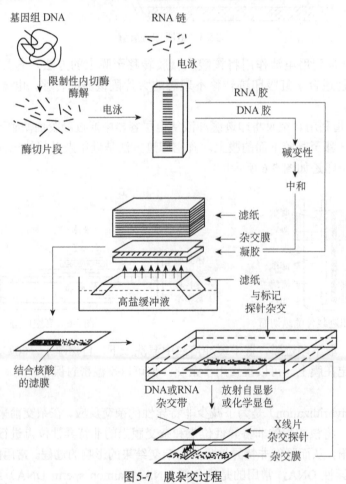

图5-7 膜杂交过程

四、影响核酸分子杂交的因素

通常影响核酸分子杂交检测有 3 个关键要素：探针 DNA、目的 DNA 和信号检测。把握好这 3 个要素，核酸分子杂交诊断就可以达到特异性好、灵敏度高的效果。

用作杂交的探针应该是高度特异性的 DNA 片段。也就是说，探针 DNA 必须只与特定的目标 DNA 序列杂交，否则假阳性和假阴性都会严重干扰杂交技术在诊断领域的应用。杂交探针的特异性可以是在不同水平上的特异性，如杂交探针可用来区分两个或多个物种（种级探针），也可用于区分某一物种内的某些特定的株系（亚种级探针），甚至可以区分基因间的差异。根据诊断检查的不同要求，杂交探针可以是 DNA 也可以是 RNA；可长（大于 100 bp）可短（小于 50 bp）；可以是化学合成的或克隆的完整基因，也可以只是基因的一个片段。

要分离出杂交探针做诊断检查有多种方法。例如，先提取某一病原微生物株系的染色体 DNA，然后用限制性内切酶进行酶解，将得到的酶解片段克隆到一个质粒载体中，构建质粒文库。文库中重组质粒的插入片段可分别同病原性微生物和非病原性微生物的核 DNA 进行杂交、筛选。如果重组质粒的插入片段只与病原性微生物有杂交信号，那么这个插入片段就可能是一个种特异的探针；然后就需要用更多的微生物株系来做杂交，以确定这个探针是真的只与病原株系杂交，而不与其他非病原株系及亲缘相近的株系杂交。对于每个探针还需要在模拟样品的条件下检测，如通过加入混合的培养液以检测探针的灵敏度。

核酸分子杂交的灵敏度和可靠性非常高，但人们仍然希望杂交诊断过程更加简单，最好能够直接用样品做，而不要再经过培养或纯化等复杂耗时的过程。目前，人们已经成功地用探针直接对组织样品中的目标 DNA 进行杂交，这些杂交无须预先纯化 DNA，大大提高了检测效率。假设样品中的目标分子非常小，那就需要先通过 PCR 将目的序列扩增，然后再进行杂交检测。从理论上讲，用 DNA 杂交来诊断有害生物，可用于对所有有害生物的检测。

第三节　PCR 技术

聚合酶链反应（polymerase chain reaction，PCR）又称无细胞分子克隆系统或特异性 DNA 序列体外引物定向酶促扩增法，是 1985 年由美国 PE-Cetus 公司人类遗传研究室的穆利斯（Mullis）等创立的一种体外酶促扩增特异 DNA 片段的方法。创立 PCR 之前，DNA 的扩增非常困难，首先需将 DNA 酶切、连接和转化后，构建成含有目的基因或基因片段的载体，然后导入细胞中扩增，最后从细胞中分离筛选目的基因，操作麻烦，耗时长。PCR 技术的发明大大地简化了 DNA 的扩增过程，克服了上述扩增方法的诸多不足，使人们梦寐以求的体外无限扩增核酸片段的愿望成为现实。自 1985 年首次报道 PCR 方法以来，PCR 被广泛应用于分子生物学、微生物学、医学、分子遗传学、农学和军事等诸多领域，并发挥着越来越大的作用，该技术的发明人 Mullis 也因此获得 1993 年的诺贝尔化学奖。

PCR 技术由于可以在短时间内将极微量的靶 DNA 特异地扩增上百万倍，大大提高了对 DNA 分子的分析和检测能力，能检测单分子 DNA 或对每 10 万个细胞中仅含 1 个靶 DNA 分子的样品进行分析，因而此方法在疾病诊断、法医判定、考古研究、动植物有害生物和食品转基因成分的检测等方面也得到了广泛的应用并显示出巨大的发展前景。

一、PCR 的原理

PCR 在试管中进行 DNA 的复制反应，其基本原理与体内天然 DNA 的复制相似，可分为下列 3 个基本步骤。

1. 变性

变性（denaturation）是指模板 DNA 在 95℃左右的高温下，双链 DNA 解链成单链 DNA，并游离于溶液中的过程。

2. 退火

退火（annealing）是指人工合成的一对引物在合适的温度下（通常是 50~65℃）分别与模板 DNA 需要扩增区域的两翼进行准确配对结合的过程。

3. 延伸

延伸（extension）是指变性退火引物与模板 DNA 结合后，在适当的条件下（一般为 70~75℃），以 4 种 dNTP 为材料，通过 DNA 聚合酶的作用，单核苷酸从引物的 3′端掺入，沿模板按引物 5′→3′方向不断延伸合成新股 DNA 链。

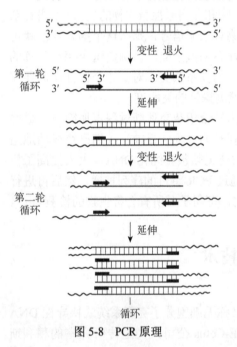

图 5-8　PCR 原理

这 3 个基本步骤组成一轮循环，理论上每一轮循环将使目的 DNA 扩增一倍。这些经过合成产生的 DNA 又可作为下一轮循环的模板，经过 25~35 轮循环就可使靶 DNA 片段呈指数增加。PCR 原理如图 5-8 所示。

PCR 的扩增倍数（DNA 的扩增量）$Y=(1+E)^n$，Y 为扩增量，n 为 PCR 的循环次数，E 为 PCR 循环扩增效率。假设 PCR 的扩增效率 E 为 100%、循环次数 $n=25$ 次，靶 DNA 将扩增到 33 554 432 个拷贝，即扩增 3355 万倍；若 E 为 80%、$n=25$，则扩增数量将下降到 2 408 865 个拷贝，即扩增产物约减少 93%；若 $E=100\%$、$n=20$，则扩增数量只有 1 048 576 个拷贝，扩增产物约减少 97%。可见 PCR 循环扩增效率及循环次数都对扩增数量有很大影响。PCR 扩增属于酶促反应，所以，DNA 扩增过程遵循酶促动力学原理。靶 DNA 片段的扩增最初表现为直线上升，随着靶 DNA 片段的逐渐积累，当引物、模板 DNA 和聚合酶达到一定比值时，酶促反应趋于饱和，此时靶 DNA 产物的浓度不再增加，即出现所谓的平台期。PCR 反应到达平台期的时间主要取决于反应开始时样品中靶 DNA 的含量和扩增效率，起始模板量越多，到达平台期的时间就越短，扩增效率越高到达平台期的时间也越短。另外，酶的含量、dNTP 浓度和非特异性产物的扩增等都对到达平台期的时间有影响。

一般而言，整个 PCR 过程包括 20~30 个循环，靶 DNA 能达到 10^6~10^7 个拷贝。

二、PCR 反应中的主要成分

PCR 反应体系主要由模板 DNA、*Taq* DNA 聚合酶、引物、4 种 dNTP、Mg^{2+} 浓度和反应缓冲液组成。下面将就这些成分的准备、组成及其对 PCR 的影响等进行阐述。

（一）模板 DNA

PCR 对于模板的用量和纯度要求都很低，在模板数量方面有时甚至 2 个拷贝的模板就可以进行 PCR；在纯度方面，细胞的粗提液可以直接进行 PCR 扩增，这也是 PCR 的显著特点。但是，在大多数情况下仍需要制备一定数量（通常为 $10^2 \sim 10^5$ 个拷贝的 DNA）和一定纯度的模板 DNA，以保证扩增的效率和反应的特异性。按照一般程序制备的 DNA 完全可以满足 PCR 的要求，但一般的 DNA 制备过程包括细胞破碎、蛋白质沉淀、核酸分离与浓缩等，过程复杂且费时费力。近年来，根据 PCR 的特点和不同的实验要求，产生了很多快速简便的 DNA 制备方法。

（1）蛋白酶 K 消化裂解法　　将样品经离心和漂洗后，将蛋白酶 K 直接加入样品中进行消化处理，随后离心，吸取上清，于 95～97℃或煮沸 10 min 灭活蛋白酶 K 后，就可以直接作为核酸模板用于 PCR 扩增。如果杂质较多，还应经酚-氯仿抽提后，再用于 PCR 反应。此法蛋白质及其他杂质消除彻底，*Taq* 酶活性不受影响，具有良好的重复性与稳定性。

（2）直接裂解法　　样品经缓冲液洗涤和离心处理后，加消化裂解液，裂解样品细胞，离心，取上清进行 PCR 扩增。

（3）碱变性法　　加入高浓度的碱溶液（如 1 mol/L NaOH 溶液）使样品溶解和变性，然后以高浓度（1 mol/L）的盐酸等中和，离心，取上清进行 PCR 扩增。

（4）煮沸法　　样品经离心洗涤后，加适量的缓冲液混匀，100℃煮沸 10～15 min，离心，取上清进行 PCR 扩增。

（5）滤纸法　　将动植物、微生物细胞用裂解液裂解后，经释放核酸、滤纸吸附核酸、清洗液去除杂质和洗脱液洗脱核酸等步骤获得 DNA，该方法不须使用有毒试剂和离心机，具有成本低、操作简单和省时等优点，可在不到 30 s 的时间内提取用于扩增的 DNA。

（6）浓盐法　　用 0.15 mol/L 氯化钠反复洗涤细胞破碎液除去 RNP，以 1 mol/L 氯化钠提取脱氧核糖蛋白，再按三氯甲烷-异醇法除去蛋白质。

（7）FTA 法　　将样品固定在 FTA（一种特制的滤纸）卡上，垫上封口膜，用力按压使汁液被 FTA 卡吸收，室温晾干。将有样品区域的 FTA 卡放入离心管中，加入 50 μL 的 FTA 溶液浸泡 5 min，吸出；加入 200 μL 的 TE-1 溶液浸泡 1 min，吸出，再次重复此步骤；加入 50 μL TE 缓冲液，将离心管盖好，放入干式恒温器中，95℃加热 15 min，取出后室温冷却。

以上介绍的是几种提取 DNA 的简易方法，不一定适合于各种样品的 DNA 提取，在具体的实验中应根据实验材料、实验目的和要求等的不同及前人的报道斟酌采用，也可结合实际情况自己研究一些适用的方法。如果对简易的方法没有把握，最好采用常规的 DNA 提取方法。

（二）*Taq* DNA 聚合酶

DNA 聚合酶在 PCR 中至关重要，PCR 技术的发明人 Mullis 最初使用的 DNA 聚合酶是大肠杆菌 DNA 聚合酶 I 的 Klenow 片段，但是该酶具有两个致命的缺点：①Klenow 酶不耐高温，90℃会变性失活，所以每次循环后都要重新加酶，这给 PCR 操作添了不少困难；②引物链延伸反应在 37℃下进行，容易发生模板和引物之间的碱基错配，PCR 产物特异性较差，合成的 DNA 片段不均一。

1988 年初，Keohanog 改用 T4 DNA 聚合酶进行 PCR，其扩增的 DNA 片段很均一，真实性也较高，只含有所期望的一种 DNA 片段，但是由于该酶不耐热，因此每循环一次，仍需加入新酶。同年 Saiki 等在从温泉中分离的一株水生嗜热杆菌（*Thermus aquaticus*）中提取到一种耐热 DNA 聚合酶，为了与 Klenow 片段区别，将此酶命名为 *Taq* DNA 聚合酶（*Taq* DNA polymerase）。该酶基因全长 2496 个碱基，编码 832 个氨基酸，酶蛋白分子量为 94 kDa，其比活性为 200 000 单位/mg。该酶具有如下特性。

1. 耐高温

该酶有良好的热稳定性，在 92.5℃、95℃、97.5℃时，PCR 混合物中的 *Taq* DNA 聚合酶分别经 130 min、40 min 和 5～6 min 后，仍可保持 50% 的活性。实验表明，当 PCR 反应的变性温度为 95℃时，50 个循环后，*Taq* DNA 聚合酶仍有 65% 的活性。

2. 离子依赖性

Taq DNA 聚合酶是 Mg^{2+} 依赖性酶，该酶的催化活性对 Mg^{2+} 浓度非常敏感。实验表明，当 Mg^{2+} 的浓度为 2.0 mmol/L 时，该酶的催化活性最高，Mg^{2+} 浓度过高会抑制酶活性，当 Mg^{2+} 浓度在 10 mmol/L 时可抑制 40%～50% 的酶活性。在 PCR 中 Mg^{2+} 能与 dNTP 结合而影响 PCR 反应液中游离的 Mg^{2+} 浓度，因而在反应中 Mg^{2+} 浓度至少应比 dNTP 总浓度高 0.5～1.0 mmol/L。另外，适当浓度的 KCl 能使 *Taq* DNA 聚合酶的催化活性提高 50%～60%，其最适浓度为 50 mmol/L，高于 75 mmol/L 时明显抑制该酶的活性。

3. 忠实性

Taq DNA 聚合酶具有 5′→3′聚合酶活性和 5′→3′外切酶活性，而无 3′→5′外切酶活性，它不具有 Klenow 片段的 3′→5′校对活性，所以在 PCR 反应中如发生某些碱基的错配，该酶是没有校正功能的。*Taq* DNA 聚合酶的碱基错配率为 2.1×10^{-4}。

4. 抑制剂

低浓度的尿素、甲酰胺、二甲基甲酰胺和二甲基亚砜对 *Taq* DNA 聚合酶的催化活性没有影响，但是极低浓度的离子表面活性剂如脱氧胆酸钠、十二烷基肌氨酸钠和十二烷基硫酸钠（SDS）对该酶的活性抑制作用非常强，如 0.01% 的 SDS 就可抑制 90% 的酶活；而非离子表面活性剂在较高浓度时（如吐温-20、NP-40 和 Triton X-100 在大于 5% 时）方能抑制该酶的活性，低浓度的 NP-40（0.05%）和吐温-20（0.05%）还能增强 *Taq* DNA 聚合酶的活性；低浓度 SDS 对该酶的抑制作用，可通过加入一定浓度的 NP-40 和吐温-20 抵消。

由上述可知，尽管 *Taq* DNA 聚合酶仍有一些不足，但由于 *Taq* DNA 聚合酶的热稳定性好，在热变性时不会被钝化，因此不必在每次扩增反应后再加新酶，这样大大地简化和加速了 PCR 的过程。目前 *Taq* DNA 聚合酶是 PCR 中最常用的酶之一。此外，Stoffel、Vent 和 Pfu 耐热 DNA 聚合酶也有被采用。

根据不同的实验需求，选择不同的 DNA 聚合酶十分重要。对于基因筛选、克隆表达、突变检测和定点突变等对 PCR 保真性要求较高的实验，可以选择 Pfu DNA 聚合酶，该酶具有 5′→3′DNA 聚合和 3′→5′外切酶活性，不具 5′→3′外切酶活性，因此 Pfu 酶可及时地识别并切除错配核苷酸，具有理想的扩增保真度，比 *Taq* DNA 聚合酶的错配率低，但缺点是延伸速度低。此外，很多生物公司也开发了新的 DNA 聚合酶，兼顾了高保真性和高的延伸速度。对于真核生物基因的研究，由于其 DNA 含有内含子，不利于研究，通过 M-MLV 和 AMV 等逆转录酶将 mRNA 逆转录成 cDNA。对于基因组图谱和测序等研究，要扩增超长片段的，可使用 long-*Taq* DNA 聚合酶。

（三）引物

引物在 PCR 中同样占有十分重要的地位，引物的序列及其与模板的特异性结合是决定 PCR 反应特异性的关键。如前所述，所谓引物，实际上就是两段与待扩增靶 DNA 两端序列互补的寡核苷酸片段，两引物间距离决定扩增片段的长度，即扩增产物的大小由引物限定。引物决定 PCR 扩增产物的特异性与长度。因此引物设计是决定 PCR 反应成败的关键。可以借助 Primer Premier、Oligo 等软件设计引物。引物可以根据与其互补的靶 DNA 序列人工合成，在合成引物时必须遵循一定的原则，否则由于设计不合理，PCR 的特异性和扩增效率都会降低，这些原则包括以下几点。

1. 引物长度的确定

统计学分析表明，长约 17 个碱基的寡核苷酸序列在人的基因组中重复出现的次数小于 1。因此，引物长度一般最低不少于 16 个核苷酸，而最高不超过 30 个核苷酸，最佳长度为 20～24 个核苷酸。在模板质量高时，引物长度可以为 50 个核苷酸，有时可在 5′端添加不与模板互补的序列，如限制性酶切位点或启动因子等，以完成基因克隆和其他特殊的需要，而在引物 5′端生物素标记或荧光标记可用于微生物检测等各种目的。

2. 引物扩增跨度

以 200～500 bp 为宜，特定条件下可扩增长至 40 kb 的片段。

3. 引物碱基

GC 含量以 40%～60%为宜，GC 含量太少扩增效果不佳，GC 含量过多易出现非特异条带。A、T、G、C 4 种碱基最好随机分布，尽量避免含有相同的碱基多聚体出现在引物中。另外，两个引物中 GC 的含量应尽量相似，在待扩增片段 GC 含量已知的情况下，引物中 GC 含量应尽可能接近待扩增片段的 GC 含量。

4. 避免引物内部形成明显的次级结构

应避免引物内部形成明显的次级结构，尤其是发夹结构（hairpin structure）。两个引物之间不应发生互补，特别是在引物 3′端，即使无法避免，其 3′端互补碱基也不应大于 2 个碱基，否则易生成引物二聚体或引物二倍体（primer dimer）。所谓引物二聚体实质上是在 DNA 聚合酶作用下，一条引物在另一条引物序列上进行延伸所形成的与两条引物长度相近的双链 DNA 片段，是引物设计时常见的副产品，有时甚至成为主要产物。另外，两条引物之间应避免有同源序列，尤其是连续 6 个以上相同碱基的寡核苷酸片段，否则两条引物会相互竞争模板的同一位点。同样，引物与待扩增靶 DNA 或样品 DNA 的其他序列也不能存在 6 个以上碱基的同源序列，否则，引物就会与其他位点结合，使特异扩增减少，非特异扩增增加。

5. 引物 3′端的碱基

特别是最末及倒数第二个碱基，要求严格和靶 DNA 配对，以避免因末端碱基不配对而导致 PCR 失败。

6. 引物中有或加上合适的酶切位点

被扩增的靶序列最好有适宜的酶切位点，这对酶切分析或分子克隆很有好处，目的片段不能具有与酶切位点相同的序列。

7. 引物的特异性

引物应与核酸序列数据库的其他序列无明显同源性。

（四）dNTP

4 种脱氧核苷三磷酸（dATP、dCTP、dGTP、dTTP）是 DNA 合成的基本原料，其质量与浓度和 PCR 扩增效率有密切关系。dNTP 粉呈颗粒状，如保存不当易变性失去生物学活性。dNTP 溶液呈酸性，使用时应配成高浓度，并以 1 mol/L NaOH 或 1 mol/L Tris-HCl 的缓冲液将其 pH 调节到 7.0～7.5，然后小量分装，−20℃冰冻保存，避免多次冻融，否则会使 dNTP 降解。在 PCR 反应中，应控制好 dNTP 的浓度，尤其是注意 4 种 dNTP 的浓度应等摩尔配制，如其中任何一种浓度不同于其他几种时（偏高或偏低），都会引起错配。另外，PCR 反应中 dNTP 含量太低，PCR 扩增产量太少，易出现假阴性；过高的 dNTP 浓度会导致聚合而将其错误掺入，引起错配，所以一般将 dNTP 的浓度控制在 50～200 μmol/L。

（五）Mg^{2+} 浓度

Mg^{2+} 浓度对 *Taq* DNA 聚合酶影响很大，它可影响酶的活性和真实性，影响引物退火和解链温度，影响产物的特异性及引物二聚体的形成等。通常 Mg^{2+} 的浓度范围为 0.5～2.0 mmol/L，对于一种新的 PCR 反应，可以用 0.1～5.0 mmol/L 的递增浓度的 Mg^{2+} 进行预备实验，选出最适的 Mg^{2+} 浓度。在 PCR 反应混合物中，应尽量减少有高浓度的带负电荷的基团，如磷酸基团或 EDTA 等可能影响 Mg^{2+} 浓度的物质，以保证最适 Mg^{2+} 浓度。

（六）反应缓冲液

反应缓冲液一般含 10～50 mmol/L Tris-Cl（pH 8.3～8.8）、50 mmol/L KCl 和适当浓度的 Mg^{2+}。另外，反应液可加入 5 mmol/L 的二硫苏糖醇（DDT）或 100 μg/mL 的牛血清白蛋白（BSA），它们可稳定酶活性。各种 *Taq* DNA 聚合酶商品都有自己特定的一些缓冲液。

三、PCR 反应参数

PCR 操作简便，但影响因素很多，因此应该根据不同的 DNA 模板，摸索最适的条件，以获得最佳的反应结果。影响 PCR 的因素主要包括以下几种。

（一）温度与时间的设置

由 PCR 原理可知，PCR 包括变性、退火和延伸 3 步，因此应设计 3 个温度点。在标准反应中采用三温度点法，即双链 DNA 在 90～95℃变性，再迅速冷却至 40～60℃，引物退火并结合到靶序列上，然后快速升温至 70～75℃，在 Taq DNA 聚合酶的作用下，使引物链沿模板延伸。对于较短的靶基因（长度为 100～300 bp 时）可采用二温度点法，即除变性温度外，退火与延伸温度可合二为一，一般采用 94℃变性，65℃左右退火与延伸（因为此温度下 Taq DNA 酶仍有较高的催化活性）。下面具体讨论以上各温度点的温度与时间的关系。

1. 变性温度与时间

一般情况下，93～94℃、1 min 或 98℃、10 s 足以使模板 DNA 变性，若低于 93℃则需延长时间，而温度过低则可能会使解链不完全而导致 PCR 失败，但温度也不能过高，否则过高的温度将影响酶的活性。因此变性温度一般应控制在 90～98℃。

2. 退火温度与时间

变性后温度快速冷却至 40～60℃，可使引物和模板发生结合。由于模板 DNA 比引物的分子量大且复杂得多，因此引物和模板之间相互碰撞结合的机会远远高于模板互补链之间的碰撞结合。退火温度与时间，取决于引物的长度、碱基组成及其浓度及靶 DNA 序列的长度。对于 20 个核苷酸、GC 含量约 50% 的引物，选择 55℃ 为退火起始温度较为理想。选择合适的引物退火温度可通过以下公式得到：

$$T_m 值 = 4（G+C）+ 2（A+T）$$
$$退火温度 = T_m 值 -（5～10℃）$$

在引物 T_m 值允许的范围内，选择较高的退火温度可以大大减少引物和模板间的非特异性结合，提高 PCR 反应的特异性。退火时间一般为 30～60 s，这足以使引物与模板完全结合。

3. 延伸温度与时间

由前述 *Taq* DNA 聚合酶的特性可知，温度高于 90℃ 时，DNA 的合成几乎不能进行，75～80℃ 时每个酶分子的延伸速率为 150 个核苷酸/s，70℃ 时延伸速率大于 60 个核苷酸/s，55℃ 时只为 24 个核苷酸/s，所以 PCR 反应的延伸温度一般选择为 70～75℃，常用温度为 72℃，温度超过 72℃ 时不利于引物和模板的结合。PCR 延伸反应的时间，可根据待扩增片段的长度而定，一般 1 kb 以内的 DNA 片段延伸 1 min 就足够了，3～4 kb 的靶序列需 3～4 min，而 10 kb 则需要 15 min。有些生物公司的 DNA 聚合酶的扩增速率可达到 1 kb/5 s，即扩增 1 kb 以内的 DNA 片段，延伸时间只需要 5 s，而 10 kb 也只需要 50 s。另外，对低浓度模板的扩增，延伸时间也要稍长些。但是，应该注意的是延伸进程过长会导致非特异性扩增带的出现，从而影响 PCR 的扩增效果。

（二）循环次数

PCR 循环次数主要取决于模板 DNA 的浓度。一般的循环次数控制在 25～35，此时 PCR 的产物累积量最大。随着循环次数的增加，一方面产物浓度过高，以致它们自身相互结合而不与引物结合，或产物链缠在一起，因此使扩增效率降低；另一方面，随着循环次数的增加，DNA 聚合酶活性下降，引物和 dNTP 浓度降低，容易产生错误掺入，导致非特异性产物增加，因此在获得足够 PCR 产物的前提下应尽可能地减少循环的次数。

（三）PCR 反应体系中各种成分的浓度

PCR 反应体系中适当的 dNTP、引物、DNA 模板、DNA 聚合酶、Mg^{2+} 与添加剂等的浓度也是非常重要的。

1）模板 DNA 控制在 $10^2～10^5$ 个拷贝。

2）每条引物的浓度为 0.1～1.0 μmol/L。

3）*Taq* DNA 聚合酶浓度控制在 2.0～2.5 U（当总反应体积为 100 μL 时）。

4）dNTP 的浓度应为 50～200 μmol/L。

5）Mg^{2+} 浓度以 2 mmol/L 最好，此时 *Taq* DNA 聚合酶的活性最高。

6）50 mmol/L 浓度的 KCl 能使 *Taq* DNA 聚合酶的催化活性提高 50%～60%。

四、PCR 扩增产物的检测

PCR 扩增结束后，根据实验目的不同，可以采用多种方法对扩增产物进行分析。

（一）凝胶电泳分析

PCR 产物电泳、核酸染料染色、紫外灯下观察，初步判断产物的特异性，包括琼脂糖凝胶电泳和聚丙烯酰胺凝胶电泳。

1. 琼脂糖凝胶电泳

根据扩增片段的大小，采用适当浓度的琼脂糖制成凝胶，取 PCR 扩增产物 5～10 μL 点样于凝胶中，电泳、核酸染料染色、紫外灯下观察，成功的 PCR 扩增可得到分子量均一的一条区带，对照标准分子量谱带对 PCR 产物谱带进行分析。

2. 聚丙烯酰胺凝胶电泳

6%～10% 聚丙烯酰胺凝胶电泳分离效果比琼脂糖好，条带比较集中，可用于科研及检测分析。

（二）分子杂交

分子杂交包括斑点杂交、Southern 印迹杂交和微孔板夹心杂交等。在这些杂交中，通过分析 PCR 的扩增产物与相应探针结合后的杂交体，从而判断 PCR 产物是否为预先设计的目的片段，还能鉴定出产物中是否存在突变及扩增产物的大小和特异性等。

（三）限制性内切酶分析

选择适当的限制性内切酶对 PCR 扩增产物进行酶切，之后再进行电泳，通过分析电泳图谱可以判断扩增产物的特异性和是否存在突变等。

（四）高效液体层析法

采用高效液体层析法（HPLC）分析 PCR 的扩增产物，在几分钟内就可以将结果显示或（和）打印出来。另外，采用 HPLC 还可以对扩增产物进行分离制备。

（五）核酸序列分析

将 PCR 产物送至生物公司进行测序，分析其核酸序列，这是检测 PCR 产物特异性最有效和最可靠的方法。常用的方法有两种：一是 PCR 产物直接测序；二是将 PCR 产物克隆入质粒后再进行测序。与将 PCR 产物克隆入质粒相比，直接测序分析有两个主要的优点：一个是它是一个不依赖于生物体（如细菌、病毒等）的体外系统；另一个是对于每个待测样品，只需测定一个单链序列，因而更加快速高效。相比之下，为了区别在 PCR 反应过程中由 DNA 聚合酶引入的随机错配核苷酸所引起的原始序列中的突变，以及由体外重组而产生的人工扩增产物，如混合克隆等，将 PCR 产物克隆后再测序需要同时测定多个样品。

（六）颜色互补分析法

颜色互补分析法是利用三原色原理，当不同 DNA 片段（如在多重 PCR 中 A 和 B 两个片段）同时扩增时，用引物 5'端修饰技术将不同引物用不同颜色荧光素标记（A 片段引物标记绿色的荧光素，B 片段引物标记红色的罗丹明）。如果仅有一条片段被扩增，扩增产物激发后，只有一种颜色（红色或绿色）；如果两条不同大小的片段均被扩增，通过电泳分离、紫外激发后可观察到不同颜色的两条带，如果两条被扩增片段大小相同，电泳后可见一条红绿互补色的黄色带；如果不用电泳法分离扩增片段，通过一定手段去除未掺入引物，亦可观察到扩增产物的颜色，此时，扩增产物无论大小，只要均被扩增，就可见一条红绿互补色的黄色带。

该法简便、易于自动化，可用于检测基因缺失、染色体转位和病原微生物，如采用多重 PCR，结合颜色互补分析法，通过观察 PCR 产物的颜色，可以同时快速检测多种病原菌。

（七）PCR-ELISA 法

首先将检测探针和带有多聚腺嘌呤核苷酸[poly（dA）]尾巴的捕获探针同时加入 PCR 产物中，与靶序列杂交形成夹心杂交体，然后将上述反应溶液加入预先以多聚胸腺嘧啶[poly（dT）]包被的微孔板内，夹心杂交体通过 poly（dA）与微孔板上的 poly（dT）结合而固定在微孔内，洗涤去除没有结合的各种成分，随后加入酶标记的抗夹心杂交体抗体与夹心杂交体结合，洗涤去除没有结合的酶标抗体，最后加入底物，测定酶反应后的颜色变化就可以计算出 PCR 产物的量。

（八）蛋白质检测法

把 PCR 产物连到表达载体上，将在适宜条件表达出来的蛋白质进行 SDS-PAGE 电泳，观察与理论产物表达的蛋白质大小是否一致。

五、PCR 操作过程

（一）反应体系

标准 PCR 的反应体积为 20～100 μL，其中含有 1×PCR 缓冲溶液[50 mmol/L KCl，10 mmol/L Tris-HCl（pH 8.3）]、2 mmol/L MgCl$_2$、4 种 dNTP 各 20 μmol/L、一对引物各 0.25 μmol/L、DNA 模板 0.1 μg 左右（10^2～10^5 拷贝的 DNA）、*Taq* DNA 聚合酶 2 个单位。

（二）反应步骤

在 0.5 mL 的小离心管中依次加入 PCR 反应缓冲液、4 种 dNTP、一对引物和 DNA 模板，混匀，95℃加热 10 min，去除样品中的蛋白酶、氯仿等对 *Taq* DNA 聚合酶的影响，然后每管加入 2 个单位的 *Taq* DNA 聚合酶，混匀，离心 30 s，加 50 μL 液体石蜡封盖反应体系以防止反应液挥发（现在有些 PCR 仪由于具有很好的密封性，也可以不加液体石蜡）。实验设阴性对照（不加模板 DNA）和阳性对照（含目的序列 DNA）。

（三）设程序进行 PCR

将离心管置于 PCR 仪中，根据实验要求设计 PCR 仪的各种循环参数，进行 PCR 循环。

（四）PCR 扩增产物的检测

参见本节"四、PCR 扩增产物的检测"部分。

六、PCR 的特点

（一）特异性强

PCR 反应的特异性主要来自 PCR 反应中引物与模板 DNA 按照碱基配对原则进行特异性结合，以及 *Taq* DNA 聚合酶的耐高温特性和合成反应的忠实性。其中，引物与模板的正确结合是关键，引物与模板的结合及引物链的延伸都必须遵循碱基配对原则，从而确保了 PCR 的特异性。另外，*Taq* DNA 聚合酶合成反应的忠实性和耐高温特性，使反应中模板与引物的结合（变性）可以在较高的温度下进行，从而使结合的特异性大大增加，被扩增的靶基因片段也就能保持很高的正确度。

（二）灵敏度高

理论上 PCR 可以按 2^n（n 为 PCR 的循环次数）的倍数使靶 DNA 扩增 10^8 倍以上，而实际应用中由于一些因素的影响，扩增效率有所降低；但是，实验证实可以将极微量的靶 DNA 成百万倍以上地扩增到足够检测分析数量的 DNA，能从 100 万个细胞中检出一个靶细胞，或将皮克（pg）量级的起始靶 DNA 扩增到微克（μg）水平。在病毒的检测中，PCR 的灵敏度可达 3 个 RFU（空斑形成单位），而在细菌学中最小检出率可达到 3 个细菌。

（三）操作简便快速

在 PCR 中，一次性地加好各种反应物后，即可在 PCR 扩增仪中自动进行变性、退火和延伸反应，一般在 2~4 h 完成扩增反应。扩增产物可直接进行序列分析和分子克隆，摆脱烦琐的基因操作方法，可直接从 RNA 或染色体 DNA 中或部分 DNA 已降解的样品中分离目的基因，省去常规方法中须先进行克隆后再做序列分析的冗繁程序。

（四）对标本纯度要求低并且无放射性污染

不需要分离病毒或细菌及培养细胞，DNA 粗制品及总 RNA 均可作为扩增模板，省去费时繁杂的提纯程序，扩增产物用一般电泳分析即可，不一定用同位素，无放射性、易于推广。

（五）可扩增 RNA 或 cDNA

先按通常方法用逆转录酶将 mRNA 转变成单链 cDNA，再将得到的单链 cDNA 进行 PCR 扩增。

七、PCR 的类型

PCR 技术自诞生以来，发展迅速、应用面广。因实验材料、实验目的和实验要求等的不同，在标准 PCR 的基础上，已衍生出近几十种不同类型的 PCR，这些 PCR 和标准 PCR 的原理相同，但是由于实验目的的不同，具体的操作过程有些不同，下面简要地介绍几种。

（一）不对称 PCR

在标准 PCR 中两引物的浓度是相同的，如果引物的浓度不同，那么经过若干轮循环，低浓度的引物被消耗尽，以后的循环就只产生由高浓度引物引导产生的产物，结果就可以产生大量的由高浓度引物引导产生的单链 DNA（ssDNA），这些单链 DNA 可作为探针或 DNA 测序的核酸。在这种 PCR 中由于两引物的浓度不同，被称为不对称 PCR（asymmetric PCR）。不对称 PCR 中的一对引物分别称为非限制性引物与限制性引物，其比例一般为（50～100）∶1，在 PCR 反应的最初 10～15 个循环中，其扩增产物主要是双链 DNA，但当限制性引物（低浓度引物）消耗完后，非限制性引物（高浓度引物）引导的 PCR 就会产生大量的单链 DNA。还有一种方法是先用等浓度的引物进行 PCR 扩增，制备双链 DNA（dsDNA），然后以此 dsDNA 为模板，以其中的一条引物进行第二次 PCR，制备 ssDNA。

（二）多重 PCR

一般 PCR 仅应用一对引物，通过 PCR 扩增产生一个核酸片段，而在多重 PCR（multiplex PCR，又称多重引物 PCR 或复合 PCR）中，在同一 PCR 反应体系里含有两对或两对以上引物，同时扩增出多个核酸片段。多重 PCR 有以下几方面的用途。

1. 多种病原微生物的同时检测或鉴定

在同一 PCR 反应管中同时加上多种病原微生物的特异性引物，进行 PCR 扩增，并结合 PCR 产物的颜色互补分析法，就可以快速实现多种病原菌的同时检测和分析。对由多种病菌引起的同一症状，通过多重 PCR，可以知道到底是什么病原菌或是几种病原菌同时存在而导致了该病的发生。

2. 对大片段 DNA 同时进行多处扩增分析

在有些情况下，需要对上千碱基对大小的基因进行检测和分析，以确定基因上发生的突变或（和）缺失，如果存在多个突变或缺失，并且这些突变和缺失发生在基因上的多处，并相距数十甚至数百个碱基对，那么要对整个基因的变异进行分析，采用标准 PCR 必须分段多次扩增（因为标准 PCR 每次扩增的 DNA 片段的长度是有限的），这样既费时又费力，而且实验结果的准确性也将受到影响。如果采用多重 PCR，那么就可以一次性地分析整个基因的变异情况，从而节约时间和费用，并增加实验结果的准确性。

多重 PCR 的特点：①高效性，在同一 PCR 反应管内同时检出多种病原微生物；②系统性，多重 PCR 很适宜对症状相同或基本相同的一组病原菌进行分析；③经济简便性，多种病原在同一反应管内同时检出，将大大节省时间和试剂，节约经费开支。

（三）巢式 PCR

巢式 PCR（nested PCR），又称为套式引物（nested primer）PCR，有两对引物：一对引物对应的序列在模板 DNA 的外侧，称为外引物（outer-primer）；另一对引物对应的序列在同一模板 DNA 外引物的内侧，称为内引物（inter-primer），即外引物的扩增产物中含有内引物的互补序列，外引物扩增后的产物成为内引物的模板，这样经过两次 PCR 扩增可大大提高检测的灵敏度，从而实现对模板 DNA 含量很少（如单拷贝 DNA）的样品的分析和检测。同时，巢式 PCR 减少了引物非特异性退火，从而增加了特异性扩增，提高了扩增效率，也提高了检测的灵敏度。巢式 PCR 对环境样品中微生物的快速检测和单拷贝的基因靶 DNA 的扩增是非常有效的。

（四）锚定 PCR

标准 PCR 扩增 DNA 片段时，必须知道 DNA 片段两侧 DNA 的序列，这样才能合成相应的引物进行扩增，但是在有些情况下，只知道 DNA 片段一端的序列，显然标准 PCR 是不能对其进行扩增和分析的，运用锚定 PCR（anchored PCR，又称为固定 PCR），则可以克服这一限制。其原理是在基因未知末端添加已知的同聚物尾（poly tailor），人为地赋予基因未知末端特定的序列，再合成和同聚物尾互补的 DNA 序列作为引物（称为锚定引物），与基因已知末端的引物一起对基因进行扩增和分析。

（五）反向 PCR

标准 PCR 只能对两引物之间的 DNA 片段进行扩增，而不能对引物外侧的 DNA 序列扩增，反向 PCR（inverse PCR）则可以很好地解决这一问题，从而实现对已知 DNA 片段两侧未知片段的扩增，它是扩增未知 DNA 序列的一种简捷方法。其原理是首先用限制性内切酶消化（酶解）DNA，使 DNA 片段的大小合适，若太短（<200 kb）则不能形成环状，无法完成接下来的环化过程，而太长则受到 PCR 本身扩增片段有效长度的限制。消化后的 DNA 环化形成环状，然后再选择适当的内切酶，酶切已知序列的 DNA 片段，使环状 DNA 线性化，最后根据已知序列合成相应的引物就可以对未知的 DNA 片段进行扩增和分析。在上述过程中，选择合适的内切酶是非常重要的，用于消化 DNA 片段的内切酶，必须在已知的 DNA 序列上没有酶切位点。另外如果酶切后能产生黏性末端则有利于环化的完成；而用于酶切环状 DNA 使其成线性的内切酶，则必须在已知的 DNA 序列中有唯一的酶切位点，在未知 DNA 序列中没有酶切位点。

（六）增敏 PCR

在标准 PCR 中，引物的浓度一般为 0.25 μmol/L，当模板 DNA 数小于 1000 个拷贝时，引物浓度过高容易导致引物二聚体的形成及与非特异性产物竞争引物和酶，从而使 PCR 的产量明显减少。如果分两次加入引物则可以避免上述不足，首先采用浓度仅为每升数十皮摩尔的引物，适当延长退火时间，使引物和靶 DNA 结合，进行 20 轮左右的 PCR 扩增后，再将引物的浓度增加至 0.25 μmol/L，同时适当地缩短退火时间，又进行 20 轮左右的 PCR 扩增。由于第一次添加引物扩增后，模板 DNA 的浓度大大增加，因此第二次添加引物再扩增就可大大提高 PCR 的产量，从而提高检测的灵敏度。这种 PCR 就称为增敏或增效 PCR（booster PCR）。

采用这种方法可将样品中的数十个菌甚至一个菌检测出来，可大大缩短样品的富集时间，从而加快检测速度。

（七）逆转录 PCR

逆转录 PCR（reverse transcript PCR，RT-PCR）是指在逆转录酶的作用下将 mRNA 逆转录成 cDNA，然后再采用 PCR 对 cDNA 进行扩增和分析，从而实现对 mRNA 分析的方法。该方法将逆转录和 PCR 结合在一起，是一种快速、简便和灵敏测定 mRNA 的方法，运用这种方法可以检测出单个细胞中少于 10 个拷贝的 mRNA。在 RT-PCR 中，以 RNA 为模板，联合逆转录与 PCR，从而为 RNA 病毒检测提供了方便，也为获得与特定 RNA 互补的 cDNA 提供了一条极为有利和有效的途径。

RNA 扩增包括两个步骤：①在单引物的介导和逆转录酶的催化下，合成 RNA 的互补链 cDNA；②加热使 cDNA 与 RNA 链解离，然后与另一引物退火，并由 DNA 聚合酶催化引物延伸生成双链靶 DNA，最后扩增靶 DNA。

在 RT-PCR 中，关键步骤是 RNA 的逆转录，cDNA 的 PCR 与一般 PCR 条件一样。由于引物的高度选择性，细胞总 RNA 无须进行分级分离即可直接用于 RNA 的 PCR。但 RT-PCR 对 RNA 制品的要求极为严格，作为模板的 RNA 分子必须是完整的，并且不含 DNA、蛋白质和其他杂质。RNA 中即使含有极微量的 DNA，经扩增后也会出现非特异性扩增。如果蛋白质未除净，与 RNA 结合后会影响逆转录和 PCR。另外，残存的 RNA 酶极容易将模板 RNA 降解掉。

（八）原位 PCR 技术

原位 PCR（in situ PCR）就是在组织细胞里进行的 PCR 反应，它结合了具有细胞定位能力的原位杂交和高度特异敏感的 PCR 技术的优点，既能分辨、鉴定带有靶序列的细胞，又能标出靶序列在细胞内的位置，对在分子和细胞水平上研究疾病的发病机制等有重要的实用价值，并且其特异性和敏感性都高于一般的 PCR。原位 PCR 的基本操作步骤：①将组织切片或细胞固定在玻片上；②蛋白酶 K 消化处理组织切片或细胞；③加适量（如 30 μL）的 PCR 反应液于处理后的材料处，盖上盖玻片，并以液体石蜡密封，然后直接放在扩增仪的金属板上，进行 PCR 循环扩增；④PCR 扩增结束后，用标记的寡核苷酸探针进行原位杂交；⑤显微镜观察结果。原位 PCR 由于是在玻片上进行，因此有时又称为玻片 PCR（slide-PCR）。

（九）定量 PCR

定量 PCR 包括定量 DNA-PCR 和定量 mRNA-PCR。前者用同位素标记的探针与电泳分离后的 PCR 扩增产物进行杂交，根据放射自显影后底片曝光强弱可以对模板 DNA 进行定量；后者则可以对 mRNA 进行定量分析，但是操作过程比定量 DNA-PCR 复杂。利用浓度已知且与待测靶 mRNA 序列相同的内对照 mRNA（其片段长短不同，便于 PCR 扩增后产物的分离，相当于竞争 PCR 中的竞争模板），用相同的由 ^{32}P 标记的引物进行 PCR 扩增，扩增产物电泳后，分别测定二者产物放射性强度，由预先制备的标准曲线推算出每个样本特异 mRNA 的量。采用这种方法可以在 1 pg 总 RNA 中对小于 1 pg 的特异 mRNA 进行定量。

（十）免疫 PCR

免疫 PCR（immune PCR）是新近建立的一种灵敏、特异的抗原检测系统。它利用抗原-抗体反应的特异性和 PCR 扩增反应的极高灵敏性来检测抗原，尤其适用于极微量抗原的检测。

免疫 PCR 主要包括三个步骤：①抗原-抗体反应；②与嵌合连接分子结合；③PCR 扩增嵌合连接分子中的 DNA（一般为质粒 DNA）。该技术的关键环节是嵌合连接分子的制备，它在免疫 PCR 中起桥梁作用，有两个结合位点：一个与抗原-抗体复合物中的抗体结合，另一个与质粒 DNA 结合。例如，链霉亲和素-蛋白质 A 复合物（streptavidin-protein A）就可以作为嵌合体，它具有双特异性结合能力，一端为链霉亲和素，可与被生物素标记的质粒 DNA 结合，另一端的蛋白质 A 可与 IgG 的 Fc 段结合，从而可特异地把生物素化的质粒 DNA 分子和抗原-抗体复合物连接在一起。

免疫 PCR 的基本原理与 ELISA 相似，不同之处在于其中的标记物不是酶而是质粒 DNA，在操作反应中形成抗原抗体-连接分子-DNA 复合物，通过 PCR 扩增 DNA 来判断是否存在特异性抗原。免疫 PCR 优点：①特异性较强，因为它建立在抗原抗体特异性反应的基础上；②敏感度高，PCR 具有惊人的扩增能力，免疫 PCR 比 ELISA 敏感度高 10^5 倍以上，可用于单个抗原的检测；③操作简便，PCR 扩增质粒 DNA 比扩增靶基因容易得多，一般实验室均能进行。

（十一）芯片 PCR

芯片 PCR（chip PCR，图 5-9）是一种微流量连续式的 PCR 反应过程，在一块玻片上用三块恒温的铜片作为热源，当 PCR 反应的混合液流经不同的温度区时，自动变温，在流动中实现熔融、延伸和退火。芯片 PCR 的体积小，变温迅速，当流速为 5.8～79 nL/s 时，三温（95℃、72～77℃、50～65℃）循环的温度转变时间小于 100 ms，流过 10 μL 反应液的时间为 1.5～18.8 min，完成 20 次循环，比一般扩增仪所需的 2～3 h 快得多。

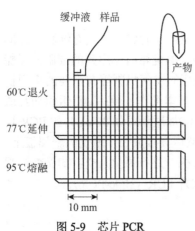

图 5-9　芯片 PCR

（十二）竞争 PCR

竞争 PCR（competitive PCR）是在 PCR 扩增时同时加入靶核酸模板和竞争核酸模板，它们在反应体系中竞争各反应底物，当靶 RNA 模板的浓度高时，其扩增产物多，相应地竞争 RNA 模板的扩增产物就少。反之，靶 RNA 模板的产物少，竞争 RNA 模板的产物就多。将不同浓度的竞争模板和特定量靶模板混合后，分别进行扩增，分析两种扩增产物的比值，以竞争 RNA 模板浓度为横坐标，两种扩增产物的比值为纵坐标作图，得到竞争曲线。当两种产物的比值等于 1 时，靶模板和竞争模板的量相等。因此，从曲线上可以得到靶模板的含量，从而实现靶模板的定量检测。

（十三）实时荧光 PCR

传统的 PCR 分析包括 PCR 核酸模板的提取、PCR 扩增及扩增产物的检测三个基本操作过程，耗时长、操作复杂。实时荧光 PCR（realtime fluorescence PCR）检测技术是将液相杂交技术和荧光探针引入传统的 PCR 中，使 PCR 扩增和检测相结合，从而实现 PCR 扩增产物的实时检测和分析。准确地说，这里的"实时"是指在每一个 PCR 循环后检测扩增产物，当 PCR 扩增反应结束后，就可以得到每个样品的 PCR 扩增产物变化曲线，通过分析这些反应曲线，不仅可以得到靶目标（如有害生物）的定性检测结果，还可以对靶目标的数量进行精确定量。

第四节　实时荧光 PCR 技术

PCR 是一种敏感特异的检测核酸分子的定性方法，在有害生物诊断鉴定中起重要作用。但传统的 PCR 技术在应用中会遇到难以解决的问题，如 PCR 后处理需手工操作、难以实现定量和 PCR 产物的污染等。1996 年由美国 Applied Biosystems 公司推出了 PCR 和核酸分子杂交及荧光电信号放大结合同步的实时荧光 PCR 技术。由于该技术不仅实现了 PCR 从定性到定量的飞跃，而且与常规 PCR 相比，它结合了 PCR 技术的高灵敏度和核酸分子杂交技术的特异性，具有特异性更强、灵敏度高、重复性好、定量准确、全封闭反应、有效解决 PCR 污染问题、自动化程度高和检测速度快（一般只需 1～2 h 就可完成整个检测过程）等特点，已成为国际公认的核酸分子定量的标准方法。广泛用于昆虫、病原真菌、细菌、线虫和病毒等的鉴定和分类，特别是对难培养菌及近似种或种下的分类鉴定，目前被认为是有害生物鉴定和病害诊断的革新，将对病害诊断产生重大影响并将成为有害生物鉴定的标准方法。其在基因表达研究和临床疾病检测等领域也已得到了广泛应用，如转基因动植物检测、RNA 干扰基因沉默效率检测、病原微生物或病毒含量检测、基因差异表达和基因分型等。

一、实时荧光 PCR 技术的原理

实时荧光 PCR 技术是指在 PCR 反应体系中加入荧光基团（染料或探针），利用荧光信号积累实时监测整个 PCR 进程，最后通过标准曲线对未知模板进行定量分析的方法。荧光染料能特异性地掺入 DNA 双链，发出荧光信号，从而保证荧光信号的增加与 PCR 产物增加完全同步。荧光探针是在常规 PCR 的基础上，添加了一条标记了两个荧光素的探针，可以在一条寡核苷酸上，也可以在两条寡核苷酸上。一个标记在探针的 5′端，称为荧光报告基团（R）；另一个标记在探针的 3′端，称为荧光猝灭基团（Q）。探针完整或位置很近时，两者可构成能量传递结构，报告基团发射的荧光信号被猝灭基团吸收，PCR 扩增时，*Taq* 酶的 5′→3′外切酶活性将探针酶切降解，使报告荧光基团和猝灭荧光基团分离，或因温度过高两探针从模板上解链而分离开来，使二者距离增大很多时，抑制作用消失，从而引起报告基团荧光信号的增长。荧光监测系统可接收到荧光信号，即每扩增一条 DNA 链，就多一个荧光分子发荧光，实现了荧光信号的累积与 PCR 产物完全同步。这样利用荧光信号积累可以实时监测整个 PCR 进程，还可以通过标准阳性荧光信号大小对未知样品荧光信号强弱进行定量。

二、实时荧光 PCR 技术的种类

目前应用于实时荧光 PCR 技术的种类按所使用的荧光物质可分为两种：荧光探针和荧光染料。其中荧光探针主要有 3 种：分子信标探针、杂交双探针实时荧光 PCR 技术和 TaqMan 探针实时荧光 PCR 技术，使用较多的是 TaqMan 探针实时荧光 PCR 技术。

（一）分子信标探针实时荧光 PCR 技术

分子信标就是在同一寡核苷酸探针的 5′端标记荧光素（FAM、TET 等）、3′端标记猝灭基团（DABCYL、TAMRA 等）。分子信标探针两端的几个碱基互补，形成发夹结构，探针的环状结构 DNA 碱基互补，环两侧为与目的 DNA 无关的碱基互补的臂。当无目标 DNA 时，探针形成发夹结构，荧光素与猝灭剂距离很近，荧光素接受的能量通过共振能量转移至猝灭剂，结果不会产生荧光。当探针遇到目的 DNA 分子及特定的条件时，由于碱基互补配对，形成一个比两臂杂交更长也更稳定的杂交，探针自发进行构型变化，使两臂分开，荧光素和猝灭剂也随之分开，此时在紫外光照射下，荧光素产生荧光。分子信标探针工作原理如图 5-10 所示。

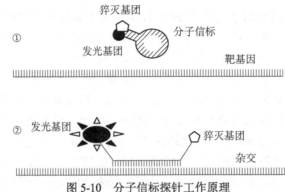

图 5-10 分子信标探针工作原理

①发夹结构的探针,发光基团和猝灭基团靠近,表现为不产生荧光;②探针与基因杂交,探针呈线性状,
发光基团和猝灭基团分开,表现为产生荧光

(二)杂交双探针实时荧光 PCR 技术

杂交双探针是两条分别带有不同标记的寡核苷酸,两条探针均与引物结合区之间的目标核酸序列发生特异性结合,且结合后的两条探针之间只相隔 1~2 个碱基。结合于靶序列 5′端上的探针在其自身的 3′端标记了一种供体荧光染料,结合于靶序列 3′端上的探针在其自身的 5′端标记了另一种受体荧光染料。当两条探针均呈游离状态时,受体荧光染料不发荧光;而在 PCR 的退火阶段,两条探针均与模板相结合时,两个荧光染料距离很近,它们之间发生了荧光共振能量转移,供体荧光染料被激发出的荧光信号可以被受体荧光染料所吸收而发出另一种波长的荧光,此时用一种特殊的检测仪器便可以接收到这荧光;随着引物介导的新链形成,两条探针被逐一从模板上取代下来,当两条探针由模板上被取代下来重新成为游离状态,仪器就不能检测到受体荧光染料所发出的荧光了。杂交双探针工作原理如图 5-11 所示。

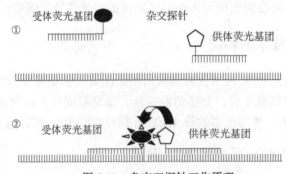

图 5-11 杂交双探针工作原理

①两个探针分别携带荧光供体和受体;②两个探针在退火时分别与靶基因结合,使荧光供体和受体靠近,表现为产生荧光

(三)TaqMan 探针实时荧光 PCR 技术

TaqMan 探针是一段 5′端标记报告荧光基团,3′端标记猝灭荧光基团的寡核苷酸。报告荧光基团如 FAM 共价结合到寡核苷酸的 5′端。TET、VIC、JOE 及 HEX 也常用作报告荧光基团。所有这些报告荧光基团通常都由位于 3′端的 TAMRA 所猝灭。当探针完整时,由于报告荧光基团与猝灭基团在位置上很接近,因此其报告荧光的发射主要由于 Forster 型能量传递而受到抑制。在 PCR 过程中,上游和下游引物与目标 DNA 的特定序列结合,TaqMan 探针则与 PCR

产物相结合。*Taq* DNA 聚合酶的 5′→3′ 外切酶活性将 TaqMan 探针水解，而报告荧光基团和猝灭荧光基团由于探针水解而相互分开，因此报告荧光信号增加。探针与产物的结合发生于 PCR 的每一循环，但并不影响 PCR 产物的指数积累。报告荧光基团与猝灭荧光基团的分离导致报告荧光信号的增加，而荧光信号的增加可被系统检测到，它是模板被 PCR 扩增的直接标志。TaqMan 探针的工作原理如图 5-12 所示。

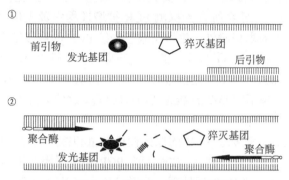

图 5-12　TaqMan 探针工作原理

①由于发光基团和猝灭基团在一条链上靠得近，因此表现为不产生荧光；②退火时 TaqMan 探针与靶基因结合，TaqMan 探针被 *Taq* 聚合酶水解，发光基团和猝灭基团分离，表现为产生荧光

（四）分子信标探针、荧光杂交探针和 TaqMan 探针的区别

分子信标探针、荧光杂交探针和 TaqMan 探针实时荧光 PCR 技术的基本原理相同，其主要区别见表 5-1。

表 5-1　TaqMan 探针、分子信标探针和荧光杂交探针的特点比较

荧光探针类型	探针形式	荧光标记	荧光检测原理
TaqMan 探针	单条探针	5′端标记发光基团，3′端标记猝灭基团	PCR 反应延伸时，探针被 *Taq* 酶切断，检测脱离于猝灭基团控制的发光基团所发出的荧光信号
分子信标探针	1 条具有发夹结构的探针	5′端标记发光基团，3′端标记猝灭基团	探针和模板结合，发夹结构被打开，检测远离猝灭基团控制的发光基团所发出的荧光信号
荧光杂交探针	2 条相邻的探针	1 条探针的 3′端标记激发基团，相邻探针的 5′端标记发光基团	2 条相邻的探针同时和模板结合，检测发光基团受相邻的激发基团激发而产生的荧光信号

（五）荧光染料

荧光染料也称 DNA 结合染料，目前主要使用的是 SYBR 荧光染料，它是在 PCR 反应体系中加入过量的 SYBR 荧光染料，SYBR 荧光染料非特异性地掺入 DNA 双链后，发射荧光信号，而不掺入链中的 SYBR 染料分子不会发射任何荧光信号，从而保证荧光信号的增加与 PCR 产物的增加完全同步。SYBR 仅与双链 DNA 进行结合，因此可以通过熔解曲线确定 PCR 反应是否特异。

SYBR 荧光染料法与探针法相比，其检测方法更简便，对 DNA 模板没有选择性，同时降低了成本。但该染料能够结合任何 dsDNA 分子，容易产生假阳性；对引物特异性要求较高；灵敏度相对较低，稳定性差。目前已针对 SYBR 荧光染料的缺点开发了一些改进染料，如 SYBR Green ER、Power SYBR 等可以通过优化 PCR 的反应条件，减少或去除非特异性产物

和引物二聚体的产生。另外，也可以借助熔解曲线分析法来区分非特异性产物和引物二聚体而进行定性诊断。

三、实时荧光 PCR 技术的特点

实时荧光 PCR 不仅具有传统 PCR 的高灵敏性和特异性，而且由于应用了荧光探针和荧光染料，还可以通过光电传导系统直接探测 PCR 扩增过程中荧光信号的变化以获得定量结果，因此还具有光谱技术的高精确性，并且克服了传统 PCR 的许多缺点。实时荧光 PCR 技术较传统 PCR 具有更大的优越性：①从早期的斑点杂交到竞争性 PCR、PCR-ELISA 方法，一直面临着 PCR 的假阳性污染、定量准确性差和大样品量 PCR 产物检测困难三大难题。用这些方法进行检测，都依赖于各种不同类型的 PCR 后处理过程，这些处理过程很容易使 PCR 产物飞散到空气中，使 PCR 产物污染，产生假阳性。②所有这些方法的定量都是针对 PCR 终产物进行的，PCR 的平台效应大大干扰了 PCR 的原始模板数量和终产物之间的相关性，使定量准确度难以提高（通常相对误差大于 10%）。实时荧光 PCR 系统采用在扩增的同时进行探针检测，PCR 反应管完全封闭，不需要 PCR 后处理，不仅避免了交叉污染机会，而且大大节约了检测所需的时间，采用 48 或 96 孔板同时进行，使 PCR 产物检测数量不太受限制。从检测开始到定量结束，整个过程耗时短，操作全部由仪器完成，实现自动化检测。

例如，传统 PCR 产物都需通过琼脂糖凝胶电泳和溴化乙锭染色，经紫外光观察结果，或通过聚丙烯酰胺凝胶电泳和银染检测等，不仅需要多种仪器，而且费时费力，所使用的染色剂溴化乙锭对人体还有害。另外，这些繁杂的实验过程又给污染和假阳性提供了机会。实时荧光 PCR 只需在加样时打开一次盖子，其后的过程完全是在荧光 PCR 仪中自动完成的，无须进行 PCR 后处理，可以快速、动态地检测 PCR 扩增产物并减少外来核酸造成的污染。

第五节　DNA 分子标记

DNA 分子标记是反映基因组某种变异特征的 DNA 片段，可直接检测基因组的遗传变异，能够直接反映 DNA 水平上的遗传多态性。DNA 水平的遗传多态性表现为核苷酸序列的差异。DNA 结构在不同种类的生物体内存在相当大的差异。因此，DNA 标记在数量上几乎是无限的。DNA 标记具有许多特殊的优点，如无表型效应、不受环境限制和影响等。目前，DNA 标记已广泛地应用于基因定位、分子标记辅助选择和种质资源多样性分析等方面。不同类型的分子标记具有不同的效力，优异分子标记类型的利用取决于群体本身的大小及群体内基因分离的程度。理想的 DNA 标记应具备遗传多态性高、共显性遗传、稳定性好、操作简单、检测方法可靠和成本低廉等条件。

根据 DNA 分子标记的不同分析方法，可将分子标记分为四大类：①第一类为基于 DNA-DNA 杂交的 DNA 标记。该标记技术利用限制性内切酶酶解及凝胶电泳分离不同生物体的 DNA 分子，然后用经标记的特异 DNA 探针与其进行杂交，通过放射自显影或非同位素显色技术来揭示 DNA 的多态性。其中最具代表性的是发现最早和应用广泛的限制性片段长度多态性（restriction fragment length polymorphism，RFLP）标记。②第二类为基于 PCR 与限制性酶切技术结合的 DNA 标记。这类 DNA 标记主要分为两种类型：一种是通过对限制性酶切片段

的选择性扩增来显示限制性片段长度的多态性，如扩增片段长度多态性（amplified fragment length polymorphism，AFLP）标记；另一种是通过对 PCR 扩增片段的限制性酶切来揭示被扩增区段的多态性，如酶切扩增多态性（cleaved amplified polymorphic sequences，CAPS）标记。③第三类为基于 PCR 的 DNA 标记。PCR 技术问世不久便以其简便、快速和高效等特点迅速成为分子生物学研究的有力工具，尤其在 DNA 标记技术发展上起到了巨大作用。根据所用引物的特点，这类 DNA 标记可分为随机引物 PCR 标记和特异引物 PCR 标记。随机引物 PCR 标记包括随机扩增多态性 DNA（random amplified polymorphic DNA，RAPD）标记、简单重复序列间区（inter-simple sequence repeat，ISSR）标记等。随机引物 PCR 所扩增的 DNA 区段事先未知，具有随机性和任意性，因此随机引物 PCR 标记技术可用于对任何未知基因组的研究。特异引物 PCR 标记包括简单序列重复（simple sequence repeat，SSR）标记、插入-缺失（insertion-deletion，InDel）标记等，其中 SSR 标记已广泛应用于科学研究。特异引物 PCR 所扩增的 DNA 区段事先已知、是明确的，具有特异性。因此特异引物 PCR 标记技术依赖于对各个物种基因组信息的了解。④第四类为基于测序技术的高通量标记，由 DNA 序列中因单个碱基的变异而引起的遗传多态性，如单核苷酸多态性（single nucleotide polymorphism，SNP）标记。

一、第一代分子标记

（一）RFLP 技术

1. RFLP 技术的基本原理

RFLP（限制性片段长度多态性）是根据不同品种（个体）基因组的限制性内切酶的酶切位点碱基发生突变，或酶切位点之间发生了碱基的插入、缺失，导致酶切片段大小发生了变化，这种变化可以通过特定探针杂交进行检测，从而可比较不同品种（个体）的 DNA 水平的差异（多态性），多个探针的比较可以确立生物的进化和分类关系。所用的探针为来源于同种或不同种基因组 DNA 的克隆，位于染色体的不同位点，从而可以作为一种分子标记（mark），是最早应用的第一代分子标记技术。可以构建分子图谱，当某个性状（基因）与某个（些）分子标记协同分离时，表明这个性状（基因）与分子标记连锁，分子标记与性状之间交换值的大小，即表示目标基因与分子标记之间的距离，从而可将基因定位于分子图谱上。分子标记克隆在质粒上，可以繁殖及保存。不同限制性内切酶切割基因组 DNA 后，所切的片段类型不一样，因此，将限制性内切酶与分子标记组成不同的组合进行研究。常用的限制性内切酶是 *Hind*Ⅲ、*Bam*HⅠ、*Eco*RⅠ、*Eco*RⅤ 和 *Xba*Ⅰ，而分子标记则有几百个甚至上千个。分子标记越多，则所构建的图谱就越饱和，构建饱和图谱是 RFLP 研究的主要目标之一。

2. RFLP 技术分析的方法

RFLP 技术是指分别提取标准有害生物和待测有害生物的基因组 DNA 或质粒 DNA，用限制性内切酶消解，然后经聚丙烯酰胺凝胶电脉、溴化乙锭染色照相，对待测有害生物与标准有害生物的 DNA 指纹图谱进行比较分析，即可确定有害生物类型。

RFLP 技术是一种 DNA 分析鉴定技术，在有害生物的分类鉴定和亲缘关系分析等方面已有广泛的应用。特别在对近似种或种下的分类鉴定上具有广阔的前景。但是，在进行 RFLP 分析时，需要对该位点的 DNA 片段做探针，通常用放射性同位素及核酸分子杂交技术，这样既不安全又不易自动化。另外，RFLP 对 DNA 多态性检出的灵敏度也不高，RFLP 连锁图上还有很多大的空间区（gap）。

（二）RAPD 技术

1. RAPD 技术的基本原理

运用随机引物扩增寻找多态性 DNA 片段可作为分子标记的方法，即 RAPD 技术。RAPD 技术建立于 PCR 技术基础上，它是利用一系列（通常数百个）不同的随机排列碱基顺序的寡聚核苷酸单链为引物，所用的一系列引物 DNA 序列各不相同，但对于任一特异的引物，它同基因组 DNA 序列有其特异的结合位点。这些特异的结合位点在基因组某些区域内的分布如符合 PCR 扩增反应的条件，即引物在模板的两条链上有互补位置，且引物 3′端相距在一定的长度范围之内，就可扩增出 DNA 片段。因此如果基因组在这些区域发生 DNA 片段插入、缺失或碱基突变就可能导致这些特定结合位点分布发生相应的变化，而使 PCR 产物增加、缺少或发生分子量的改变。通过对 PCR 产物检测即可检出基因组 DNA 的多态性。分析时可用的引物数很大，虽然对每一个引物而言其检测基因组 DNA 多态性的区域是有限的，但是利用一系列引物则可以使检测区域几乎覆盖整个基因组。因此 RAPD 可以对整个基因组 DNA 进行多态性检测。另外，RAPD 片段克隆后可作为 RFLP 的分子标记进行作图分析。

2. RAPD 技术分析的方法

分别提取标准有害生物和待测有害生物的基因组 DNA 或质粒 DNA，对所研究基因组 DNA 进行 PCR 扩增，聚丙烯酰胺或琼脂糖电泳分离，经 EB 染色或放射性自显影来检测扩增产物 DNA 片段的多态性，这些扩增产物 DNA 片段的多态性反映了基因组相应区域的 DNA 多态性。

尽管 RAPD 技术诞生的时间很短，但其独特的检测 DNA 多态性的方式及快速、简便的特点，使该技术已渗透于基因组研究的各个方面。与 RFLP 相比，RAPD 方便易行，DNA 用量少，设备要求简单，不需 DNA 探针，设计引物也不需要预先克隆标记或进行序列分析，不依赖于种属特异性和基因组的结构；合成一套引物可以用于不同生物基因组分析，用一个引物就可扩增出许多片段，并且不需要同位素，安全性好。但 RAPD 技术中影响因素很多，实验的稳定性和重复性差。

（三）AFLP 技术

1. AFLP 技术的基本原理

扩增片段长度多态性（amplified fragment length polymorphism，AFLP）技术是 1993 年由荷兰科学家扎博（Zabeau）和沃斯（Vos）发展起来的一种检测 DNA 多态性的方法。基因组 DNA 经限制性内切酶完全消化后，在限制性片段两端连接上人工接头作为扩增的模板。设计的引物与接头和酶切位点互补，并在 3′端加上 2 或 3 个碱基，因此在基因组被酶切后的无数片段中，只有小部分限制性片段被扩增，即只有那些与引物 3′端互补的片段才能进行扩增。为了对扩增片段的大小进行灵活调节，一般采用两个限制性内切酶，扩增的片段主要是两个酶组合产生的酶切片段，适合于在序列胶（6%聚丙烯酰胺凝胶）上进行分离。

2. AFLP 技术分析的方法

分别提取标准有害生物和待测有害生物的基因组 DNA 或质粒 DNA，用限制性内切酶消解，对限制性片段 DNA 进行 PCR 扩增、聚丙烯酰胺凝胶电泳分离、银染检测扩增产物 DNA 片段的多态性，这些扩增产物 DNA 片段的多态性反映了基因组相应区域的 DNA 多态性。

AFLP 是揭示 DNA 指纹的一种新技术，其原理非常简单，引物设计十分巧妙，它实际上是 RFLP 与 PCR 相结合的产物，因此既有 RFLP 的可靠性，也有 RAPD 的灵敏性。AFLP 技术的多态性丰富，在建立指纹图谱、构建遗传图谱上有很大优势，在发明后不久就被广泛应用。目前人们认为 AFLP 是构建遗传图谱最好的分子标记，在鉴定遗传多样性和物种亲缘关系的研究中有较大的优势。

此外，研究者在 RAPD 和 RFLP 技术的基础上还建立了序列特异性扩增区域（sequence characterized amplified region，SCAR）、酶切扩增多态序列（cleaved amplified polymorphic sequence，CPAS）和 DNA 扩增指纹（DNA amplified fingerprint，DAF）等标记技术。这些技术的出现进一步丰富和完善了第一代分子标记，增加了 DNA 多态性的研究手段。

二、第二代分子标记

第二代分子标记利用存在于真核生物基因组中的大量重复序列，如重复单位长度在 15～65 个核苷酸的小卫星 DNA（minisatellite DNA），重复单位长度在 2～6 个核苷酸的微卫星 DNA（microsatellite DNA），后者又称为短串联重复序列 （short tandem repeat，STR）。小卫星 DNA 和微卫星 DNA 分布于整个基因组的不同位点。由于重复单位的大小和序列不同及拷贝数不同，因此构成了长度多态性。微卫星的多态性有助于遗传图谱的建立，为比较基因组分析奠定了基础。微卫星的特点如下：①保守性，微卫星标记在哺乳动物种间，特别是关系亲缘较近的物种间具有一定程度的保守性；②共显性遗传，微卫星标记的等位基因呈孟德尔共显性遗传，可以区别纯合显性和杂合显性个体；③多态信息量大，微卫星 DNA 在基因组中分布随机，几乎遍布整个基因组，可获得比 RFLP 更多的多态性；④检测容易、省时、重复性较好。在基因组多态性分析中，可采用可变数目的串联重复（variable number of tandem repeat，VNTR），标记技术区别于小卫星 DNA 或微卫星 DNA。VNTR 基本原理与 RFLP 大致相同，只是所用的探针核苷酸序列必须是小卫星或微卫星序列，经分子杂交和放射自显影后，即可获得反映个体特异性的 DNA 指纹图谱。VNTR 同 RFLP 标记一样，实验操作程序繁杂，检测时间长，成本较高。

摩尔（Moore）等于 1991 年结合 PCR 技术创立了简单序列重复（simple sequence repeat，SSR）技术。SSR 即微卫星 DNA，是一类由几个（多为 1～5 个）碱基组成的基序（motif）串联重复而成的 DNA 序列，其长度一般较短，广泛分布于基因组的不同位置，如（CA）$_n$、（AT）$_n$ 和（GGC）$_n$ 等重复。不同遗传材料重复次数的可变性，导致了 SSR 长度的高度变异性，这一变异性正是 SSR 标记产生的基础。SSR 标记的基本原理：根据微卫星重复序列两端的特定短序列设计引物，通过 PCR 反应扩增微卫星片段。由于重复的长度及数目变化极大，因此这是检测多态性的一种有效方法。在 SSR 技术中，采用 PCR 反应必须知道扩增 DNA 片段两侧的序列，在大多数情况下，某些序列本身或其旁侧序列并不清楚，这就限制了 SSR 技术的应用。1994 年，齐特基维奇（Zietkiewicz）等对 SSR 技术进行了发展，建立了加锚微卫星寡核苷酸（anchored microsatellite oligonucleotide）技术。他们用加锚定的微卫星寡核苷酸作引物，即在 SSR 的 5′端或 3′端加上 2～4 个随机选择的核苷酸，这可引起特定位点退火，这样就能导致与锚定引物互补间隔不太大的重复序列间的基因组片段进行 PCR 扩增。这类标记又被称为简单序列间重复（inter simple sequence repeat，ISSR）扩增、锚定简单重复序列（anchored simple sequence repeat，ASSR）扩增。在所用的两端引物中，一个可以是锚定引物，另一个是随机引物。

InDel 是指在近缘种或同一物种不同个体之间基因组同一位点的序列发生不同大小核苷酸片段的插入或缺失，是同源序列比对产生空位的现象。InDel 在基因组中分布广泛、密度大且数目众多。InDel 多态性分子标记是基于插入/缺失位点两侧的序列设计特异引物进行 PCR 扩增的标记，其本质仍属于长度多态性标记，可利用便捷的电泳平台进行分型。InDel 标记准确性高、稳定性好，避免了特异性和复杂性导致的后续分析模糊。此外，InDel 标记能扩增混合 DNA 样品和高度降解微量 DNA 样品，并进行有效分型。

三、第三代分子标记

单核苷酸多态性（single nucleotide polymorphism，SNP）标记被称为第三代 DNA 分子标记。这种分子标记是分散于基因组中的单个碱基的差异。这种差异包括单个碱基的缺失和插入，但更常见的是单个核苷酸的替换。其优点如下：①SNP 在种群中是二等位基因性的，在任何种群中其等位基因频率都可估算出来；②位点丰富，SNP 几乎遍布于整个基因组；③部分位于基因内部的 SNP 可能会直接影响蛋白质的结构或基因表达水平，因此它们本身可能就是遗传机制的候选改变位点；④遗传稳定性高；⑤易于进行自动化分析。SNP 与第一代的 RFLP 及第二代的 STR 标记的不同之处有两个方面：一是它不再以 DNA 片段的长度变化作为检测手段，而直接以序列变异作为标记；二是 SNP 标记分析完全摒弃了经典的凝胶电泳，代之以最新的实时荧光 PCR 及 DNA 芯片技术。

SNP 是发生在单个碱基上的变异，通过 DNA 序列间的细微差异区分不同个体，较 SSR 多态性更高，可获得更加精确的 DNA 片段序列信息。由于 SNP 标记数量巨大，基因组分布广泛、突变率低、遗传稳定，近年来已成为遗传研究的重要分子标记。根据发生的突变类型，可分为：①颠换，如 C/G、A/T、C/A 和 T/G；②转换，如 C/T 和 G/A；③插入或缺失，如由单个核苷酸导致的插入或缺失。

竞争性等位基因特异性 PCR（kompetitive allele-specific PCR，KASP）基于 touch-down PCR 技术，利用通用荧光探针，可针对广泛基因组 DNA 样品，包括复杂基因组 DNA 样品，对目标 SNP 和 InDel 进行精准的双等位基因分型。它是基于引物末端碱基的特异匹配来对 SNP 分型及检测 InDel。其基本程序：利用带有 2 种通用标签与 2 条正向引物和 1 条反向引物结合、带有不同荧光信号的 2 条检测引物 Master mix，经 3 次 PCR 反应进行 SNP 位点荧光检测。PCR 反应 1：FDNA 模板变性，与 KASP 引物结合，退火延伸后，选择合适的引物序列；PCR 反应 2：末端序列的互补链；PCR 反应 3：特异序列随 PCR 反应进行指数性增长，荧光信号产生并被检测。因此一台实时荧光 PCR 仪即可对荧光信号进行检测。KASP 标记检测技术具有高通量、准确、省时、便捷和低成本的特点，实现了更加灵活的检测。

第六节　生物芯片技术

生物芯片技术起源于核酸分子杂交，是 DNA 杂交探针技术与半导体工业技术相结合的产物。所谓生物芯片是指包被在硅片、尼龙膜等固相支持物上的高密度的核酸、蛋白质、糖类及其他生物组分的微点阵。通过将芯片与标记的样品进行杂交，检测每个探针分子的杂交信号强度，便可以获取样品分子的数量及序列信息。

一、工作原理

（一）芯片制备

生物芯片有多种制备方法。以 DNA 芯片为例，基本上可分为两大类：一类是原位合成（在支持物表面原位合成寡核苷酸探针），适用于寡核苷酸；另一类是预合成后直接点样，多用于大片段 DNA，有时也用于寡核苷酸或者 mRNA。

1. 原位合成

原位合成有两种途径，第一种是原位光刻合成（Affymerix 公司专利技术），该方法的主要优点是可以用很少的步骤合成大量的探针阵列。例如，欲合成十核苷酸探针，采用原位光刻合成技术，通过 32 个化学步骤、8 h 即可合成 65 536 个探针；而采用传统方法合成后点样，工作量则相对较大。此外，用该方法合成的探针阵列密度高达 106 点/cm^2。另一种原位合成是压电打印法，这种方法的原理与普通的彩色喷墨打印机相似，所用技术也是常规的固相合成方法。不过芯片喷印头和墨盒有多个，墨盒中装的是 4 种碱基合成试剂，喷印头可在整个芯片上移动，支持物经过包被后，根据芯片上不同位点探针的序列需要将特定的碱基喷印在芯片上的特定位置，该技术中冲洗、去保护、偶联等步骤与一般的固相合成技术相同。由于该技术采用的化学原理与传统的 DNA 固相合成一致，因此不需要特殊制备的化学试剂。此外，该技术的每步产率高达 99%，可以合成出长度为 40~50 个碱基的探针。尽管如此，原位合成方法仍然比较复杂，除在基因芯片研究方面享有盛誉的 Affymetrix 等公司使用该技术合成探针外，其他中小型公司大多使用合成点样法。

2. 合成点样法

合成点样法是将预先通过液相化学合成好的探针、PCR 技术扩增的 cDNA 或基因组 DNA，经纯化、定量分析后，通过阵列复制器（ARD）、阵列点样机或电脑控制的机器人，准确、快速地将不同探针样品定量点样于带正电荷的尼龙膜或硅片的相应位置上（支持物应事先进行特定处理，如包被带正电荷的多聚赖氨酸或氨基硅烷），再经紫外线交联固定即可得到 DNA 微阵列或芯片。点样的方式分为接触式点样和非接触式点样。接触式点样即点样针直接与固相支持物表面接触，将 DNA 样品留在固相支持物上。优点是探针密度高，通常可点 2500 点/cm^2；缺点是定量准确性及重现性不好、点样针易堵塞且使用寿命有限。非接触式点样即喷点是根据压电原理将 DNA 样品通过毛细管直接喷至固相支持物表面。喷印法的优点是定量准确、重现性好、使用寿命长；缺点是喷印的斑点大，因此探针密度低，通常只有 400 点/cm^2。点样法中使用的机器人有一套计算机控制的三维移动装置、多个打印/喷印头和一个减震底座，上面可放内盛探针的多孔板和多个芯片。而根据需要还可安装温度和湿度控制装置、针洗涤装置等。此外，评价点样仪等级的指标包括点样精度、点样速度、一次点样的芯片容量、样点的均一性、样品是否有交叉污染及设备操作的灵活性、简便性等。

（二）样品的制备

1. 核酸样品的制备

根据样品来源、基因含量、检测方法和分析目的不同，制备样品所采用的分离、扩增及标记方法也不尽相同。为了获得基因的杂交信号必须对目的基因进行标记。标记方法有荧光标记法、生物素标记法和同位素标记法等。荧光标记法作为目前应用最广泛的标记方法，其原理与传统方法如体外转录、PCR 和逆转录等并无明显差异，只是需加入带荧光素标记的碱基。荧光素种类可多种，可对不同来源的样本进行平行分析。需要注意的是，RNA 样品通常需要首先逆转录成 cDNA 并进行标记才可进行检测。针对目前 RNA 样品，有学者采用的体外转录方法可使检测的灵敏度明显提高，增加了低丰度表达基因的检出率。然而由于检测灵敏度所限，目前尚难以使用普通探针对极少量的核酸分子进行杂交和检测，需要对样品或后续测试信号进行适当放大。多数情况下需要在标记及分析样品前对其进行适当程度的扩增，如通过全基因组放大（whole genome amplification）方法使样品核酸的拷贝数提高到检测的灵敏度。除此之外，通常仍需要使用高灵敏度的检测设备来采集、处理和解析生物信息。

2. 蛋白质及其他生物样品的制备

蛋白质芯片在进行检测和分析时，可以将待分析的蛋白质样品用荧光素或其他物质进行标记，然后与生物芯片上的生物大分子进行相互作用，最后依据标记物质的不同，采取相应的检测方式对样品和芯片的互作结果进行采集和分析。对于非核酸类的生物大分子，由于结构相对复杂等原因，样品制备难度较高，对于检测仪器的灵敏度也有更高的要求。

（三）杂交

互补杂交应根据探针的类型、长度及研究目的，对杂交条件进行优化。当用于基因表达检测时，杂交时需要高盐浓度、高样品浓度、低温和长时间（往往要求过夜），这有利于提高对低拷贝基因检测的灵敏度；若用于突变检测（鉴别单碱基错配），杂交则需要在低盐、高温条件下进行，同时应缩短反应时间（几小时）。当进行多态性分析或者基因测序时，由于每个核苷酸或突变位点都必须检测出来，因此通常设计一套 4 种寡聚核酸，并在靶序列上跨越每个位点，在中央位点碱基有所不同。根据每套探针在某一特定位点的杂交信号强弱即可测定出该碱基的种类。同时，杂交反应还必须考虑反应体系中盐浓度、探针 GC 含量和所带电荷、探针与芯片之间连接臂的长度及种类、检测基因二级结构的影响。有资料显示，探针和芯片之间适当长度的连接臂可使杂交效率提高 150 倍；连接臂上任何正或负电荷都将降低杂交效率。探针和检测基因均带负电荷，影响它们之间的杂交结合，为解决这一问题，霍海塞尔（Hoheisel）等提出用不带电荷的肽核酸（PNA）作探针。虽然 PNA 的制备较复杂，但与 DNA 探针相比却有许多优点，如不需要盐离子、可防止检测基因二级结构的形成及自身复性等。由于 PNA-DNA 结合可提高探针的稳定性和特异性，因此更有利于单碱基错配基因的检测。

（四）图像的采集和分析

生物芯片和样品探针杂交后需要对杂交结果进行图像采集和分析，由于一般膜芯片的杂交都用同位素 ^{32}P、^{33}P 作标记，因此其信号的检测需通过传统的磷屏成像系统完成。而对荧光标记的玻璃芯片进行检测，则需要用专门的荧光芯片扫描仪。

1. 磷屏成像系统

磷屏成像系统的工作原理是将同位素标记的杂交结果在磷屏上曝光，曝光过程中 P 等元素核衰变并发射 P 射线，激发磷屏上的分子，使磷屏吸收能量分子发生氧化反应，以高能氧化态的形式储存在磷屏分子中。随后使用激光扫描磷屏，使激发态高能氧化态磷屏分子发生还原反应，即从激发态回到基态时多余的能量以光子的形式释放，从而在光电倍增管（PMT）捕获进行光电转换，磷屏分子回到还原态。计算机接收电信号，经处理形成屏幕图像，并进一步分析和定量。

2. 荧光芯片扫描仪

根据工作原理的不同，目前专用于荧光扫描的扫描仪可大致分为两种：一种是基于激光共聚焦显微镜光电倍增管（PMT）的检测系统；另一种是基于电荷偶合装置（CCD）摄像的检测系统。以 PMT 为基础的荧光扫描仪是以单束固定波长的激光扫描芯片，需要激光头或目的芯片的机械运动使激光扫到整个面积，扫描时间较长；与 PMT 相比，虽然 CCD 一次可成像的面积区域较大，但成像后的面积较小，目前性能最优越的 CCD 数码相机的成像面积只有 16 mm×12 mm。欲扫描一块面积为 20 mm×60 mm 的芯片，则需要数个数码相机同时工作，或以降低分辨率为代价来获得扫描精度较低的图像。扫描后的图像还需要进一步处理，要求一定的软件支持。现有的分析软件包括 Biodiscovery 的 ImaGene 系列、Axon Instruments 的 GenePix 系列、GSI 的 QuantArray 等。

（五）靶点荧光信号的数值化

靶点荧光信号的数值化是通过激光激发芯片上的样品，使其发射荧光。严格配对的杂交分子，其热力学稳定性较高、荧光强；而不完全杂交的双键分子，其热力学稳定性低、荧光信号弱（不到前者的 1/35～1/5）。不同位点的信号可被激光共焦显微镜或落射荧光显微镜等检测到，并由计算机软件处理分析。例如，美国的 GSI Lumonics 公司开发了专业基因芯片检测系统（ScanArray 系列），该系统采用激光共聚焦扫描原理进行荧光信号采集，由计算机处理荧光信号，将每个点的荧光强度数值化后，通过 QuantArray 软件对扫描的荧光信号进行分析，从而比较每个克隆在不同组织间表达水平的差别。

（六）芯片数据分析

芯片数据分析指对芯片高密度杂交点阵图像处理，并从中提取杂交点的荧光强度信号进行定量分析，通过有效数据的筛选和相关基因表达谱的聚类，最终整合杂交点的生物学信息，从而揭示基因的表达谱与功能之间可能存在的联系。芯片数据分析主要包括图像分析（Biodiscovery Imagene 4.0/Quantarray 分析软件）、标准化处理、Ratio 值分析、基因聚类分析和基因表达数据库。

1. 图像分析

使用激光扫描仪 Scaner 得到的 Cy3/Cy5 图像文件，通过划格确定杂交点范围，过滤背景噪声，提取得到基因表达的荧光信号强度值，最后以列表的形式输出。

2. 标准化处理

由于不同样本、荧光标记效率和检出率之间均存在一定的来自样品处理过程的差异，因此需对原始数据，尤其是对 Cy3 和 Cy5 的原始提取信号进行标准化才能进一步分析实验数据。校对的方法有多种，可用一组内参照基因（如一组看家基因）、所有基因、阳性基因、阴性基因和单个基因等。

3. Ratio 值分析

Cy3/Cy5 的值，又称 R/G 值，比值为 0.5～2.0（处理和对照相差正负二倍）的基因一般被认为不存在显著表达差异，若比值在该范围之外则认为基因的表达存在显著改变。由于实验条件的不同，此阈值范围会根据可信区间有所调整。处理后得到的信息再根据不同要求以各种形式输出，如柱形图、饼形图、点图或原始图像拼图等。分析数据时可将每个点的所有相关信息，如位标、基因名称、克隆号、PCR 结果、信号强度和比值等自动关联。将每个点的原始图像另存文件，可根据需要任意排序，得到原始图像的拼图，对于结果分析十分有利。

4. 基因聚类分析

基因聚类分析实际是一种数据统计分析。通过建立各种不同的数学模型，可以得到各种统计分析结果，确定不同基因在表达上的相关性，从而找到未知基因的功能信息或已知基因的未知功能。聚类分析的方法有很多，例如，非监督聚类法（又称配对平均连锁聚类分析）是分层聚类的一种形式，是基于标准相关系数的计算；K-mean 方法是基于非监督聚类法衍生的一种分析方法，目前斯坦福大学的 Botstein 实验室和美国国立人类基因组研究所（NHGRI）的 Trent 实验室都采用该分析方法；混合聚类法是通过将每一数据点进行傅里叶变换来寻找那些表达呈周期性变化的基因，如细胞周期涉及的基因，所谓混合聚类就是先非监督聚类再监督聚类，其优点是可以整合以前手工聚类法得到的数据，尤其适合确认细胞周期调控的特征性表达谱；神经网络方法是运用自组织图并结合监督法进行聚类，其优点是分类标准明确、优化的次序好于其他聚类法、用一种次序风格处理大量数据，易于被生物学家接受。

5. 基因表达数据库

基因表达数据库是整个基因表达信息分析管理系统的核心。Microarray 数据库起数据存储、查询和整合相关信息的作用；其不仅包含用户的管理信息、原始实验结果（图像文件、信号强度值、背景平均值行列号和基因号等）与各种实验参数（Plates/unigene/ Sets/Clusters），还包含探针相关信息、clone 相关信息[基因名称、基因序列、GenBank accession 号、克隆标识符（image）、代谢途径标识符和内部克隆标识符]、分析处理结果与芯片设计相关的资源和数据等。

二、生物芯片的分类

生物芯片根据点在芯片上的探针的不同分为基因芯片、蛋白质芯片、糖芯片、细胞及组织芯片和芯片实验室。根据原理，生物芯片还可分为元件型微阵列芯片、通道型微阵列芯片、生物传感芯片等。

（一）基因芯片

基因芯片（genechip）又称 DNA 芯片，是在基因探针的基础上研制而成的。基因芯片是根据碱基互补的原理，利用基因探针在基因混合物中识别特定基因。其将大量探针分子固定于支持物上与标记的样品进行杂交，通过检测杂交信号的强度及分布来进行分析。根据应用类型，目前基因芯片主要分为检测基因突变的基因芯片、检测基因表达水平的基因表达谱芯片，以及用于生态环境分析的功能基因芯片等。

基因芯片的支持介质可以是玻片、硝酸纤维薄膜、硅片、聚丙烯膜、尼龙膜等，但需经特殊处理。其探针可以是检测点突破的寡核苷酸探针，也可以是用于基因表达水平检测的 cDNA 探针。由于基因芯片技术同时将大量探针固定于支持物上，因此可以一次性对样品大量序列进行检测和分析，从而避免了传统核酸印迹杂交（Southern blotting 和 Northern blotting 等）技术中因操作繁杂、自动化程度低、操作序列数量少和检测效率低等不足带来的问题。

（二）蛋白质芯片

蛋白质芯片与基因芯片的基本原理相同，但其利用的不是碱基配对而是抗体与抗原结合的特异性即免疫反应来检测。目前蛋白质芯片主要包括三类：蛋白质微阵列、微孔板蛋白质芯片及三维凝胶块芯片。蛋白质芯片构建的简化模型：选择一种可牢固结合蛋白质分子（抗原或抗体）的固相载体，从而形成蛋白质的微阵列，即蛋白质芯片。蛋白质芯片主要是蛋白质在载体上的有序排列，依据蛋白质分子、蛋白质与核酸相互作用的原理进行杂交、检测和分析。从不同的组织内进行活体解剖后取出圆柱状的组织，然后包埋在受体区组内，这样的石蜡块集成体便构成了组织芯片。与基因芯片相比，蛋白质芯片具有以下优点：①可直接用粗生物样品（血清、尿、体液）进行分析；②可同时快速发现多个生物标记物；③高通量的验证能力，可用于发现低丰度的蛋白质；④利用单克隆抗体芯片，可替代 Western blotting，也可以弥补流式细胞仪功能的不足之处。

（三）糖芯片

2002 年，Wang 等为研究糖基介导的分子识别及抗感染反应在生物医学研究领域中的作用，首次研制了以微生物多糖为靶点的糖芯片。糖芯片的制备原理与基因芯片、蛋白质芯片大体相同，是将多种微生物多糖以点阵的形式，通过非化学结合的方式连接到表面修饰的玻璃片上，一张玻片上可固定大量的微生物抗原（20 000 个点）。而通过运用荧光染色、高通量扫描等技术，可以进一步分析并检测目标糖分子与其他生物大分子之间的结合，从而研究目标糖分子的生物功能与作用机制。在大多数病原中与不同糖结构结合的糖结合物均可用于微阵列的制造，而经干燥处理的微阵列则可以稳定长期保存。根据用途，糖芯片可分为药物糖组学芯片和功能糖组学芯片；而根据组成成分，糖芯片可分为单糖/二糖芯片、寡糖芯片、多糖芯片及复合式芯片。与基因芯片相比，糖芯片具有特异性高、所需检测样品少、高通量及可长期保存等优点。

（四）细胞及组织芯片

细胞芯片是以活细胞作为研究对象的一种生物芯片。作为有机体功能与结构的基本单位，细胞具有众多生物学功能，通过细胞芯片对细胞代谢、胞内生物电识别与传导、胞内各复合体组分构成及细胞内稳态等方面进行研究，与传统方法相比具有明显的优势。目前细胞芯片主要包括两种：整合的微流体细胞芯片及微量电穿孔细胞芯片。需要注意的是，目前使用的细胞芯片主要具有以下特点：通过芯片实现对活细胞的原位监测，便于高通量、多参数地直接获取与细胞相关的海量功能信息；通过活细胞分析，获取细胞相关的分析信息；以细胞作为纳米反应器，有利于详细研究并揭示细胞内众多过程和原理的本质。

组织芯片又称作组织微阵列，是将大量的不同个体组织标本以规则阵列形式排布在一个载体上，并进行相同指标的原位组织学研究的一种大样本、高通量及快速的分析工具。组织芯片主要包括人类的石蜡包埋样本的组织芯片、动物的组织芯片、细胞及部分病原菌的组织芯片。组织芯片主要应用在各种原位组织技术实验中，如常规形态学观察、免疫组织化学染色和荧光原位杂交等；此外组织芯片还可用于多种临床及基础研究，如分子诊断、治疗靶点定位、抗体或药物筛选等。

（五）芯片实验室

芯片实验室（lab-on-a chip，LOC）是一个基于微电子机械系统技术研究发展而来的全新微生化分析系统。该系统通过微电子及微细加工技术在载体表面构建微型生物化学分析单元与系统，从而实现对核酸、蛋白质、无机盐离子及其他生化组分的快速、准确地检测。由于塑料具备良好的光学性质和研究透彻的表面性质等特性，目前其被视为制作芯片的最理想材料。另外，陶瓷、晶体硅等材料也可用于芯片的制作。

芯片实验室主要包含 4 种检测模式：光学检测、质谱检测、电化学检测及激光诱导荧光检测。不同的检测方式各具优缺点，选择时需要考虑具体的情况。由于芯片实验室具备潜在成本低、速度快、体积小、容易实现高通量与集成等优势，因此目前已被应用于人体代谢产物、神经递质、功能基因分析和药物筛选等诸多领域。

第七节　其他检验技术

在我们所熟悉的分子检验技术迅速发展的同时，一些新的技术也不断诞生，这些技术与 PCR 等传统分子技术互为补充，共同构成了分子技术的大家族。下面将重点介绍其中几种。

一、连接酶链反应

连接酶链反应（ligase chain reaction，LCR）是一种新的 DNA 体外扩增和检测技术，主要用于点突变的研究及靶基因的扩增。LCR 的基本原理为利用 DNA 连接酶特异地将双链 DNA 片段连接，经变性、退火和连接三步骤反复循环，从而使靶基因大量扩增。在模板 DNA、DNA 连接酶、寡核苷酸引物及相应的反应条件下，首先加热至一定温度（94～95℃）使 DNA 变性，双链打开，然后降温退火（65℃），引物与互补的模板 DNA 结合并留下缺口。如果引物的核酸序列和与其杂交结合的靶序列完全互补，DNA 连接酶即可连接封闭两引物之间的这一缺口，则 LCR 中变性、退火和连接三个步骤就能反复进行，每次连接反应的产物又可在下一轮反应中作模板，使更多的寡核苷酸被连接与扩增；如果与引物结合处的靶序列有点突变，引物不能与靶序列精确结合，缺口附近核苷酸的空间结构发生变化，连接反应不能进行，也就不能形成连接产物。

LCR 的引物是两对分别互补的引物，引物长度为 20～26 个，以保证引物与靶序列的特异性结合，LCR 识别点突变的特异性高于 PCR，其特异性首先取决于引物与模板的特异性结合，其次是耐热连接酶的特异性。LCR 连接反应温度接近寡苷酸的解链温度（T_m），因而识别单核苷酸错配的特异性极高。

LCR 的扩增效率与 PCR 相当，用耐热连接酶做 LCR 只用两个温度循环，94℃变性和 65℃退火并连接，循环 30 次左右，其产物的检测也较方便灵敏。目前该方法主要用于点突变的研究与检测及微生物病原菌的检测与定向诱变等。

二、依赖核酸序列扩增法

依赖核酸序列扩增（nucleic acid sequence-based amplification，NASBA）法，又称自主序列复制系统（self-sustained sequence replication，3SR）或再生长序列复制技术。该技术主要用于 RNA 的扩增、检测及测序。

在 NASBA 反应体系中包括 AMV 逆转录酶、T7RNA 聚合酶、核酸酶 H（RNase H）、

dNTP、NTP、模板 RNA、两种特殊的引物（引物 1 与引物 2）和缓冲液。引物 1 的 3′端与靶序列互补，5′端含 T7RNA 聚合酶的启动子，这一条引物是用于合成 cDNA 的。引物 2 的碱基序列与 cDNA 的 5′端互补。

在 NASBA 反应时，首先引物 1 与 RNA 模板退火结合，AMV 逆转录酶催化合成 cDNA，RNase H 水解 cDNA 上的 RNA，形成一条单链的 DNA，然后引物 2 与此 cDNA 的 5′端结合，逆转录酶在此 DNA 模板的指导下合成第二条 DNA 链，形成 DNA 双链；按上述条件形成的 DNA 双链含有 T7RNA 聚合酶的启动子，而该酶能以此双链 DNA 为模板，转录出与样品 RNA 序列相同的 RNA 链，而且每条 DNA 模板在该酶的作用下可合成约 100 个拷贝的 RNA，每条新的 RNA 又可作为逆录酶的模板合成 cDNA，如此反复进行，可获得更多的 RNA 和 cDNA。

NASBA 的特点包括操作简便、不需特殊仪器和不需温度循环，整个反应过程由三种酶控制，循环次数少、保真性高，其扩增效率高于 PCR，特异性好。

三、转录依赖的扩增系统

转录依赖的扩增系统（transcript-based amplification system，TAS）主要用于扩增 RNA。在 TAS 反应体系中包括逆转录酶、T7RNA 聚合酶、dNTP、NTP、模板 RNA、两种特殊的引物（引物 A 与引物 B）和缓冲液，引物 A 的 3′端与待扩增模板 RNA 互补，其 5′端有 T7RNA 聚合酶的启动子信息。首先逆转录酶以引物 A 为起点合成 cDNA，引物 B 与此 cDNA 3′端互补合成 cDNA 第二链（逆转录酶除具有逆转录活性外，还有 DNA 聚合酶及 RNase H 的活性），然后 T7RNA 聚合酶以此双链 DNA 为模板转录出与待扩增 RNA 一样的 RNA，这些 RNA 又可作为下轮反应的模板。T7RNA 聚合酶的催化效率很高，一个模板可转录 $10 \sim 10^3$ 个 RNA 拷贝，因而反应液中待检 RNA 的数量以 10 的指数的方式扩增。

TAS 的主要特点是扩增效率高，因为其 RNA 拷贝数呈 10 的指数方式增加，只需 6 个循环，靶序列的拷贝数就能达到 2×10^6。另外，由于 TAS 只需进行 6 次温度循环，错掺率低，因此特异性高。但是其缺点在于循环过程复杂，需重复加入逆转录酶和 T7RNA 多聚酶。

四、Qβ 复制酶反应

Qβ 复制酶是一种 RNA 指导的 RNA 聚合酶，能够催化 RNA 模板自我复制，在常温下 30 min，能将其天然模板 MDV-1（一种质粒）的 RNA 扩增至 109 个拷贝。该酶具有以下特点：①不需寡核苷酸引物的引导就可启动 RNA 的合成；②能特异地识别 RNA 序列中由于分子内碱基配对而形成的折叠结构；③在 Qβ 复制酶的天然模板 MDV-1 的 RNA 非折叠结构区插入一段短的核酸序列不影响该酶的复制，并且插入核酸序列也能被 Qβ 复制酶复制扩增，所以可以将靶基因序列插进 MDV-1 质粒中进行复制扩增。

五、环介导等温扩增法

环介导等温扩增（loop-mediated isothermal amplification，LAMP）法是 2000 年开发的一种新颖的恒温核酸扩增方法，其特点是针对靶标基因的 6 个片段设计 4 对特异引物，利用一种链置换 DNA 聚合酶在等温条件下（63℃左右）孵育 30~60 min 即可完成核酸扩增反应。与传统 PCR 反应相比，LAMP 技术仅需一台恒温水浴锅便可完成检测，无须 DNA 模板的反复热变性、凝胶电泳及紫外观察等过程，具有简单、快速和特异性强的特点，且在反应灵敏度、检测范围等指标上均能媲美传统 PCR 技术，成本则远低于传统 PCR 反应。因此该技术在病原细菌、真菌、病毒和寄生虫的检测上有着十分广泛的应用。

六、重组酶聚合酶扩增技术

重组酶聚合酶扩增（recombinase polymerase amplification，RPA）是一种新兴的核酸恒温扩增技术，该技术主要依赖于三种酶：能结合单链核酸（寡核苷酸引物）的重组酶、单链 DNA 结合蛋白和链置换 DNA 聚合酶。在反应过程中，重组酶可与引物结合形成蛋白质-DNA 复合物，并在双链 DNA 中寻找同源序列。一旦引物定位了同源序列，就会发生链交换反应并启动 DNA 合成，从而对模板上的目标区域进行指数式扩增。被替换的 DNA 链则与单链 DNA 结合蛋白质相结合，从而防止被进一步替换。由于整个反应过程进行得非常快，因此通常能在十分钟之内获得可检出水平的扩增产物。RPA 技术的关键在于扩增引物和探针的设计。与普通 PCR 引物相比，RPA 引物通常需要达到 30～38 个碱基。引物过短会降低重组率、影响扩增速度及检测灵敏度。需要注意的是，RPA 的引物和探针设计不像传统 PCR 那样成熟，因此需要使用者不断摸索条件进行优化。由于 RPA 技术具有反应快速、灵敏度高和特异性强等特点，且可进行定量分析，因此在病原鉴定及疾病诊断等诸多领域具有广泛的应用前景。

第八节　分子检测技术在有害生物鉴定中的应用

有害生物的检测鉴定研究已进入分子水平，许多有害生物已建立了分子检测方法，这些方法较常规的检测方法，在特异性、灵敏度、准确性及缩短检验时间和简化检测程序方面都有了长足的发展。

一、分子检测技术在植物病害诊断中的应用

（一）在真菌检测方面的应用

大丽轮枝菌（*Verticillium dahliae*）是重要的土传病原菌，可以侵染 600 多种植物，由该菌引起的棉花黄萎病是我国农业植物检疫的重要对象。研究显示，在对大丽轮枝菌核糖体基因 ITS 区段测序的基础上，设计并合成一对特异性引物，其扩增的分子片段可作为鉴定探测大丽轮枝菌的分子标记。1995 年，沃洛修克（Volossiouk）等通过使用 ITS 通用引物，针对棉花黄萎病菌（*Verticillium* spp.）分别获得了大丽轮枝菌（*V. dahliae*）及黄萎轮枝孢菌（*V. alboatrum*）的特异性序列，从而为鉴定这两种病原菌提供了序列信息。2017 年，塞尔达尼（Serdani）等（2017）通过使用 ITS 等通用引物，首次鉴定出高丛蓝莓枝枯病的病原菌为大丽轮枝菌。Lu 等（2021）通过使用 ITS 等通用引物，鉴定出我国河北省西瓜黄萎病的致病菌为大丽轮枝菌。

小麦矮腥黑穗病菌、印度腥黑穗病菌都是重要的检疫性有害生物，它们的冬孢子在形态特征上与小麦普通腥黑穗病菌、稻粒黑粉病菌等其他同属病菌十分相似，难以通过形态特征进行鉴定。早在 1996 年人们就用 PCR 技术鉴定印度腥黑穗病菌并取得了成功，用冬孢子直接进行检测的最少孢子数为 1000 个；吴新华等（1998）用特异性引物对冬孢子 DNA 扩增后，

对其产物进行二次扩增,使检测灵敏度得到提高,对 100 个冬孢子即可进行稳定的检测。2000年,麦克唐纳(McDonald)等通过采用重复序列聚合酶链反应(rep-PCR),对多种腥黑粉菌属的病原菌进行了分子鉴定,实验结果可以对不同种的病原菌进行区分。

小麦赤霉病菌及油菜菌核病菌是我国农业生产中的重要病原菌,但由于苯并咪唑类杀菌剂的长期、大量使用,田间的病原菌群体已经逐渐产生了抗药性。2014~2020 年,我国科学家通过 LAMP 技术,对我国江苏及周边地区的小麦赤霉病菌及油菜菌核病菌的抗药性群体进行了鉴定,并可有效、快速地区分出病原菌药剂靶基因的突变位点。

此外,我国已应用多种方法对水稻纹枯病菌、高粱丝黑穗病菌、落叶松-杨栅锈菌、香蕉炭疽菌、棉花黄萎病病菌、弯孢类炭疽菌和中国松树枯梢病菌等植物病原进行了鉴定和检测。2003 年,列文斯(Lievens)等成功应用基因芯片技术从无症状的感病番茄根茎、受污染的土壤和水中检测到了引起棉花黄萎病、茄子黄萎病和番茄枯萎病的病原菌。此外,DNA 探针、RAPD 技术也在禾本科作物的全蚀病鉴定中有较多的应用。

(二)在细菌检测方面的应用

早在 1989 年人们就建立了梨火疫病菌 DNA 杂交技术,1992 年又建立了该病菌的 PCR反应体系,而后又建立了一系列的检测技术,使检测灵敏度达到单个菌体。2003 年我国科学家建立了梨火疫细菌实时荧光和诱捕 PCR-ELISA 的方法。

水稻细菌性条斑病菌是国内重要的检疫性有害生物,有研究对水稻细菌性条斑病菌、稻短条斑病菌和李氏禾条斑病菌进行了 RAPD 分析,RAPD-DNA 的指纹分析和致病性测定表明虽然稻短条斑病菌与李氏禾条斑病菌为同一菌原,但水稻细菌性条斑病菌菌株的 DNA 指纹图谱具有更丰富的多态性。随后人们应用实时荧光 PCR 建立了水稻白叶枯病菌与水稻条斑病菌两变种间区别鉴别体系。整个检测过程只需 2 h,在检验检疫中具有广阔的应用前景。随后,陆续有报道使用 16S 等通用引物,鉴定出我国广西壮族自治区水稻细菌性叶枯病的病原菌为水稻黄单胞菌;使用多对通用引物,对多个保守基因的序列进行了扩增,并通过同源性比对与分析,鉴定了水稻细菌性条斑病的病原菌。黄丽等(2012)根据柑橘黄龙病亚洲种的外膜蛋白质基因,在种属的特异性保守区域的 6 个位点设计了 2 对引物,对反应体系与条件的优化,通过观察产物沉淀和 SYBR Green 荧光染料显色的方法来快速判断检测结果。在对 105 份田间黄龙病疑似样本的检测中,常规 PCR 检测的阳性率为 37.1%,而 LAMP 检测的阳性率为52.4%,显著高于常规 PCR 检测。

基因芯片检测植物病原细菌的原理应基于细菌的 rRNA 的高度保守性。一般认为,对于同一种细菌其基因组的同源性应大于 70%。对 16S rRNA 而言,如果出现 3 个碱基以上的差异就可以断定细菌不属于同一种属,因此可用于细菌的分类和鉴别。有报道研制开发了通用植物健康芯片(plant health chip),通过设计 Padlock 探针检测了 11 种植物病原微生物。

(三)在病毒检测方面的应用

分子检测技术在病毒检测方面也有较多应用报道,例如,用 PCR 和 Dig-cRNA 探针检测番茄环斑病毒;应用逆转录 PCR 检测番茄环斑病毒;用 RT-PCR 的方法对李属坏死环斑病毒进行检测;采用 TaqMan 实时 RT-PCR 技术成功检测至少 500 fg 的番茄斑萎病毒;同时检测至少 5 fg 的建兰花叶病毒和齿兰环斑病毒;通过 RT-LAMP 技术可对李痘病毒进行检测。RT-PCR在植物病毒病害的检测方面有较多研究。此外,利用 RT-PCR、斑点杂交法和聚丙烯酰胺凝胶电泳 3 种方法同时检测水稻黑条矮缩病毒，结果显示 RT-PCR 是斑点杂交法灵敏度的 10 倍。比较 RT-PCR、IC-RT-PCR（immuno-capture reverse transcriptase polymerase chain reaction，免疫捕获逆转录酶聚合酶链反应）和 DAS-ELISA（double antibody sandwich enzyme-linked immunosorbent assay，双抗体夹心酶联免疫吸附试验）3 种检测葡萄卷叶病毒Ⅲ的方法，显示 RT-PCR 可用来检测病毒含量极低的或其他两种方法无法检测出的病毒，在灵敏性和可靠性上均为最佳。根据 *Taq* 酶既有聚合酶活性又有逆转录酶活性的特点，有研究发现在 *Taq* 酶单独作用下可完成 RT-PCR 扩增，逆转录阶段在退火温度 37℃、循环数不少于 10 次的情况下，可得到马铃薯纺锤块茎类病毒的特异条带，单酶法 RT-PCR 检测的步骤更为简单，且成本低廉。Fukuta 等（2004）采用了 IC-RT-LAMP 来检测菊花种的番茄斑萎病毒（TSWV），其灵敏度相比常规 IC-RT-PCR 检测约提高了 100 倍。周灼标等（2006）通过使用多重 PCR 技术，对李痘病毒及李坏死环斑病毒做了初步的定性检测研究，为我国海关对这两种果树重要病毒的检测提供了理论指导。Fan 等（2017）通过 RT-PCR 技术，对来自我国 16 个省份的 195 个葡萄藤样本进行了诊断，从中鉴定出 70 份样本携带有葡萄浆果内坏死病毒（GINV）。Hao 等（2021）通过 LAMP 技术建立了对小麦矮缩病毒的检测体系，该方法可在 30 min 内完成对样品的检测，并且准确性可与 PCR 检测相媲美。

基因芯片将 PCR 与核酸分子杂交完美结合，通过对植物病毒基因组分析，将该病毒的外壳蛋白质等高度保守序列作为鉴定指标，可以直接对植物病毒提取液进行检测。因其利用核酸分子杂交特异性高的特点，通过平行分析 PCR 扩增产物来快速、准确地鉴别多种病原，避免了 PCR 技术使用过程中由于非特异性产物增多导致假阳性检测结果的出现，可用于高通量、大规模的病毒分型。由于随机突变的发生，单核苷酸的多态性使相同基因型病毒的不同株的杂交结果不同，基因芯片的检测结果可为不同亚型的确定提供依据，因此基因芯片在植物病毒感染的分子鉴定方面前景广阔。另外，基因芯片技术可通过检测被感染的宿主细胞基因表达情况，提供一种新型的研究植物病毒与宿主相互作用的重要手段。据报道，通过搜索 GeneBank 数据库，设计马铃薯侵染病毒特异性寡核苷酸探针并在两端修饰报告集团花青素，在玻璃介质的微矩阵基因芯片上与病毒 cDNA 杂交，结果显示安第斯马铃薯斑驳病毒、马铃薯黑环病毒和马铃薯纺锤形块茎类病毒的杂交反应信号强烈，而其他对照株系无检测信号出现，这证明了基因芯片成功地检测出以上几种马铃薯病毒。此外，国内外科学家陆续建立了检测马铃薯纺锤块茎类病毒属的芯片检测技术，并且将总 RNA 检测浓度降低至 200 pg/μL。

（四）在其他病原检测上的应用

植原体（phytoplasma），原称类菌原体（mycoplasma-like organism，MLO）。是一类侵染性极强、寄主范围广的原核生物。它能使许多重要的粮食、蔬菜、果树作物、观赏作物、林木树和林荫树严重发病，造成巨大的经济损失。在牙买加和坦桑尼亚，植原体曾造成 1000 万株椰子树绝产；在我国，植原体曾毁灭了北京密云的 40 万株盛产的枣树，河南、山东等地由于植原体的危害，人工种植泡桐曾难以发展。目前，世界各地先后报道的植原体病害达 300 多种，中国报道了 70 多种。由于植原体病害的潜在危害严重，难于防治，许多国家把一些重要经济作物上的植原体列为检疫对象。随着中国加入 WTO，优质农产品对外交流不断增加，目前在中国尚无分布的一些危险性植原体随农产品的进口而传入中国的风险性势必增加。由于植原体难以人工培养并且对寄主植物系统侵染，因此，及早发现感病植物中植原体的存在，并采取相应的检疫措施，杜绝侵染来源，对保护中国农业生产安全及该类病害的防治具有重要意义。

由于对植原体成员至今未能分离培养成功，其传统的检测鉴定主要依据生物的表现型特征，如形态特征、致病性、寄主范围和症状特点等，因此无法根据其培养性状、营养要求等生物学特性采用传统的细菌学方法进行检测鉴定，使植原体及所致病害的研究长期以来都没有突破性进展。20世纪80年代末，随着分子生物学方法在植原体研究中的应用，植原体的研究出现了新的突破。特别是近年来，国际上大多采用以PCR为基础的分子标记方法进行检测鉴定，这些方法过程繁杂、操作步骤多，而且需要PCR后处理，如琼脂糖凝胶电脉和溴化乙锭染色，紫外线观察结果或通过聚丙烯酰胺凝胶电泳和银染检测，不仅需要多种仪器，而且费时费力，所使用的染色剂溴化乙锭对人体有害，这些繁杂的实验过程给污染和假阳性提供了机会，严重影响对结果的正确判断。有研究根据16S rDNA在进化过程度中的高度保守特性，采用第三代分子标记方法即单核苷酸多态性（SNP）设计并合成植原体广谱荧光探针和椰子致死黄化、苹果丛生和榆树黄化三组植原体特异性荧光探针，成功地利用实时荧光PCR法对植原体进行了分类鉴定。

2004年，我国科学家克隆并测定了中国柑橘黄龙病原菌16S rDNA基因序列，经同源性比较，表明其属于柑橘黄龙病原菌亚洲种中的一个新株系（中国厦门株系）。该方法为柑橘黄龙病的检测，特别是早期诊断、检疫和病害的综合治理奠定了基础。Kumagai等（2013）通过PCR鉴定的方法，首次报道了美国加利福尼亚州的柑橘黄龙病病菌中含有亚洲韧皮部杆菌。Ajene等（2019）通过PCR技术对柑橘及木虱中的黄龙病菌 *rplA-rplJ* 基因序列进行扩增，经过同源性比对，首次发现了埃塞俄比亚的非洲柑橘木虱可以传播柑橘黄龙病病原菌。

在线虫鉴定方面，有研究对松材线虫和拟松材线虫的ITS1区段进行测序，确定为鉴定理想的靶区，经SSCP分析，建立了明确鉴定这两种线虫的灵敏而可靠的方法。松材线虫和拟松材线虫在形态上难以区分，应用SSCP技术可灵敏、可靠地鉴定单条松材线虫。我国科学家分析了来自新疆不同地区BN YVV RNA2的片段，将12个BN YVV分离株分为4个变异类型，初步明确了新疆分离株存在分化，并有明显的地域分布性。Puthoff等（2007）通过基因芯片技术，对大豆胞囊线虫侵染根系过程中的基因表达情况进行了分析，并通过生物信息学筛选得到了1404个表达水平显著改变的基因，为深入研究大豆胞囊线虫的侵染及扩散机制提供了理论指导。Baidoo和Yan（2021）通过qPCR技术，对线虫分泌蛋白CLAVATA的基因序列进行扩增，从而有效提高了对大豆胞囊线虫的鉴定效率。

二、分子检测技术在昆虫系统学研究中的应用

（一）种群遗传变异及进化的研究

检测和描述种内各种群的遗传结构及变异状况，探讨物种的形成与分化的内在机制。内容包括自然地理种群及社会性昆虫的社会种群研究。通常采用的方法有RAPD、RFLP、SSCP和双链构象多态性（double-stranded conformational polymorphism，DSCP）。此方面的研究有采用RAPD对研究蝗虫种群、检测按蚊的亚种及种群变异和分析果蝇的地理种群变异；用线粒体基因组DNA（mt DNA）的RFLP方法分析果蝇的自然种群和蚜虫地理种群内的变异；分析按蚊地理种群中rDNA的非转录间隔区（non-transcribed spacer，NTS）片段的变异；通过RAPD-PCR分析蚜虫种群的遗传变异，以及采用mt DNA的DSCP分析社会性昆虫种群

的遗传变异。

（二）种及种下阶元的分类鉴定

种及种下阶元的分类鉴定主要是对近缘种和复合种、种下亚种与生物型的识别和鉴定。此研究最为可靠的方法是分子杂交技术，如用 DNA 探针鉴定按蚊复合种。采用 RAPD、RFLP、SSCP 及 DSCP 也能进行种类鉴定，例如，用 RAPD 技术成功地检测了蚜虫的种及种内不同的生物型，以及蚜虫体内的寄生蜂；用 mt DNA 的 RFLP 和 RAPD 分子标记有效地鉴定膜翅目寄生蜂种类；用 SSCP 对步甲种类进行了鉴定；借助引物 16Sar/16Sbr 和限制性内切酶 Dra I，通过 PCR-RFLP 技术，可以对我国多种常见的仓储害虫进行快速识别。GenBank 发表的火蚁属（$Solenopsis$）的 COI 基因序列有 102 条，分别属于 4 个种即红火蚁（$S. invicta$）、里氏火蚁（$S. richteri$）、热带火蚁（$S. geminata$）和五刺火蚁（$S. quinquecuspis$）。用 Clustal X 软件对 COI 基因序列进行比对后，分析保守区与高变区，针对红火蚁的特异序列，设计引物与探针。实时荧光 PCR 结果表明，红火蚁样品可被成功地检测到，而近似种热带火蚁没有被检测到，同种不同虫态的个体得到一致结果。

（三）种上阶元的系统发育分析

系统发育分析是系统学研究的热点，通过分子系统发育研究，对传统分类有疑问的类群或形态分类不能解决的类群的系统发育进行分析和探讨，也可对传统的分类系统进行验证。分子系统发育研究采用的数据通常是 DNA 序列，RFLP 数据也可用于低级阶元的系统发育分析。目前已有许多类群进行了分子系统发育分析，从种级至目级阶元都有研究。分子系统学研究结果与传统的分类系统及形态支序分析的结果有的相一致，有的却很矛盾，如根据 18S rDNA 片段序列构建的分子系统树证明同翅目并非为一个单系群，而是一个平行进化的类群。根据 18S rDNA 和 28S rDNA 的序列分析证明捻翅目与双翅目亲缘关系较近，与鞘翅目关系却较远，而传统分类学一直认为捻翅目与鞘翅目关系较近，有的学者并把它作为鞘翅目中的一个总科。这样，分子数据与形态数据结果不统一，在现有研究水平下很难说哪种方法得出的结论更可靠，目前较为折中的办法是把分子性状和形态性状综合起来分析。

（四）分子进化

分子进化是指生物进化过程中生物大分子的演变，包括前生命物质的演变、蛋白质、核酸分子及细胞器和遗传物质（如遗传密码）的演变。分子进化的研究目的是构建基因或 DNA 分子的进化树，并探索生物大分子的进化机制和特征。这类研究主要集中在亲缘关系比较明确的类群或高级阶元类群之间进行，研究对象以 rDNA 和 mt DNA 为主。

随着分子检测技术的迅猛发展，RAPD、RFLP、SSR、AFLP、PCR 等分子标记技术已经逐渐成熟，分子生物学研究结果已经表明可以筛选出特异的分子探针，将不同的生物种类加以区别。用这些具有多态性的 DNA 片段对病原真菌、细菌、线虫、昆虫及杂草进行筛选，获得一些特异性的分子探针，制作成基因芯片，通过特异性的分子杂交、基因控制技术、荧光显示及核苷酸多态性分析等手段，可以快速、准确地鉴定多种有害生物。

第六章

高通量测序技术在植物保护上的应用

DNA 测序技术是人类探索生命奥秘的重要手段,在短短四十多年的时间里,测序技术经历了从无到有、从有到精的飞速发展过程,特别是高通量测序技术(high-throughput sequencing,HTS)的飞速发展使得对一个物种的基因组和转录组进行细致的全貌分析变为可能,为现代生命科学的研究提供了前所未有的机遇。高通量测序技术在研究植物与病原互作、病原鉴定与检测、病虫害抗性基因的遗传分析和病虫害抗药性机制等方面具有得天独厚的优势。

第一节 高通量测序技术发展历史

地球上绝大多数生物的遗传物质都是由一种称为 DNA 的物质组成,DNA 是由 A、T、C、G 4 种碱基组成的大分子物质。基因可简单理解为一段能实现一定功能的 DNA 片段。基因测序技术也称作 DNA 测序技术,即获得目的 DNA 片段碱基排列顺序的技术,获得目的 DNA 片段序列是进一步理解基因功能和遗传改造的基础。基因组测序技术是随着人类基因组计划发展起来的,该计划在 2003 年顺利完成后,基因组测序技术取得了长足的进步,这直接决定了每兆基因组测序成本的大幅下降及检测的基因组数量越来越多。个体基因组之间的差异和复杂性超出了人们最初的设想,这引导着测序技术的进一步发展。测序技术大致经历了三代技术变迁。

一、第一代测序技术

据报道,早在 1954 年,惠特菲尔德(Whitfeld)就已经使用层析法测定了多聚核糖核苷酸的序列。第一代测序技术的标志是桑格(Sanger)于 1977 年发明的 DNA 双脱氧核苷酸末端终止测序法,以及马克萨姆(Maxam)和吉尔伯特(Gilbert)于同年发明的 DNA 化学降解测序法。1977 年,Gilbert 和 Sanger 发明了第一台测序仪,并应用其测定了第一个基因组序列——噬菌体 ΦX174,全长 5375 个碱基。Gilbert 和 Sanger 也因在测序技术中的贡献于 1980 年获得了诺贝尔化学奖。由此开始,人类获得了探索生命遗传本质的能力,生命科学的研究进入了基因组学的时代。Sanger 测序技术操作快速、简单,因此被广泛应用。20 世纪 80 年代末,荧光标记技术凭借着更加安全简便的特性,逐步取代同位素标记技术,由此也诞生了自动化测序技术。由于可以用不同荧光标记 4 种双脱氧核苷三磷酸(ddNTP),使得最后产物可以在一个泳道内实现分离，用激光对 ddNTP 上的荧光标记进行激发，然后检测不同波长的信号，通过计算机处理信号后可获得碱基序列，很好地解决了原技术中不同泳道迁移率存在差异的问题。自动化仪测序大大提高了测序效率，如 ABI3730 和 Amersham MEGABACE 测序仪分别可以在一次运行中分析 96 个和 384 个样本。第一代测序仪在人类基因组计划 DNA 测序的后期阶段起到了关键的作用，使人类基因组计划比原计划提前两年完成。

（一）技术原理

目前，基于第一代测序技术的测序仪几乎都是采用 Sanger 提出的链终止法。链终止法测序的核心原理是 ddNTP 的 5′端和 3′端都不含羟基，因此在合成核酸链的过程中无法形成磷酸二酯键，从而导致 DNA 合成反应中断。在测定待测核酸片段序列时，向反应体系中加入一定比例的带有放射性同位素标记的 4 种 ddNTP，在 DNA 聚合酶作用下进行延伸，直到掺入一种链终止核苷酸为止，最终会得到一组长度各相差一个碱基的链终止产物，这些产物可通过高分辨率变性凝胶电泳分离并根据其长度排序，凝胶处理后可用 X 射线片放射自显影进行检测，从而确定目的核酸片段各个位置的碱基。

（二）优势和劣势

优势：第一代测序技术的准确性高于第二、三代测序技术，因此被称为测序行业的"金标准"；第一代测序每个反应可以得到 700～1000 bp 的序列，序列长度高于第二代测序；第一代测序单个反应价格低廉，设备运行时间短，适用于低通量的快速研究项目。

劣势：第一代测序技术一个反应只能得到一条序列，因此测序通量很低；第一代测序技术虽然单个反应价格低廉，但是获得大量序列的成本很高。

（三）应用

第一代测序技术的应用如下：①多聚酶链反应（PCR）产物测序，对目的基因的 PCR 产物进行测序，得到目的基因序列；②重测序，对突变、单核苷酸多态性（SNP）、插入或缺失克隆产物的验证；③分型，包括微生物和真菌分类学鉴定、HLA 分型、病毒分型等；④临床应用，包括肿瘤突变基因的检测、肿瘤个体化治疗、单基因遗传病检测；⑤对新一代测序技术的结果进行验证。

（四）常见问题及解决方法

1. 样品测序无信号

此时测序完全失败，最可能的原因是待测样品出现了降解或引物失效，从而导致测序引物与待测样品无法结合，最快速简便的办法是重新提供质量合格的引物和样品再次进行测序。

2. 样品测序信号差

此种情况可能是引物或模板的质量不高或是引物和模板的匹配性不好引起的，但最可能的原因是待测样品浓度偏低。待测样品浓度偏低可能是由于 PCR 效率较低，也可能是 PCR 与测序间隔时间过长，导致 PCR 产物降解。建议 PCR 完成后尽快进行测序，如果 PCR 产物浓度本身较低，可以使用 PCR 产物作为模板进行二次 PCR，也可以对 PCR 产物进行克隆后，再进行测序。

3. 样品测序衰减

可能是由于待测样品包含特殊的核酸结构，如重复序列、回文结构、发夹结构、GC 富集区和 AT 富集区等。由于是样品本身结构问题，因此，无法通过优化测序反应解决，应从待测样品另一端进行反向测序，之后两端的测序结果拼接得到完整序列。

4. 样品测序中断

此种情况是由于待测样品包含特殊的高级结构，因此碱基无法与模板结合，DNA 聚合酶无法继续延伸。此情况与样品测序衰减解决办法相同，均为从待测样品另一端进行反向测序，经拼接后可以得到完整序列。

5. 样品测序移码

测序从起始位置即发生移码是由于引物发生降解，应重新提供引物进行测序；如测序过程中出现局部移码的现象，则可能是待测样品包含特殊高级结构，应当反向测序后拼接得到完整序列。

6. 样品测序套峰

（1）全双峰　　如样品为克隆后质粒，则质粒中含有多个引物结合位点；如样品为 PCR 产物，则含有非特异性扩增。

（2）前端双峰　　如样品为克隆后质粒，则质粒中含有多个引物结合位点，并且其中一套模板出现测序中断的现象；如样品为 PCR 产物，则 PCR 产物中含有多个引物结合位点，或 PCR 产物中含有引物二聚体等小片段污染。

（3）中间双峰　　如样品为克隆后质粒，则质粒并非单克隆；如样品为 PCR 产物，则部分产物中具有碱基缺失现象，或目的基因为等位基因导致 PCR 产物自身不纯。

（4）后端双峰　　如样品为克隆后质粒，则质粒并非单克隆；如样品为 PCR 产物，则部分产物中具有碱基缺失现象。

二、第二代测序技术

Sanger 测序虽读长较长、准确性高，但也存在测序成本高、通量低等缺点，使得 *de novo* 测序、转录组测序等应用难以普及。高通量测序技术（HTS）是对传统 Sanger 测序技术革命性的变革，可以一次对几十万到几百万条核酸分子同时进行序列测定，因此也称其为下一代测序技术（next generation sequencing，NGS），高通量测序技术的出现使得对一个物种的转录组和基因组进行细致全貌的分析成为可能。

（一）技术原理

当前最具代表性的第二代测序平台主要包括以下几种技术：Roche 公司的 454 技术、Illumina 公司的 Solexa 和 Hiseq 技术、华大基因的 MGISEQ 技术、ABI 公司的 Solid 技术及 Thermo Fisher 的 Ion Torrent 技术。第二代测序技术的原理是边合成边测序，即依照第一代 Sanger 测序技术的原理，通过测序仪器捕捉新加入的末端荧光标记来确定 DNA 序列组成。目前市场上第二代测序主流技术是 Illumina 公司的 Hiseq 技术和华大基因的 MGISEQ 技术。下面以最具代表性的 Illumina 技术为例介绍第二代测序技术的原理。

Illumina 技术的测序原理是循环可逆终止（cyclic reversible termination，CRT），CRT 是根

据类似于 Sanger 测序的终止反应来界定的,其 3′羟基因被屏蔽而被阻止继续延伸。在反应开始时,DNA 模板被一段和探针序列互补的接头结合,DNA 聚合酶也是从这段序列开始结合。每个循环过程中,4 种单独标记的复合物和 3′端屏蔽的脱氧核糖核酸被添加进反应中。在延伸过程中每结合一个 dNTP,其他没有被结合的 dNTP 被移除,并且获取图像来确定是哪个碱基在某个簇中被结合。荧光基团及屏蔽基团随后被移除并且开始一轮新的反应。Illumina 短读长测序的设备可从台式的低通量单位到大型的超高通量,如应用于全基因组测序(whole-genome sequencing,WGS)。dNTP 是通过两个或者 4 个激光通道来对荧光进行分析。在绝大多数 Illumina 平台上,每种 dNTP 结合一种荧光基团,因此需要 4 种不同的激光通道。而 Next-seq 和 Mini-seq 使用的是双荧光基团系统,双通道测序仪较四通道测序仪小,但需通过解码系统解码出 4 种碱基。Illumina 的测序步骤如下。

1. 建库

通过不同的方法将打碎的 DNA 碎片末端连接到序列已知的接头,构建单链 DNA 测序文库。

2. 吸附 DNA 片段和桥式 PCR 扩增

将测序文库的每一条单链 DNA 通过特异性的接头固定在一个固体支撑体上,固体支撑体的每一个单独小空间中只包含一条 DNA 链,之后通过 PCR 特异性地对模板 DNA 进行富集,从而达到测序所需的模板量。

3. 上机测序

对每一个单独的链进行碱基互补配对、反应试剂清洗和成像捕捉,不断反复进行此三步循环,每一个循环按顺序测定序列中的一个碱基。

(二)优点和缺点

1. 优点

一次能够同时得到大量的序列数据,相比于第一代测序技术,通量提高了成千上万倍;单条序列成本非常低廉。

2. 缺点

序列读长较短,Illumina 平台最长为 250～300 bp,454 平台也只有 500 bp 左右;由于建库中利用了 PCR 富集序列,因此有一些含量较少的序列可能无法被大量扩增,造成一些信息丢失,且 PCR 过程中有一定概率会引入错配碱基;想要得到准确和长度较长的拼接结果,需要测序的覆盖率较高。短序列组装问题较多,特别是重复序列区域组装困难,导致组装结果错误较多,目前基因组从头测序一般采取第三代测序技术。

三、第三代测序技术

以 PacBio 公司的 SMRT 技术和 Oxford Nanopore Technologies 公司的纳米孔单分子技术为代表的新一代测序技术称为第三代测序技术,与前两代测序技术相比,其最大的特点就是单分子测序,测序过程无须进行 PCR 扩增,并且理论上可以测定无限长度的核酸序列。

(一)PacBio 技术平台

SMRT 芯片是一种带有很多零模波导(zero-mode waveguides,ZMW)孔的、厚度为

100 nm 的金属片，将 DNA 聚合酶、待测序列和不同荧光标记的 dNTP 放入 ZMW 孔的底部。荧光标记的位置是磷酸基团，当一个 dNTP 被添加到合成链上的同时，它会进入 ZMW 孔的荧光信号检测区，根据荧光的种类就可以判定 dNTP 的种类，从而获得核酸的碱基序列信息。每个 ZMW 孔只允许一条 DNA 模板进入，DNA 模板进入后，DNA 聚合酶与模板结合，加入 4 种不同颜色荧光标记 4 种 dNTP，其通过布朗运动随机进入检测区域并与聚合酶结合从而延伸模板，与模板匹配的碱基生成化学键的时间远远长于其他碱基停留的时间，因此统计荧光信号存在时间的长短，可区分匹配的碱基与游离碱基。通过统计 4 种荧光信号与时间的关系，即可测定 DNA 模板序列。

短读长 SBS 技术需要使聚合酶结合 DNA，沿着 DNA 进行扩增，而 PacBio 则固定聚合酶在孔的底部，让 DNA 链通过 ZMW。由于聚合酶有固定的位置，因此该系统可以对单分子 DNA 进行测序。dNTP 结合在每个孔的单分子模板上，通过激光或者成像设备记录 ZMW 底部标记在核糖核酸上的发射波长的颜色与持续时间来进行序列的读取。聚合酶在结合 dNTP 的过程中，切割 dNTP 结合的荧光基团，使得荧光基团在第二个标记的碱基进入 ZMW 前将前一个荧光基团去除。ZMW 将反应信号与周围游离碱基的强大荧光背景进行区分，在一个反应管中有许多这样的圆形纳米小孔，其外径仅有 100 nm，激光从底部打出后不能穿透小孔进入上方溶液区，能量被限制在一个小范围里，这使得荧光信号仅来自这个小反应区域，孔外其他游离核苷酸单体依然留在黑暗中，从而实现将背景荧光降到最低。

1. PacBio 平台技术优势

1）近乎完美的一致性和准确性。第三代测序单碱基错误率虽然很高，但是这种单碱基的错误是随机发生的，因此，对同一段序列测序覆盖多次就能够进行纠错，一般覆盖到 $10\times$ 以上的深度就能达到 99.9% 的正确率。

2）不存在测序的偏好性。因为 SMRT 技术在样本制备时无须 PCR 扩增，对于某些具有极端的碱基组成的核酸区域，第三代测序也是无偏好性的，同时也不受回文序列的影响。

3）序列准确比对。第二代测序得到的序列由于长度不够，在进行比对时，会出现很多错误匹配，因此造成假阳性 SNP 位点；而 PacBio 测序平台得到的序列能够较均匀地覆盖参考基因组，每个序列能够明确地比对到相应的区域，在避免假阳性的同时，得到更加准确的变异位点和类型。

2. PacBio 技术的缺点

1）单条序列错误率较高，平均核苷酸准确率不到 85%，但可以通过滚环复制测序方式（CCS）进行自我校正，单条序列准确率达到 99% 以上。

2）测序通量比第二代测序少，测序成本较第二代测序高。

（二）纳米孔测序技术平台

纳米孔（nanopore）测序的核心就是利用一个纳米孔将一个纳米孔蛋白质固定在电阻膜上，然后使 DNA 双链解链成单链，再利用一个马达蛋白牵引 DNA 单链通过纳米孔，因为不同碱基属于生物大分子，本身还带有不同电荷，所以通过纳米孔的时候会引起电阻膜上电流的变化，通过捕获电流变化来识别碱基，将化学碱基转换为电信号。纳米孔测序本质上也属于单分子测序。纳米孔测序技术开始于 20 世纪 90 年代，经历了三个主要的技术革新：一是单分子 DNA 从纳米孔通过；二是纳米孔上的酶对于测序分子在单核苷酸精度的控制；三是单核苷酸的测序精度控制。

1. 原理

Nanopore 测序是将人工合成的一种多聚合物的膜浸在离子溶液中，多聚合物膜上布满了经改造的跨膜通道蛋白（由 α 溶血素蛋白组成纳米孔），并且每个纳米孔会结合一个核酸外切酶，在膜两侧施加不同的电压产生电压差，DNA 链在马达蛋白的牵引下，解螺旋通过纳米孔蛋白，不同的碱基会形成特征性离子电流变化信号。该膜具有非常高的电阻。通过对浸在电化学溶液中的膜上施加电势，可以通过纳米孔产生离子电流。当 DNA 模板进入孔道时，孔道中的核酸外切酶会"抓住" DNA 分子，按顺序剪切掉穿过纳米孔道的 DNA 碱基，每一个碱基通过纳米孔时都会产生一个阻断，这一阻断引起的电流干扰，被称为 Nanopore 信号，根据阻断电流的变化就能检测出相应碱基的种类，最终得出 DNA 分子的序列。

PacBio 检测的是光信号，而 Nanopore 检测的是电信号，通常光信号检测需要大型的检测设备，而电信号检测可以通过集成电路做到很小。所以大家看到的 PacBio 测序仪要比Nanopore 测序仪大很多，同时仪器本身也要贵很多。

2. Nanopore 技术的优点

Nanopore 技术的优点如下：①可以检测结构变异和可变剪切；②能直接对 RNA 分子进行测序；③能对修饰过的碱基进行测序；④测序读长更长，可以达到 150 kb；⑤测序数据可以做到实时监控；⑥运行速度快。

3. Nanopore 技术的缺点

Nanopore 技术的缺点如下：①与 PacBio 类似，由于是单分子测序，所以单碱基准确率较低；②Nanopore 采用的是水解测序法，不能像 PacBio 那样可以进行 CCS 滚环重复测序，因而无法达到一个满意的测序精确度。

4. 纳米孔测序仪

牛津纳米孔测序仪目前有 4 个型号，分别是 Frongle、MinION、GridION 和 PromethION（表 6-1）。GridION 和 PromethION 其实是 Frongle 和 MinION 的并行版本，GridION 最多可放5 张 Frongle/MinION 测序芯片，而 PromethION 测序仪最多可同时测 48 张芯片。最小的Frongle 测序仪质量只有 20 g，可以通过 USB 移动电源供电在野外进行测序，使用方便。

表 6-1　Nanopore 不同型号测序仪

型号	Frongle	MinION	GridION	PromethION
测序仪样式				
测序通量	2.8 Gb	50 Gb	250 Gb	14 Tb
尺寸	105 mm×23 mm×8 mm	105 mm×23 mm×33 mm	370 mm×220 mm×365 mm	590 mm×190 mm×430 mm
质量	20 g	87 g	11 kg	28 kg

第二节　高通量测序数据分析基本概念

高通量测序是最近十来年飞速发展起来的，很多专有名词尚缺乏合适的中文翻译。由于高通量测序已广泛应用于生命科学各个领域，为更好地应用该技术，现对高通量测序领域中的一些基本概念进行梳理。高通量测序（HTS）又称下一代测序（NGS）或深度测序（deep sequencing），在文献中大都指同一个概念：高通量测序是对传统 Sanger 测序（第一代测序技术）革命性的改变，因此在有些文献中称其为下一代测序技术，足见其划时代的意义；同时高通量测序使得对一个物种的转录组和基因组进行细致全貌的分析成为可能，所以又被称为深度测序。

一、几种高通量测序常用的应用场景

测序技术推进了科学研究的发展。随着第二代测序技术的迅猛发展，科学界也开始越来越多地应用第二代测序技术来解决生物学问题。在基因组水平上对还没有参考序列的物种进行从头测序（*de novo* sequencing），获得该物种的参考序列，为后续研究和分子育种奠定基础；对有参考序列的物种，进行全基因组重测序（re-sequencing），在全基因组水平上扫描并检测突变位点，发现分子水平上的个体差异；还可以在宏基因组水平上进行微生物多样性及功能鉴定等。在转录组水平上进行全转录组测序 RNA-seq，从而开展可变剪接、编码序列单核苷酸多态性（cSNP）等研究；或者进行小分子 RNA 测序（small RNA sequencing），通过分离特定大小的 RNA 分子进行测序，从而发现新的 microRNA 分子等。在表观组水平上，与染色质免疫共沉淀（ChIP）和甲基化 DNA 免疫共沉淀（MeDIP）技术相结合，从而检测出与特定转录因子结合的 DNA 区域和基因组上的甲基化位点等。此外，还有基于第二代测序结合微阵列技术而衍生出来的目标序列捕获测序技术（targeted re-sequencing），如全外显子组捕获测序等。

（一）*de novo* 测序

de novo 是拉丁文，从头开始的意思，*de novo* 测序是指在不需要任何参考序列的情况下对某一物种进行基因组测序，然后将测得的序列进行拼接、组装，从而绘制该物种的全基因组序列图谱。

（二）重测序

全基因组重测序是对已知基因组序列的物种进行不同个体的基因组测序，并在此基础上对个体或群体进行差异性分析。通过构建不同长度的插入片段文库和短序列、双末端测序相结合的策略进行高通量测序，实现在全基因组水平上检测疾病或动植物性状相关的常见、低频，甚至是罕见的突变位点及结构变异等，这具有重大的科研和产业价值。

（三）外显子组测序

外显子组测序（WES）是指利用序列捕获技术将全基因组外显子区域 DNA 捕捉并富集后进行高通量测序的基因组分析方法。外显子测序相对于基因组重测序成本较低，对研究已知基因的 SNP、得失位（indel）等具有较大的优势，但无法研究基因组结构变异如染色体断裂重组等。

（四）转录组测序

转录组是某个物种或者特定细胞类型产生的所有转录本的集合，包括 mRNA 和非编码 RNA。转录组测序（RNA-seq）可供研究者进行转录本结构研究（如基因边界鉴定、可变剪切研究等）、转录本变异研究（如基因融合、编码区 SNP 研究等）、非编码区域功能研究（如 non-coding RNA 研究、microRNA 前体研究等）和基因表达水平研究及全新转录本发现。

（五）染色质免疫共沉淀测序

染色质免疫共沉淀测序（ChIP-seq）是指通过染色质免疫共沉淀技术（ChIP）特异性地富集目的蛋白结合的 DNA 片段，并对其进行纯化、文库构建和测序，再将获得的数百万条序列标签精确定位到基因组上，从而获得全基因组范围内与组蛋白、转录因子等互作的 DNA 区段信息。

（六）小 RNA 测序

小 RNA（如 miRNA、ncRNA、siRNA 等）是一大类调控分子，几乎存在于所有的生物体中，在基因表达调控、生物个体发育和代谢及疾病的发生等生理过程中起着重要的作用。通过对小 RNA 大规模测序分析，可以从中获得物种全基因组水平的 miRNA 图谱，实现包括新小 RNA 分子的挖掘、作用靶基因的预测和鉴定、样品间差异表达分析、小 RNA 聚类和表达谱分析等科学应用。

（七）多样性测序

微生物多样性测序又称为扩增子测序，通过扩增微生物的 16S rDNA、18S rDNA 及 ITS 高变区域并进行高通量测序，可分析环境中细菌、古细菌及真菌等的物种组成和相对丰度差异，获得环境样本中的微生物群落结构、进化关系及微生物与环境相关性等信息。

（八）宏基因组测序

宏基因组测序（metagenomics sequencing）通过高通量测序研究特定环境下的微生物群体基因组，分析微生物多样性、种群结构、基因功能、代谢网络和进化关系等，并可进一步探究微生物群体功能活性、相互协调作用关系及与环境之间的关系。宏基因组测序研究摆脱了微生物分离纯培养的限制，扩展了微生物资源的利用空间，为环境微生物群落的研究提供了有效工具。

二、测序 read 及序列格式

从测序仪上产生的序列称为 read，中文翻译为"读长"，意指机器读出来的序列。按测序模式又可分为单末端测序（single-end，SE）和双末端测序（pair-end，PE）：SE100 表示单末端测序，read 长度为 100 bp；PE150 则表示从同一 DNA 片段的两端分别测序，序列长度为 150 bp。双末端测序除 PE 测序外，还有一种被称为配对测序（mate-pair，MP）的双末端测序，通常这些片段包含基因组中较大跨度（2～10 kb）片段两端的序列，而 PE 测序片段长度大都小于 1 kb。

FASTA 和 FASTQ 是两种最常见的序列文件格式（图 6-1），均是普通的文本文件，FASTA 文件后缀名通常为.fasta 或.fa，而 FASTQ 文件通常以.fastq 或.fq 作为文件后缀名。为节省存储空间，FASTA 和 FASTQ 文件通常会以 gz 压缩文件存放，文件后缀名分别为.fasta.gz 和.fastq.gz。

```
>ENSMUSG00000020122|ENSMUST00000138518
CCCTCCTATCATGCTGTCAGTGTATCTCTAAATAGCACTCTCAACCCCCGTGAACTTGGT
TATTAAAAACATGCCCAAAGTCTGGGAGCCAGGGCTGCAGGGAAATACCACAGCCTCAGT
TCATCAAAACAGTTCATTGCCCAAAATGTTCTCAGCTGCAGCTTTCATGAGGTAACTCCA
>ENSMUSG00000020122|ENSMUST00000125984
GAGTCAGGTTGAAGCTGCCCTGAACACTACAGAGAAGAGAGGCCTTGGTGTCCTGTTGTC
TCCAGAACCCCAATATGTCTTGTGAAGGGCACAACCCCTCAAAGGGGTGTCACTTCTT
CTGATCACTTTTGTTACTGTTTACTAACTGATCCTATGAATCACTGTGTCTTCTCAGAGG
```

```
@DJB775P1:248:D0MDGACXX:7:1202:12362:49613
TGCTTACTCTGCGTTGATACCACTGCTTAGATCGGAAGAGCACACGTCTGAA
+
JJJJJIIJJJJJJHIHHHGHFFFFFCEEEEEDBD?DDDDDDBDDDABDDCA
@DJB775P1:248:D0MDGACXX:7:1202:12782:49716
CTCTGCGTTGATACCACTGCTTACTCTGCGTTGATACCACTGCTTAGATCGG
+
IIIIIIIIIIIIIIHHHHHFFFFFFEECCCCBCECCCCCCCCCCCCCCCCC
```

图 6-1　FASTA（左）与 FASTQ（右）文件格式

（一）FASTA 序列格式

FASTA 文件的来源是一款名叫"FASTA"的比对软件，名字中最后一个字母 A 是"排列"（alignment）的意思，最初是由皮尔逊（Pearson）和利普曼（Lipman）在 1988 年所编写的，目的是用于生物序列数据的处理。此后，生物学家和遗传学家便把 FASTA 作为这种存储有顺序的序列数据的文件后缀，这包括我们常用的参考基因组序列和蛋白质序列。FASTA 文件主要由两个部分构成序列头信息（有时包括一些其他的描述信息）和具体的序列数据。序列头信息独占一行，以大于号（>）开头作为识别标记。其中除记录该条序列的名字之外，有时还会接上其他的信息。紧接的下一行是具体的序列内容，直到另一行碰到另一个大于号（>）开头的新序列或者文件末尾。值得注意的是 FASTA 的序列头信息并没有被严格地限制空格。这个特点有时会带来兼容性问题。有时我们会看到相同的序列被不同的人处理之后，甚至是在不同的网站上或者数据库中它们的序列头信息都不尽相同，如以下的几种情况都是可能存在的：

```
>ENSMUSG00000020122|ENSMUST00000125984
> ENSMUSG00000020122|ENSMUST00000125984
>ENSMUSG00000020122|ENSMUST00000125984|epidermal growth factor receptor
>ENSMUSG00000020122|ENSMUST00000125984|Egfr
>ENSMUSG00000020122|ENSMUST00000125984|11|ENSFM00410000138465
```

这些凌乱的格式显然是不合适的，因此后来在业内也慢慢地有一些不成文的规则被大家使用，即用一个空格把序列头信息分为两个部分：第一部分是序列名字，它和大于号（>）紧接在一起；第二部分是注释信息，这个可以没有。如下面这个序列例子，除前面 gene_00284728 这个序列名字外，注释信息 length=231;type=dna 给出这段序列的长度和它所属的序列类型。

```
>gene_00284728 length=231;type=dna
GAGAACTGATTCTGTTACCGCAGGGCATTCGGATGTGCTAAGGTAGTAATCCATTATAAGTAACATG
CGCGGAATATCCGGGAGGTCATAGTCGTAATGCATAATTATTCCCTCCCTCAGAAGGACTCCCTTGC
GAGACGCCAATACCAAAGACTTTCGTAAGCTGGAACGATTGGACGGCCCAACCGGGGGGGAGTCGGCT
ATACGTCTGATTGCTACGCCTGGACTTCTCTT
```

虽然这样的格式还不算是真正的标准，但有助于我们的数据分析和处理，很多生信软件（如 BWA、samtools、bcftools、bedtools 等）都是将第一个空格前面的内容认定为序列名字来进行操作的。

（二）FASTQ 序列格式

FASTQ 是目前存储测序数据最普遍、最公认的一个数据格式。上面所讲的 FASTA 文件，它所存的都是已经排列好的序列（如参考序列），不包含测序质量信息，而 FASTQ 不但含有序列，还包含了测序质量值。FASTQ 文件每四行成为一个独立的单元，称为 read。具体的格式描述如下。

第 1 行：以 "@" 开头，是这一条 read 的名字，这个字符串是根据测序时的状态信息转换过来的，中间没有空格，它是每一条 read 的唯一标识符，同一个 FASTQ 文件中不会重复出现，甚至不同的 FASTQ 文件里也不会有重复。

第 2 行：测序 read 的序列，由 A、C、G、T 和 N 这 5 种字母构成，这也是我们真正关心的 DNA 序列，N 代表的是测序时那些无法被识别出来的碱基。

第 3 行：以 "+" 开头，在旧版的 FASTQ 文件中会直接重复第一行的信息，但现在一般什么也不加（节省存储空间）。

第 4 行：测序 read 的质量值，这个和第 2 行的碱基信息一样重要，它描述的是每个测序碱基的可靠程度，用 ASCII 码表示。初看起来，这些质量信息字符串像是乱码，它是怎么表示质量信息的呢？顾名思义，碱基质量值就是能够用来衡量好坏程度的一个数值。我们试想一下，如果测序测得越准确，这个碱基的质量就应该越高；反之，测得越不准确，质量值就应该越低。也就是说可以利用碱基被测错的概率来描述它的质量值，错误率越低，质量值就越高。

这里我们假定碱基的测序错误率为 p_error，质量值为 Q，它们之间的关系如下：

$$Q = -10 \log(p\_error)$$

即质量值是测序错误率的对数（10 为底数）乘以–10（并取整）。这个公式也是目前测序质量值的计算公式，p_error 的值和测序时的多个因素有关，体现为测序图像数据点的清晰程度，并由测序过程中的碱基判定（base calling）算法计算出来；公式右边的 Q 我们称为 Phred 质量分值（quality score），就是用它来描述测序碱基的靠谱程度。例如，如果该碱基的测序错误率是 0.01，那么质量值就是 20（俗称 Q20），如果是 0.001，那么质量值就是 30（俗称 Q30）。Q20 和 Q30 的比例常被我们用来评价某次测序结果的好坏，比例越高则测序结果越好。

为什么不直接用数字表示质量值，而要用 ASCII 码来代表呢？因为数字不能直接连起来，两个数字之间还需要分隔符，长度对不齐，占空间，分析起来比较麻烦。为了格式存储及处理时的方便，这个数字被直接转换成了 ASCII 码，并与第二行的 read 序列构成一一对应关系——每一个 ASCII 码都和它正上方的碱基对应。

不过，值得一提的是，ASCII 码虽然能够从小到大表示 0~127 的整数，但是并非所有的 ASCII 码都是可见的字符，如所有小于 33 的 ASCII 码值所表示的都是不可见字符（如空格、换行符等），因此为了能够让碱基的质量值表达出来，必须避开所有这些不可见字符。最简单的做法就是加上一个固定的整数 33，这样 ASCII 码 33~126 便可以表示 0~93 质量值了。

三、其他常见的数据格式

除前面介绍的序列格式 FASTA 和 FASTQ 外，高通量测序数据分析时常遇到的几种数据格式还包括 SAM/BAM/CRAM、VCF、BED/GFF 和 PAF 等。

（一）SAM/BAM/CRAM

SAM/BAM/CRAM 文件是序列比对文件格式，用来存储 read 比对到参考序列的信息。

1）SAM 格式是文本格式，最初由 Sanger 制定，是以 tab 为分割符的文本文件，是高通量测序序列比对的标准格式（图 6-2A）。SAM 分为两部分：注释信息（header section）和比对结果部分（alignment section）。注释信息的行以 "@" 开始，紧接着一个或两个字母，常见的字母含义如下：SQ 表示参考序列信息、SN 表示参考序列名称、LN 表示参考序列长度、PG 表示软件、ID 表示项目记录号（唯一）、PN 表示软件名称、VN 表示软件版本、CL 表示命令行等。比对结果部分每一行为一个片段，共有 11 列。

第 1 列：QNAME，查询序列名，字符串类型。

第 2 列：FLAG，标识，以整数的形式表示比对的结果（图 6-2B），如 145，表示是 PE read，另外一条 read 在互补链上，两条 read 比对到同一个模板序列。具体含义及查询参见：https://broadinstitute.github.io/picard/explain-flags.html。

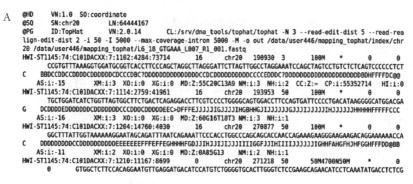

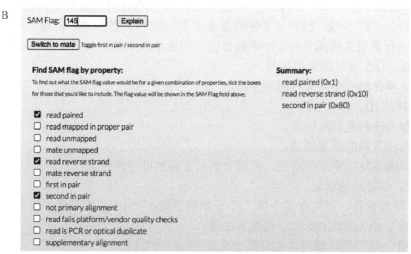

图 6-2　SAM 文件格式（A）及 FLAG 含义查询（B）

第 3 列：RNAME，参考序列名。

第 4 列：POS，第一个碱基比对上的位置，没有比对上用 0 表示，比对上了从 1 开始计数。

第 5 列：MAPQ，比对质量值，大于等于 0，越高说明该 read 比对到参考基因组上的位置越唯一。

第 6 列：CIGAR，字符串，简要比对信息表达式（compact idiosyncratic gapped alignment report），使用数字加字母表示比对结果，如 31M1D23M 表示 31 个比对上了、1 个缺失了、最后 23 个比对上了（还有 I 表示相对参考序列是插入的碱基，N 表示两头被 mask 掉的序列）。

第 7 列：RNEXT，配对片段（mate）比对上的参考序列的编号，没有另外的片段，这里是"*"，同一个片段，用"="。

第 8 列：PNEXT，配对片段比对到参考序列上的第一个碱基位置，若无 mate，则为 0。

第 9 列：TLEN，序列模板长度（signed observed template length），如果同一个片段都比对

上了同一个参考序列,为最左边的碱基位置到最右边的碱基位置(左为正,右为负),当 single-segment 比对上,或者不可用时,记为 0。

第 10 列:SEQ,短序列(read/segment)的信息。

第 11 列:QUAL,序列质量信息,与 FASTQ 文件中记录的相同。

第 12 列及以后:可选信息段,以 tab 分割,字段信息格式为 TAG:TYPE:VALUE。

2)BAM 是 SAM 的二进制格式,因此两者格式相同,只是 BAM 文件占用存储空间更小,运算速度更快,将 SAM 文件转换为 BAM 文件可用 samtools 工具。

```
samtools view -S in.sam -t Reference.fa.fai -b > out.bam
```

3)CRAM 相对于 SAM/BAM 来说更新,与 BAM 类似,但更科学。CRAM 包含了 SAM 所有信息,为压缩形式,空间占用较 SAM 小。SAM/BAM/CRAM 所包含的信息是相同的,只是数据组织形式不同,samtools 是用来处理这类文件的一个非常有用的工具。

(二)VCF

VCF 是用于描述单核苷酸多态性(SNP)、得失位(indel)和结构变异(SV)位点结果的文本文件。

同 SAM 格式一样,VCF 格式文件也分为两部分:头部注释信息和数据主体(图 6-3)。头部注释信息行以"#"开头,包括该文件的基本信息,如 VCF 的版本、生成日期和参考基因组等,其最后一行说明主体部分每个字段的含义,相当于表头的作用,主要字段如下。

CHROM:存在变异的染色体号。

POS:变异在参考序列上的起始坐标。

ID:变异的 ID。

REF:参考序列的碱基组成。

ALT:对应变异的碱基组成。

QUAL:碱基发生变异的质量,值越大表示变异的可能性越大。

FILTER:过滤后的状态。

INFO:附加信息,可包含多个以";"分割的字段,如 END 表示变异结束位置,SVLEN 表示变异长度,SVMETHOD 表示检测方法等。

FORMAT:基因型区域内各部分数据格式。

个体基因型区域:依次列出表头中个体此变异的基因型。

数据主体部分每行为一个变异,变异的详细信息保存在以 tab 分割的多个字段中。

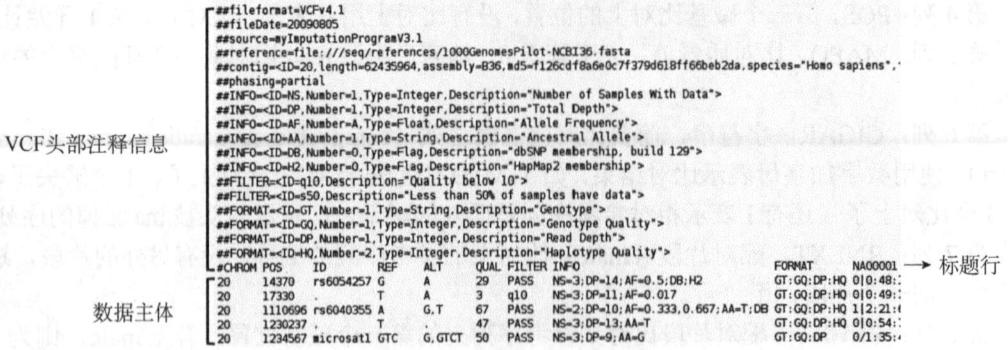

图 6-3　VCF 文件格式

（三）BED/GFF

BED 和 GFF 文件（图 6-4）都是基因组注释文件，基因组注释文件就是基因组的说明书，告诉我们哪些序列是编码蛋白质的基因，哪些是非编码基因及外显子、内含子和 UTR 的位置等。

BED
```
WF_00  19117  19561  FintWF_000001-T1  100  +  19117  19581  0,0,0   2   107,211,                                              0,253,                                              geneID=FintWF_000001
WF_00  30287  44314  FintWF_000002-T1  100  +  30287  44314  0,0,0  10   160,143,135,126,175,207,197,132,107,211,            0,2239,5136,5413,6947,8306,10897,12416,13559,13816,  geneID=FintWF_000002
WF_00  53242  53710  FintWF_000003-T1  100  -  53242  53710  0,0,0   2   273,21,                                              0,447,                                              geneID=FintWF_000003
```

GFF
```
##gff-version 3
WF_00  funannotate  gene  19118  19581  .  +  .  ID=FintWF_000001;
WF_00  funannotate  mRNA  19118  19581  .  +  .  ID=FintWF_000001-T1;Parent=FintWF_000001;product=hypothetical protein;
WF_00  funannotate  CDS   19118  19224  .  +  0  ID=FintWF_000001-T1.cds;Parent=FintWF_000001-T1;
WF_00  funannotate  CDS   19371  19581  .  +  1  ID=FintWF_000001-T1.cds;Parent=FintWF_000001-T1;
WF_00  funannotate  gene  30288  44314  .  +  .  ID=FintWF_000002;
WF_00  funannotate  mRNA  30288  44314  .  +  .  ID=FintWF_000002-T1;Parent=FintWF_000002;product=hypothetical protein;
WF_00  funannotate  CDS   30288  30447  .  +  0  ID=FintWF_000002-T1.cds;Parent=FintWF_000002-T1;
WF_00  funannotate  CDS   32527  32669  .  +  2  ID=FintWF_000002-T1.cds;Parent=FintWF_000002-T1;
WF_00  funannotate  CDS   35424  35558  .  +  0  ID=FintWF_000002-T1.cds;Parent=FintWF_000002-T1;
WF_00  funannotate  CDS   35701  35826  .  +  0  ID=FintWF_000002-T1.cds;Parent=FintWF_000002-T1;
WF_00  funannotate  CDS   37235  37409  .  +  0  ID=FintWF_000002-T1.cds;Parent=FintWF_000002-T1;
WF_00  funannotate  CDS   38594  38800  .  +  2  ID=FintWF_000002-T1.cds;Parent=FintWF_000002-T1;
WF_00  funannotate  CDS   41185  41381  .  +  2  ID=FintWF_000002-T1.cds;Parent=FintWF_000002-T1;
WF_00  funannotate  CDS   42704  42835  .  +  0  ID=FintWF_000002-T1.cds;Parent=FintWF_000002-T1;
WF_00  funannotate  CDS   43847  43953  .  +  0  ID=FintWF_000002-T1.cds;Parent=FintWF_000002-T1;
WF_00  funannotate  CDS   44104  44314  .  +  1  ID=FintWF_000002-T1.cds;Parent=FintWF_000002-T1;
WF_00  funannotate  gene  53243  53710  .  -  .  ID=FintWF_000003;
WF_00  funannotate  mRNA  53243  53710  .  -  .  ID=FintWF_000003-T1;Parent=FintWF_000003;product=hypothetical protein;
WF_00  funannotate  CDS   53690  53710  .  -  0  ID=FintWF_000003-T1.cds;Parent=FintWF_000003-T1;
WF_00  funannotate  CDS   53243  53515  .  -  0  ID=FintWF_000003-T1.cds;Parent=FintWF_000003-T1;
```

图 6-4　BED 和 GFF 文件格式

BED 文件和 GFF 文件最基本的信息就是染色体或重叠群（contig）的 ID 或编号、起始和终止位置及正负链等。值得注意的是这两种文件的区别在于：BED 文件中起始坐标为 0，结束坐标至少是 1；GFF 文件中起始坐标是 1，而结束坐标至少是 1。

1）BED 文件每行至少包括 chrom、chromStart、chromEnd 3 个必选列（分别为前三列）；另外还可以添加额外的 9 个可选列，这些列的顺序是固定的。处理 BED 文件有一个常用工具 bedtools，具体用法参见 bedtools.readthedocs.io。

必选的 3 列如下。

chrom：染色体的名称（如 chr3、chrY、chr2_random）、contig 或 scaffold（如 scaffold10671）。

chromStart：起始位置。

chromEnd：结束位置。

可选的 9 列如下。

name：定义 BED 行的名称，如用基因名。

score：得分在 0 到 1000 之间。

strand：正负链。

thickStart：绘制特征的起始位置（如基因显示中的起始密码子）。当没有该部分时，thickStart 和 thickEnd 通常设置为 chromStart 位置。

thickEnd：绘制特征的结束位置（如基因显示中的终止密码子）。

itemRgb：R、G、B 形式的 RGB 值（如 255,0,0）。

blockCount：BED 行中的块（外显子）数。

blockSizes：以逗号分隔的块的大小列表。此列表中的项目数应与 blockCount 相对应。

blockStarts：以逗号分隔的块的开始列表。应该相对于 chromStart 计算所有 blockStarts 位置。此列表中的项目数应与 blockCount 相对应。

2）GFF 文件主要有两种形式：GFF（general feature format）和 GTF（gene transfer format）。

GFF 主要是用来注释基因组，现大部分利用的是第三版，即 GFF3。GTF 主要是用来对基因进行注释，当前广泛使用的 GTF 为第二版，即 GTF2。GFF3 文件后缀名通常为.gff3 或.gff，而 GTF2 文件的后缀名一般为.gtf。GFF 和 GTF 都包括 9 列，GFF 和 GTF 只是在第 9 列注释信息的格式有差异。

seqid：序列的 id。

source：注释的来源，一般指明产生此 GFF3 文件的软件或方法。如果未知，则用点"."代替。

type：类型，此处不受约束，但为下游分析方便，建议使用 gene、repeat_region、exon 和 CDS 等。

start：起始位置，从 1 开始计数（区别于 BED 文件从 0 开始计数）。

end：终止位置。

score：得分，注释信息可能性说明，可以是序列相似性比对时的 E-values 值或者基因预测时的 P-values 值。"."表示为空。

strand："＋"表示正链，"－"表示负链，"."表示不需要指定正负链，"?"表示未知。

phase：步进，仅对编码蛋白质的 CDS 有效，本列指定下一个密码子开始的位置。可以是 0、1 或 2，表示到达下一个密码子需要跳过碱基个数。

attributes：属性，一个包含众多属性的列表，GFF 的格式为"标签=值"（tag=value），标签与值之间用"="分开，而 GTF 的格式为"标签值"（tag value），标签与值之间用空格分开，不同属性之间以分号相隔。

GFF3 和 GTF2 之间的转换可以用 Cufflinks 里面的工具 gffread。

```
gffread my.gff3 -T -o my.gtf          #gff2gtf
gffread merged.gtf -o- > merged.gff3       #gtf2gff
```

（四）PAF

PAF（pairwise mapping format）是另外一种序列比对格式，最初由 minimap2 的作者李恒提出，现已作为除 SAM 之外的另一个常用比对格式。PAF 文件包括 12 列，列与列之间用 tab 分开，与 SAM 类似，PAF 文件在 12 列之后还可以加列（表 6-2）。

表 6-2　PAF 文件各列含义

列	类型	说明
1	string	查询序列名
2	int	查询序列总长
3	int	查询序列比对上的起始位置，从 0 开始编号，与 BED 类似
4	int	查询序列比对上的终止位置
5	char	正负链，"+"或"–"
6	string	靶序列名
7	int	靶序列总长
8	int	靶序列起始位置
9	int	靶序列终止位置
10	int	匹配的碱基数
11	int	比对的序列块大小
12	int	比对质量（0~255；255 表示缺失）

可使用 paftools.js 工具将 PAF 文件转换为 SAM 或 BED 文件。

```
paftools.js sam2paf align.sam > align.paf
paftools.js splice2bed align.paf > align.bed
```

四、其他相关专业术语

（一）测序相关

片段（fragment）：染色体通常较大，测序之前需要将染色体随机打断成小的片段，而测序测的就是这些片段，测出来的结果就是 read。可以分为单端测序和双端测序：单端测序是从 fragment 的一端测序，测多长，read 就多长；双端测序就是从一个 fragment 的两端测序，就会得出两个 read。

测序的覆盖度（coverage）：指测序获得的序列占整个基因组的比例，也可理解为对目标基因组的覆盖程度。

测序深度（sequencing depth）：测序得到的碱基总量（bp）与基因组大小的比值，它是评价测序量的指标之一。假设一个基因大小为 2 Mb，测序深度为 10×，那么获得的总数据量为 20 Mb。也可以理解为被测基因组上单个碱基被测序的平均次数。

（二）组装相关

Contig：拼接软件基于 read 之间的重叠（overlap）区，拼接获得的序列称为 Contig（重叠群）。

Contig N50：read 拼接后会获得一些不同长度的 Contig，将所有的 Contig 长度相加，能获得一个 Contig 的总长度。将所有的 Contig 按照从长到短进行排序，如 Contig 1、Contig 2、Contig 3、…、Contig 25。然后按照这个顺序依次相加，当相加的长度达到 Contig 总长度的一半时，最后一个加上的 Contig 长度即为 Contig N50。例如，Contig1+Contig2+Contig3+Contig4=Contig 总长度×1/2 时，Contig 4 的长度即为 Contig N50。Contig N50 可以作为基因组拼接结果好坏的一个判断标准。

Scaffold：Scaffold 是指将获得的 Contig 根据大片段文库的 pair-end 关系或其他光学或遗传定位关系，进一步组装成更长的序列。Contig 是无 gap 的连续的 DNA 序列，而 Scaffold 是存在 gap 的 DNA 序列。

Scaffold N50：Scaffold N50 与 Contig N50 的定义类似。Contig 拼接组装获得一些不同长度的 Scaffold。将所有的 Scaffold 长度相加，能获得一个 Scaffold 总长度。然后将所有的 Scaffold 按照从长到短进行排序，再按照这个顺序依次相加，当相加的长度达到 Scaffold 总长度的一半时，最后一个加上的 Scaffold 长度即为 Scaffold N50。Scaffold N50 也是基因组拼接结果好坏的一个判断标准。

（三）分析相关

SNP：单核苷酸多态性，个体间基因组 DNA 序列同一位置单个核苷酸变异（替代、插入或缺失）所引起的多态性，是研究人类家族和动植物品系遗传变异的重要依据。

SSR：简单序列重复（simple sequence repeat），又称微卫星序列，是最具长度变异的基因组序列之一。

SNV：相对于正常组织，癌症中特异的单核苷酸变异是一种体细胞突变（somatic mutation），称作 SNV。

Indel：基因组上小片段（<50 bp）的插入或缺失，形同 SNP/SNV。

CNV：拷贝数变异（copy number variation），基因组拷贝数变异是基因组变异的一种形式，通常使基因组中大片段的 DNA 形成非正常的拷贝数量。其可以类比染色体变异。

SV：基因组结构变异（structure variation），主要包括染色体大片段的插入和缺失（引起 CNV 的变化），染色体内部的某块区域发生翻转颠换，两条染色体之间发生重组（inter-chromosome trans-location）等。

SD 区域：指串联重复，由序列相近的一些 DNA 片段串联组成。在人类染色体 Y 和 22 号染色体上，有很大的 SD 序列。

RPKM：read per kilobases per million read，代表每百万 read 中来自某基因每千碱基长度的 read 数，用于表示基因的表达量或丰富度。在衡量基因表达量时，若是单纯以 map（比对）到的 read 数来计算基因的表达量，在统计上是一件相当不合理的事，因为在随机抽样的情况下，序列较长的基因被抽到的概率本来就会比序列短的基因较高，如此一来，序列长的基因永远会被认为表达量较高，而错估基因真正的表达量。

FPKM：将 RPKM 中的 read 换成 fragment 来理解，其也用于表示基因的表达量或丰富度。如果是 single-end 测序，FPKM 和 RPKM 是一致的。如果是 pair-end 测序，每个 fragment 会有两个 read，FPKM 只计算两个 read 能比对到同一个转录本的 fragment 的数量，而 RPKM 计算的是可以比对到转录本的 read 的数量。

（四）数据库相关

COG：蛋白质直系同源数据库（cluster of orthologous group），是对基因产物进行直系同源分类的数据库，每个 COG 蛋白质都被假定来自同一祖先蛋白质，COG 数据库是基于具有完整基因组序列的细菌、藻类和真核生物的编码蛋白质进行构建的。COG 分为两类：一类是原核生物，称为 COG 数据库；另一类是真核生物，称为 KOG 数据库。

NR/NT：NCBI 上比较常用的数据库。NR 指非冗余蛋白质序列数据库，包括所有的 GenBank+EMBL+DDBJ+PDB 中的非冗余蛋白质序列。它以核酸序列为基础进行交叉索引，将核酸与蛋白质联系起来。对于已知的或可能的编码序列，NR 记录中都给出了相应的氨基酸序列（由读码框推断）。NT 指非冗余核酸序列数据库，是 NR 库的子集。

Swiss-Prot：蛋白质序列数据库，是检查过的、手工注释的蛋白质数据库，它的所有序列都经过科学家查阅文献进行核实。Swiss-Prot 能提供详细的蛋白质序列、功能信息，如蛋白质功能描述、结构域结构、转录后修饰、修饰位点、变异度和二级结构等，同时提供其他数据库，包括序列数据库、三维结构数据库、2-D 凝聚电泳数据库和蛋白质家族数据库的相应链接。

Pfam：蛋白质家族数据库（protein families database）。

GO：基因本体论（gene ontology）数据库。GO 中最基本的概念是"term"，是用来描述基因和基因产物特性的，即 GO 数据库是给每个基因贴上标签，以便研究者能够通过标签快速寻找到目标基因。在 GO 分析中，所有的结果都按照以下 3 个一级功能来整理分类：①细胞学组件（CC），用于描述亚细胞结构、位置和大分子复合物，如核仁、端粒和识别起始的复合物等；②生物学途径（BP），指分子功能的有序组合，以达成更广的生物功能，如有丝分裂或嘌呤代谢等；③分子功能（MF），用于描述基因、基因产物的功能，如与碳水化合物结合或 ATP 水解酶活性等。

KEGG：京都基因和基因组数据库（Kyoto encyclopedia of gene and genome），是系统分析基因产物在细胞中的代谢途径及这些基因产物功能的数据库，用 KEGG 可以进一步研究基因在生物学上的复杂行为。其中最核心的是 KEGG pathway 数据库，分为 3 个层级：第一层级，生物代谢通路分为七大类，新陈代谢、遗传信息加工、环境信息加工、细胞过程、生物体系统、人类疾病和药物开发；第二层级，将第一层级中的 7 个类别进一步细化；第三层级，直接对应 KEGG 的 pathway，每一个 pathway 都表示参与该过程的基因。

第三节　常见应用及生物信息分析流程

一、de novo 基因组测序及分析

基因组从头测序是指在不依赖参考基因组的情况下对某物种进行基因组测序，然后应用生物信息学手段对测序序列进行拼接和组装，从而绘制该物种的全基因组序列图谱。一个物种基因组序列图谱的完成，意味着这个物种学科和产业的新开端。这也将带动这个物种下游一系列研究的开展。全基因组序列图谱完成后，可以构建该物种的基因组数据库，为后续从基因组学水平研究物种的生长、发育、进化、起源及特定环境适应性奠定基础，同时也为该物种的后基因组学研究搭建一个高效的平台，为后续的基因挖掘、功能验证提供 DNA 序列信息，从而对基础生物学、分子育种和遗传基因改良等方面的研究起到巨大的推动作用。

（一）测序前的准备

搜集物种或已发表的近缘物种相关信息，如基因组大小、基因组重复程度、GC 含量和分布及杂合度等。通常在进行基因组测序前需对该物种进行基因组 Survey 分析，即将测序得到的 read 打断成定长核苷酸串（K-mer），通过 K-mer 分析，从数学的角度评估基因组的大小、杂合及重复等信息，并进行初步组装（基因组 K-mer 频次分布如图 6-5 所示，相关软件包括 GenomeScope），从初步组装的 Contig 的 GC 分布图上，判断该物种是否有污染等信息，从而为后续组装策略的制定提供可靠的依据。

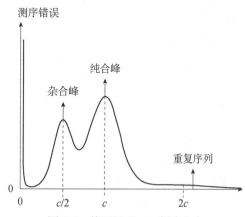

图 6-5　基因组 K-mer 频次分布
c 值表示纯合峰对应的 K-mer 深度

1. 杂合度估计

杂合度对基因组组装的影响主要体现在不能合并姊妹染色体，杂合度高的区域，会把两条姊妹染色单体都组装出来，从而造成组装的基因组略大于实际的基因组大小。一般是通过 SSR 在测序亲本的子代中检查 SSR 的多态性。杂合度如果高于 0.5%，则认为组装有一定难度，杂合度高于 1% 则很难组装出来。杂合度一般通过 K-mer 分析来估计。降低杂合度可以通过很多代近交来实现。杂合度高，并不是说组装

不出来，而是指组装出来的序列不适用于后续的生物学分析，如拷贝数、基因完整结构。

2. 测序样品准备

测序样品准备对一些物种是很大的问题，某些物种的取样本身就是一个挑战。基因组测序用的样品最好是来自同一个体，这样可以降低个体间的杂合对组装的影响，大片段对此无要求。原则上进行 Survey 和 *de novo* 使用的 DNA 要求来自同一个体。如果 DNA 量不足以满足整个 *de novo* 项目，则建议小片段文库的 DNA 必须来自同一个体，三代大片段甚至超长片段的 DNA 文库使用同一群体的另一个体。

3. 测序策略的选择

根据基因组大小和具体情况选择大概的 K 值，确定用于构建 Contig 所需的数据量及文库数量。对于植物基因组一般考虑的是大 K-mer（>31），动物的话一般在 27 左右，具体根据基因组情况调整。具体选取哪个 K 值，一般需要多试几次，也可以用 KmerGenie 辅助选择。需要在短片段数据量达到 20× 左右的时候进行 K-mer 分析。K-mer 分析正常后，继续加测数据以达到最后期望的数据量。

文库构建一般都是用不同梯度的插入片段来测序：小片段（200 bp、500 bp、800 bp）和大片段（1 kb、2 kb、5 kb、10 kb、20 kb、40 kb）。如果是杂合度高和重复序列较多的物种，可能要采取 fosmid-by-fosmid 或者 fosmid pooling 的策略。随着第三代测序技术的成熟和测序成本进一步降低，*de novo* 基因组项目目前更多的是采取第三代加第二代测序策略或采用 PacBio 高正确率的 HiFi read。

（二）基因组组装与质量评估

组装流程：原始数据—数据过滤—K-mer 分析—*de novo* 组装。

质控常用软件：FastQC、fastp 等。

K-mer 分析软件：jellyfish、kmerfreq 和 kmerscan 等。

主流组装软件：常用的第二代测序组装软件有 Spades、ALLPATHS-LG、SOAPdenovo2、ABySS、Velvet 和 Minia 等。常用的第三代测序组装软件有 Canu、falcon、flye、mecat、necat、NextDenovo、wtdbg2、miniasm 和 hifiasm 等。组装并非一次就能得到理想的结果，要根据已有的组装结果采取分析、调整参数、处理数据和加测少量数据等策略来得到比较理想的结果。

组装评价软件：BUSCO、Quast 等。包括对序列一致性（比对和覆盖度）、序列完整性（EST数据或 RNA）、准确性（全长 BAC 序列和 scaffold 是否具有一致性）和保守性基因（保守蛋白质家族集合）等方面进行评估。

1. 基因组组装

下面以烟草赤星病菌（*Alternaria alternata*）DZ12 基因组为例，讲述 *de novo* 基因组组装、注释、分析的一般步骤和实现过程。

（1）测序策略及质控　　采用 Nanopore +第二代测序的策略，第三代测序深度 100× 以上，第二代测序深度 50× 以上。最后得到 Nanopore 总 read 数 510 190，总碱基数 11.1 Gb，read 的 N50 为 28.7 kb，第二代 PE150 read 5100 万条，总碱基数 7.65 Gb，Q20 率 98.37%，Q30 率 94.48%。第二代序列质控用 fastp 进行去接头序列和过滤，命令如下所示：

```
fastp -q 30 -5 -l 100 \
-i D2105566A_L4_168A68.R1.fastq.gz \
-I D2105566A_L4_168A68.R2.fastq.gz \
```

```
-o D2105566A_L4_168A68.R1_clean.fastq \
-O D2105566A_L4_168A68.R2_clean.fastq
```

经过滤后的序列文件名为 D2105566A_L4_168A68.R1_clean.fastq 和 D2105566A_L4_168A68.R2_clean.fastq。

（2）基因组 Survey 　　用 GenomeScope 基于第二代测序数据进行基因组大小、重复序列及杂合度估计。GenomeScope 是通过分析 *K*-mer count 分布，给出基因组的一些基本信息：基因组大小、基因组杂合度和基因组重复序列比例等。

首先，使用 jellyfish 获取 *K*-mer count 的分布。

```
jellyfish count -C -m 21 -s 1000000000 -t 10 *.fastq -o reads.jf
jellyfish histo -t 10 reads.jf > reads.histo
```

说明：*K*-mer 设置为 21（–m 21），如果服务器资源允许，可以增加线程数（–t）。用于 Survey 的第二代测序深度不得低于 25×。

然后，将得到的 reads.histo 上传到 http://qb.cshl.edu/genomescope/，经 GenomeScope 分析得到如下结果：基因组大小为 33.78 Mb，非重复序列 98.3%，杂合度 0.007%。如图 6-6 所示，烟草赤星病菌基因组只有一个明显的主峰，重复序列和杂合度都很低。

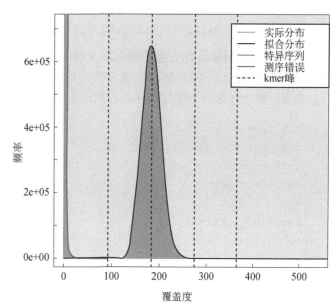

图 6-6　GenomeScope 对烟草赤星病菌基因组的评估结果

（3）基因组组装及 polish

Nanopore 序列组装常用软件有 Canu、falcon、miniasm、wtdbg2、NextDenovo 和 necat 等，下面以 NextDenovo 为例进行基因组组装。

NextDenovo 能够用于 PacBio 和 Nanopore 数据的组装，其包括两个模块：①NextCorrect，用于原始数据纠错；②NextGraph，能够基于纠错后的数据进行组装。使用修改版的 minimap2 进行序列间相互比对。

首先需要生成一个 read 列表，名为 input.fofn。

```
ls ../../filter/reads_clean.fq.gz > input.fofn
```

生成一个配置文件，可以直接从软件安装目录下拷贝过来，然后进行修改。

```
cp /opt/biosoft/NextDenovo/doc/run.cfg ./
```

将 input.fofn 添加到配置文件 run.cfg 的 input_fofn 关键字后面，默认不用修改。

```
input_fofn = ./input.fofn
```

后台运行软件。

```
nohup time nextDenovo run.cfg &
```

组装完成后得到 11 条 Contig，组装的基因组大小为 34 123 881 bp，与之前 GenomeScope 估计的基因组大小 33.87 Mb 相符。文献报道链格孢菌含有 10 条常染色体，组装出来的 10 条大的 Contig 推测为 10 条染色体，另外一条小的 Contig（50 253 bp）为线粒体基因组。

由于第三代测序单碱基错误率较高，虽然组装过程中对原始数据已经纠错了，但仍然存在一定的错误，需要进一步打磨（polish），可先基于第三代序列进行三轮 racon 纠错，然后结合第三代和第二代数据用 NextPolish 进行两轮纠错。

```
GENOME="DZv1.fasta"
PRE="DZ12"
READS="reads_DZ12.fa"
minimap2 -t 20 $GENOME $READS > ${PRE}_IT0.paf
racon -t 20 $READS ${PRE}_IT0.paf $GENOME > ${PRE}_IT1.fasta
minimap2 -t 20 ${PRE}_IT1.fasta $READS > ${PRE}_IT1.paf
racon -t 20 $READS ${PRE}_IT1.paf ${PRE}_IT1.fasta > ${PRE}_IT2.fasta
minimap2 -t 20 ${PRE}_IT2.fasta $READS > ${PRE}_IT2.paf
racon -t 20 $READS ${PRE}_IT2.paf ${PRE}_IT2.fasta > ${PRE}_IT3.fasta
```

完成后得到 racon 纠完错的基因组文件 DZ12_IT3.fasta，然后用 NextPolish 结合第三代和第二代数据再进行一轮纠错。先建立两个序列输入文件，第三代序列 lgs.fofn 和第二代序列 sgs.fofn，每一行为一个序列文件名，然后设置好 NextPolish 设置文件 run.cfg。

```
job_type = sge
job_prefix = nextPolish
task = best
rewrite = yes
rerun = 3
parallel_jobs = 6
multithread_jobs = 5
genome = ./DZ12_IT3.fa
genome_size = auto
workdir = ./
polish_options = -p {multithread_jobs}
[sgs_option]
sgs_fofn = ./sgs.fofn
sgs_options = -max_depth 100 -bwa
[lgs_option]
lgs_fofn = ./lgs.fofn
lgs_options = -min_read_len 1k -max_depth 100
lgs_minimap2_options = -x map-ont
```

完成后得到的 genome.nextpolish.fasta 即为最后纠完错的基因组文件，最大的染色体大小为 6.76 Mb，最小的染色体大小为 1.85 Mb，线粒体基因组大小为 50 509 bp。

2. 组装优化前后对比

使用 Mummer 软件包中的 dnadiff 工具将纠错前后的序列进行基因组的比对。会直接给出一个统计报告，里面会列出两条序列之间差异的部分。

```
dnadiff ../before.fasta after.fasta
```

从 dnadiff 报告中可以看出，纠错的地方主要是 Indel 类型，纠正了 36 004 个 Indel 和 557 个 SNP，这也说明纠错的重要性，如果这些 Indel 位于编码区，将影响下游的基因预测。

3. 与其他链格孢菌基因组比较

得到组装后的基因组序列之后，接下来可以与其他已报道的相近种基因组进行比较，分析它们之间在染色体结构上有什么差别。从 NCBI 的 Genome 数据库中查询得知链格孢菌还有其他菌株的基因组已经释放，有不同寄主来源的链格孢菌。我们选择来源于柑橘的链格孢菌 Z7 基因组，用 minimap2 对 DZ12 和 Z7 基因组进行全基因组比对，然后用 minidot 做 dotplot（图 6-7）。

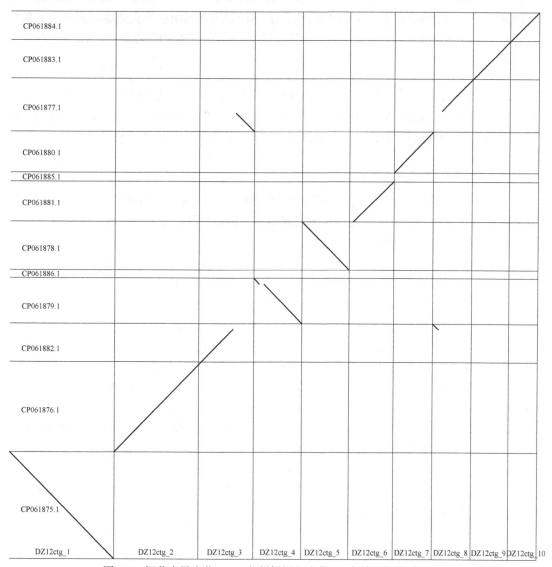

图 6-7　烟草赤星病菌 DZ12 与柑橘褐斑病菌 Z7 全基因组比对 dotplot

```
minimap2 -x asm10 DZ12.fa Z7.fa > DZ12-Z7.paf
minidot DZ12-Z7.paf > DZ12-Z7.eps
```

EPS 文件可用 Illustrator 打开或转换成 PDF 文件。从 dotplot（图 6-7）上可以看出，两个菌株的染色体大部分结构是保守的，但也存在一些结构变异，如 DZ12ctg_3 同时比对到 Z7 的两条染色体 DZ12ctg_3 与 DZ12ctg_8 可能存在染色体移位，DZ12ctg_8 上的一段染色体跳到了 DZ12ctg_3 上。另外，Z7 的两个 CD 染色体 CP01885.1 和 CP01886.1 在 DZ12 上也没有找到同源序列。

4. 基因组质量与完整性评估

基因组组装完成后，需要进一步评估其组装质量。可以根据 N50 指标评价其组装的连续性，但光有连续性还不够，还需要进一步评估组装的正确性。评估基因组组装的正确性可以用已知的基因组序列来检测，将之前通过实验的方法确定的基因组序列（如 BAC 序列或 EST 序列）比对到组装的基因组序列，分析基因组组装质量。组装的完整性可通过 BUSCO 来评估，BUSCO 是 benchmarking universal single-copy ortholog（通用单拷贝同源基因基准）的缩写，是基于基因进化（有参比对）评估基因组组装和注释完整性的开源软件。

```
busco -i DZ12.fa --auto-lineage-euk -c 23 -o DZ_busco -m genome
```

BUSCO 会根据物种基因组序列自动选择合适的物种类群，如烟草赤星病菌系统会自动选择格孢菌目（Pleosporales）类群作为评估类群，目前格孢菌目类群中含有 6641 个单拷贝同源基因。评估结果表明，DZ12 基因组完整性为 95.3%，说明其完整性和准确性较好。

（三）基因组注释

得到基因组序列之后，需要进行基因组注释，也就是要将基因组中的各功能元件找出来，最重要的是将基因组中的蛋白质编码基因预测出来，还包括其他非编码基因如核糖体 RNA、tRNA 和 sRNA 等基因的预测。

真核生物基因组注释相对原核生物来说难度要大，主要原因是真核生物基因大多数含有内含子。另外，真核生物基因组大都含有较多的重复序列。基因预测通常可分为两大类：一类是同源基因预测，根据相近物种的蛋白质或 mRNA 序列进行基因结构预测；另一类是从头预测方法，大多数采用隐马尔可夫模型（HMM）来预测内含子的剪切位点，常用的方法包括 augustus、genemark、snap 和 glimmerHMM 等。真核生物基因组注释最为关键，其中最关键的是训练这些从头预测基因软件，得到合适的参数文件。真核生物基因预测通常采用组合的策略，按照一定的组合规则，将多种预测结果综合起来最后得到基因预测结果。常用的基因组合软件有 maker2、glean 和 EVM 等。针对真菌基因组注释，推荐使用注释流程 Funannotate。Funannotate 具有多种功能，灵活性较好，可以进行重复序列屏蔽（repeat mask）。如果有转录组数据，它会根据转录组数据来训练包括 augustus、snap 和 glimmerHMM 等从头预测软件，如果没有转录组数据，Funannotate 会根据 OrthoDB 中的同源基因来训练参数。另外，genemark 可以采取自训练模式（genemark-ES），EST 和转录组数据用 PASA 进行组装和基因结构预测，同源蛋白质先用 diamond 将蛋白质序列比对到基因组上，然后用 exonerate 进行基因结构预测，最后将这些结果用 EVM 进行组合，得到最终的基因注释文件。下面用 Funannotate 进行烟草赤星病菌 DZ12 基因组注释工作。

Funannotate 因为要用到一系列的第三方软件，安装部署较为复杂，推荐使用 conda 来自动安装。

```
conda create -n funannotate "python>=3.6,<3.9" funannotate
```

conda 会将大多数软件自动安装好，由于 genemark 安装、运行需要取得作者的许可和钥匙文件，genemark 软件请读者自行到官网 http://opal.biology.gatech.edu/GeneMark/注册下载 GeneMark-ES 并得到 key 文件，按要求设置好环境变量及 key 文件。另外，要使用 RepeatMasker 进行重复序列屏蔽的话，还需要取得 Repbase 数据文件，请参照 RepeatMasker 说明进行，这里不作进一步说明。

通过 conda 安装好 Funannotate 后，先激活 Funannotate 环境。

```
conda activate funannotate
```

然后设置数据库位置环境变量和下载数据库。

```
funannotate setup -d $HOME/funannotate_db
 echo "export FUNANNOTATE_DB=$HOME/funannotate_db"> /conda/installation/path/envs/
funannotate/etc/conda/activate.d/funannotate.sh
 echo "unset FUNANNOTATE_DB"> /conda/installation/path/envs/funannotate/etc/conda/
deactivate.d/funannotate.sh
```

安装和设置好 Funannotate 之后，在进行基因组注释前，建议测试下运行是否正常。

```
funannotate test -t all --cpus 4
```

当测试结果正常后，进行下面的基因组注释步骤。

首先是进行重复序列屏蔽。

```
funannotate mask -i DZ12.fasta \
    -o DZ12.mask.fasta \
    -m repeatmasker \
    -s fungi \
    --cpus 20
```

屏蔽后重复序列的基因组序列文件为 DZ12.mask.fasta，注释为重复序列的地方会变为小写字母，非重复序列区域为大写字母。重复序列注释完成后便可进行基因预测了。

```
funannotate predict -i DZ12.mask.fasta \
    -o DZ12_fun \
    --isolate DZ12 \
    --name DZ12_ \
    -s "Alternaria alternata" \
    --transcript_evidence est.fa \
    --protein_evidence uniprot_sprot.fasta \
    --cpus 20
```

基因预测完成后结果文件存放在 predict_results 子目录中，中间结果存放在 predict_misc 子目录中。结果文件包括 GBK、GFF3、蛋白质序列和 CDS 序列等。注释结果表明，烟草赤星病菌共预测得到 11 556 个蛋白质编码基因，135 个 tRNA 基因。然后进行基因功能注释，

Funannotate 中功能注释包括 Interproscan、Pfam、EggNOG、SwissProt、信号肽和次生代谢产物合成基因簇预测等。

```
funannotate iprscan -i DZ12_fun
-m local \
--iprscan_path /data/db/ipr/current/interproscan.sh \
-c 20
funannotate remote -i DZ12_fun -m all -e wyunsheng@gmail.com
funannotate annotate -i DZ12_fun -cpus 20
```

注释完成后结果存放在 funannotate_results 子目录中，结果显示，10 898 个基因注释到 EggNOG，8978 个基因注释有 Interproscan 信息，6347 个基因具有 GO 注释信息，7841 个基因注释到 Pfam，1184 个蛋白质含有信号肽，573 个碳水化合物水解酶（CAZymes）编码基因。

组装和注释后的基因组是后续比较基因组分析的基础，基因组组装和注释的质量非常关键，特别是基因组注释，通常还需要经过大量的人工检查和校正工作。

二、转录组测序及分析

转录组（transcriptome）广义上指某一生理条件下细胞内所有转录产物的集合，包括 mRNA、rRNA、tRNA 及非编码 RNA；狭义上指所有 mRNA 的集合，市场上说的转录组测序通常是指所有 mRNA 测序。转录组数据分析按有无参考基因组分为两大类：有参和无参。有参考基因组时一般按有参模式进行分析；没有参考基因组时便按照无参模式进行分析。有人将有参按是否需要分析新转录本又分为两类：一类是需要分析新的转录本；另一类是不需要分析新的转录本。通常情况下，如果有足够好的参考基因组，则选择有参模式；如果没有好的参考基因组，或者测序的物种或品种（品系）与参考基因组存在较大差异，或关注的基因可能在参考基因组中没有，这种情况下则选择无参模式。如果参考基因组注释质量比较高，如人类、果蝇等模式生物，样本数量较多，则可以选择有参，不需要分析新转录本模式，这种模式速度快、易整合。而大多数情况是有参考基因组，但参考基因组注释质量不太高，需要分析新的转录本。下面我们主要以有参模式为例进行实例操作。

（一）试验设计和输入数据

水稻地方品种'魔王谷'是一个高抗稻瘟病品种，但其抗稻瘟病的 R 基因还没有找到。前期研究结果表明该 R 基因位于 11 号染色体一个大小为 130 kb 左右的区域，我们对'魔王谷'品种全基因组进行了测序，得到了'魔王谷'高质量的参考基因组。为明确'魔王谷'接种稻瘟菌前后基因表达有什么差异，我们设计了 RNA-seq 试验，分别取接种稻瘟病菌前（0 d）和接种后（1 d）水稻叶片总 RNA 进行 RNA-seq 测序，每个处理 3 次生物学重复，编号分别为 D0-1、D0-2、D0-3、D1-1、D1-2 和 D1-3。数据如下。

参考基因组: genome.fa。

基因组注释文件: gene.gff。

RNA-seq 测序原始序列文件，每个样本 2 个文件：

D0-1_R1.fq.gz, D0-1_R2.fq.gz,

D0-2_R1.fq.gz, D0-2_R2.fq.gz,
D0-3_R1.fq.gz, D0-3_R2.fq.gz,
D1-1_R1.fq.gz, D1-1_R2.fq.gz,
D1-2_R1.fq.gz, D1-2_R2.fq.gz,
D1-3_R1.fq.gz, D1-3_R2.fq.gz。

（二）数据分析

首先对原始测序 read 进行质控，RNA-seq 序列质控与基因组类似，可用 fastqc 进行分析，形成质控报告，检查是否存在明显的质量问题，然后用 fastp 进行去接头和过滤低质量数据。通常生物公司交付的原始序列已经做了质控。

经过质控后得到的 clean read 用 hisat2 或 STAR 比对到参考基因组，下面以 hisat2 进行讲解。首先，需对参考基因组建索引。

```
hisat2-build genome.fa genome
```

建完索引后，会生成一系列以 genome 为前缀的索引文件。

接下来便可以用 hisat2 进行比对，为节省服务器的 I/O 操作，不保存中间结果。下面通过管道的方式直接对 hisat2 比对的结果进行排序（sort），保存为 BAM 文件。

```
hisat2 -x genome -1 D0-1_R1.fq.gz -2 D0-1_R2.fq.gz | samtools view -b - |
samtools sort -o D0-1.sort.bam -
  hisat2 -x genome -1 D0-2_R1.fq.gz -2 D0-2_R2.fq.gz | samtools view -b - |
samtools sort -o D0-2.sort.bam -
  hisat2 -x genome -1 D0-3_R1.fq.gz -2 D0-3_R2.fq.gz | samtools view -b - |
samtools sort -o D0-3.sort.bam -
  hisat2 -x genome -1 D1-1_R1.fq.gz -2 D1-1_R2.fq.gz | samtools view -b - |
samtools sort -o D1-1.sort.bam -
  hisat2 -x genome -1 D1-2_R1.fq.gz -2 D1-2_R2.fq.gz | samtools view -b - |
samtools sort -o D1-2.sort.bam -
  hisat2 -x genome -1 D1-3_R1.fq.gz -2 D1-3_R2.fq.gz | samtools view -b - |
samtools sort -o D1-3.sort.bam -
```

接下来用 stringtie 对每个样本进行转录本组装，然后再合并到一起。

```
stringtie -G gene.gff -o D0-1.gtf -l D0-1 D0-1.sort.bam
stringtie -G gene.gff -o D0-2.gtf -l D0-2 D0-2.sort.bam
stringtie -G gene.gff -o D0-3.gtf -l D0-3 D0-3.sort.bam
stringtie -G gene.gff -o D1-1.gtf -l D1-1 D1-1.sort.bam
stringtie -G gene.gff -o D1-2.gtf -l D1-2 D1-2.sort.bam
stringtie -G gene.gff -o D1-3.gtf -l D1-3 D1-3.sort.bam
ls *.gtf > mergelist.txt
stringtie --merge -G gene.gff -o stringtie_merge.gtf mergelist.txt
```

合并后的结果保存在 stringtie_merge.gtf 文件中，里面包含了参考基因原来的基因注释信息，同时也包含了 stringtie 新组装的在原来基因组注释中没有注释出基因的新转录本信息。下面以合并后的 stringtie_merge.gtf 文件作为参考基因组注释文件，用 TPMCalculator 计算每个基因对应的 read 数、RPKM 和 TPM 等信息。每一个 BAM 文件对应 3 个结果文件，分别以.ent、.out 和.unt 为后缀名，其中主要结果文件为.out 文件，包含了后面需要的 read 数和 TPM 等信息。

```
TPMCalculator -g stringtie_merge.gtf -d ../bam/ -a
```

接下来需要将每个样本的 read 数提取出来，组成一个 read 数矩阵（counts matrix），每一行为一个基因，每一列为一个样本。然后将第一行的标题行修改为样本名。

```
paste <（cut -f 1,6 D0-1.sort_genes.out） \
<（cut -f 6 D0-2.sort_genes.out） \
<（cut -f 6 D0-3.sort_genes.out） \
<（cut -f 6 D1-1.sort_genes.out） \
<（cut -f 6 D1-2.sort_genes.out） \
<（cut -f 6 D1-3.sort_genes.out） > counts.tsv
sed -i '1c\GeneID\tD0-1\tD0-2\tD0-3\tD1-1\tD1-2\tD1-3' counts.tsv
```

如果要得到类似的 TPM 矩阵，可用下面的命令。

```
paste <（cut -f 1,7 D0-1.sort_genes.out） \
<（cut -f 7 D0-2.sort_genes.out） \
<（cut -f 7 D0-3.sort_genes.out） \
<（cut -f 7 D1-1.sort_genes.out） \
<（cut -f 7 D1-2.sort_genes.out） \
<（cut -f 7 D1-3.sort_genes.out） >TPM.tsv
sed -i '1c\GeneID\tD0-1\tD0-2\tD0-3\tD1-1\tD1-2\tD1-3' TPM.tsv
```

得到 counts 矩阵后便可以进行差异表达基因分析（DE），RNA-seq DE 分析常用的分析软件有 DESeq2 和 EdgeR 等，下面以 DESeq2 为例进行分析。

```
require（tidyverse）
require（DESeq2）
cts <- read_tsv（"counts.tsv"） %>% as.data.frame（）
rownames（cts） <- cts$GeneID
cts <- cts[,-1]
colData <- data.frame（SampleID=c（"D0-1", "D0-2", "D0-3",
            "D1-1","D1-2","D1-3"）,
            Group=factor（c（rep（"D0",3）,
            rep（"D1",3））））
dds <- DESeqDataSetFromMatrix（countData = cts,
                  colData = colData,
                  design = ~ Group）
dds <- DESeq（dds）
res <- results（dds, contrast=c（"Group","D0","D1"））
write.csv（res[order（res$pvalue）,],"results.csv"）
```

　　DE 分析的主要结果保存在 results.csv 文件中，在此基础上，还可以对 DE 基因进行 GO 和通路富集分析。

第四节　高通量测序在植物病毒检测中的应用与实例分析

　　病毒是一种个体微小、结构简单且没有细胞结构的特殊生物，只能在活细胞内寄生并依赖宿主细胞实现增殖。传统的病毒检测方法主要有生物学测定法、电子显微镜观察法、以酶联免疫吸附反应为代表的血清学检测法和基于核酸分析的 PCR 检测法等。生物学测定法及电子显微镜观察法是最为经典的病毒检测技术，可用于病毒的初步检测。利用生物学测定法检测植物病毒时，主要依据病毒在指示植物上产生的症状进行诊断，诊断存在主观性；利用电子显微镜观察法可以直观地观察到病毒粒子的存在，但是要求病毒在寄主中具有较高的浓度，而且无法进行种的区分。在过去的几十年中，血清学方法及 PCR 技术为病毒诊断带来了突破性的研究成果，鉴定了大量病毒。然而，上述传统方法的应用均需对病毒的生物学特性、血清学特性、基因组结构和核酸序列等有预先了解，是针对某种或者某类病毒的特异性检测。在针对未知病毒开展的非特异性检测时，以上方法则缺乏优势，检测时间周期长，极大地限制了对病毒病害的了解。第二代测序技术克服了以上传统检测方法的缺点，其所具有的非序列依赖性及高灵敏性，为病毒诊断带来了重大的革新。

　　利用 NGS 技术检测病毒和发掘病毒资源的实验流程主要包括：样品制备、文库构建及数据分析流程等方面。

一、样品制备

　　样品的制备是 NGS 的关键步骤，它将直接影响文库的构建进而影响测序的深度。与寄主基因组相比，病毒基因组的含量相对较低。所以，除利用总 DNA 或总 RNA 制备文库外，多种有利于提高病毒基因组核酸含量的样品制备方法被应用于病毒检测的实例中，如测序核酸采用去核糖体 RNA 的总 RNA（rRNA depleted total RNA）、双链 RNA（dsRNA）、病毒粒子相关的核酸（virion associated nucleic acid，VANA）、多聚腺苷酸化的 RNA [poly（A）RNA] 及与健康植物抑制消减杂交后的 RNA 等。

二、文库构建

　　病毒依据其遗传物质组成可分为 DNA 病毒和 RNA 病毒，植物病毒大部分属 RNA 病毒，但也存在少量的 DNA 病毒。在试验过程中应当根据病毒核酸的性质及其在侵染过程中的特点，选择不同的核酸样品进行文库制备。

1. 双链 RNA（dsRNA）

　　dsRNA 是 RNA 病毒在侵染循环过程中所产生的特有的形态，因此，利用 dsRNA 作为测序核酸可以高效地获得病毒的特异序列，提高测序的深度。利用 dsRNA 是目前检测真菌病毒的最主要方法，利用此方法可以有效地检测 RNA 病毒，却不能有效地检测 DNA 病毒。另外，双链 RNA 的提取花费时间较长，操作复杂。

2. 利用富集 poly（A）RNA 的方法制备样本

可以用于检测 DNA 和 RNA 病毒，但是不能检测没有 poly（A）结构的病毒。

3. 总 RNA 测序

适用于多种类型的病毒基因组，能够检测 DNA 病毒和 RNA 病毒，并且样品制备相对简单，可被大部分的检测实验室使用。由于细胞总 RNA 中大部分 RNA 为 rRNA 和 tRNA，因此总 RNA 测序在检测较低浓度的病毒时存在很大的不足。去除总 RNA 中含量丰富的 rRNA，增加病毒 RNA 的相对含量可部分克服以上缺点。研究表明，已去除 rRNA 的总 RNA 构建文库能够使病毒 RNA 的相对含量提高 10 倍以上。但 rRNA 去除效率严重依赖于 rRNA 消化试剂盒，大幅增加了检测成本。

4. 小 RNA 测序

自 2009 年，唐纳（Donaire）和克鲁泽（Kreuze）等证明可以利用病毒来源的 sRNA 进行病毒基因组的组装以鉴定植物中的已知和未知病毒后，这一方法被广泛应用于未知病毒的鉴定。依据的原理是病毒的侵染会诱导寄主的 RNA 沉默机制发挥作用，产生病毒来源的 sRNA。通过对寄主中 sRNA 的测序及分析可以鉴定寄主中的病毒种类。该种方法样品制备和文库构建简单，与传统真核生物小 RNA 组测序相似，检测成本较低。sRNA 测序应用范围广，可以检测不同类型的 DNA 及 RNA 病毒，近年来得到了广泛应用。

下面以 sRNA 测序为例，讲述其数据分析的一般流程。

三、数据分析流程

数据分析是利用 NGS 检测病毒的关键和难点，其数据分析过程大致可分为四步：第一步，原始数据处理，运用 fastp、trimmomatic 等软件去掉两端的接头、过滤低质量数据等，获得 clean read；第二步，去掉寄主基因组序列（可选），若已知寄主的基因组数据库，可利用 bwa 和 bowtie 等软件将获得的 clean read 与参考基因组比对，将能比对到寄主基因组的 read 过滤掉，筛选出不能比对到参照基因组的序列做进一步分析；第三步，将筛选的序列利用 velvet 和 spades 等软件进行从头拼接，得到重叠群（Contig）；第四步，将获得的长片段 Contig 与 NT/NR 序列库进行 BLAST 比对，揭示病毒的种类。

下面以文献报道的实际测序数据为例进行数据分析，原始数据 SRR 编号为 SRR3680863，为葡萄叶片小 RNA 测序数据，测序长度为 22 bp。

（一）数据下载

```
fasterq-dump SRR3680863
```

将从 NCBI 的 SRA 序列库下载原始序列，下载的序列保存为 SRR3680863.fastq.gz，检查序列是否下载完成。

（二）原始序列处理

利用 fastp 对原始序列进行质控和前处理，fastp 默认设置会进行去接头序列、Q20 质控、过滤低质量序列，fastp 处理完后会得到 clean read，另外，还会形成一个报告文件 fastp.html，用网页浏览器打开查看处理统计结果。

```
fastp -i SRR3680863.fastq.gz -o SRR3680863_clean.fastq.gz
```

（三）去除寄主序列

首先将 clean read 用 bowtie2 比对到葡萄参考基因组上，然后用 samtools 将未比对上的 read 提取出来进行后续分析。葡萄基因组序列可通过 datasets 从 Genebank 下载（GCF_000003745.3），经解压缩后将染色体序列合并建索引。过滤后的 read 保存为 unmap_reads.fa，过滤后的 read 数为 782 1031，总碱基数为 172 Mb，用于后续组装及分析。

```
datasets download genome accession GCF_000003745.3 --exclude-gff3 --exclude-rna
unzip ncbi_dataset.zip
cat ncbi_dataset/data/GCF_000003745.3/*.fna > vitis.fa
bowtie2-build vitis.fa vitis.fa
bowtie2 -x vitis.fa SRR3680863_clean.fastq.gz |\
samtools view -f 4 - |\
samtools fasta - > unmap_reads.fa
```

（四）组装

将寄主植物的序列过滤后的序列数据用 velvet 进行组装，由于小 RNA 测序 read 长度本身较短，因此 K 值一般选取 17 或 19，不同 K 值选取会影响组装的 Contig 的连续性，但这里对于后续分析鉴定病毒种类影响并不大，故 K 选取 19。

```
velveth asm19 19 unmap_reads.fa
velvetg asm19
```

组装的 Contig 存放在 asm19 目录中的 contigs.fa 文件中，检查组装结果。组装结果显示，Contig 数为 452，总碱基数为 32.8 kb，最长的 Contig 为 288 bp。

（五）病毒序列注释

对组装的 Contig 与 NT 核酸序列库进行 blastn 比对，取匹配最好的序列物种作为其物种分类注释信息。经 blastn 比对，一共有 316 条 Contig 比对上 NT 序列库序列。大部分序列为病毒序列，其中 Grapevine rupestris stem pitting-associated virus 序列 52 条、Grapevine fleck virus 序列 77 条、Grapevine virus B 序列 45 条、Grapevine leafroll-associated virus 序列 50 条，说明这些病毒序列存在于小 RNA 测序数据中。可以将这些病毒序列取出设计引物，用于下游分子的检测。

```
blastn -db nt -query contigs.fa -evalue 1e-5 -out blast.out
```

小 RNA 组测序由于选取的目标片段为小片段 RNA，因此大部分病毒 RNA 并没有被测到。但由于小 RNA 组测序成本低且建库技术简单，早期在植物病毒检测中应用较广。近年来，由于测序成本的进一步降低，RNA-seq 也逐渐应用到植物病毒检测中来。因 RNA-seq 测序 read 长度较长，可以包含更多的信息。RNA-seq 检测植物病毒数据分析与小 RNA 分析流程类似，一般可分为质控、过滤、组装和鉴定四步。利用 RNA-seq 测序数据，可以组装出多个病毒基因组，这可为病毒的鉴定和分型提供更多的信息。

主要参考文献

安钢力. 2018. 实时荧光定量 PCR 技术的原理及其应用[J]. 中国现代教育装备，21:19-21.

曹宜，刘波，林营志，等. 2004. 枯萎尖孢镰刀菌的 RAPD-PCR 多态性分析[J]. 厦门大学学报，43:74-79.

陈福生，高志贤，王建华. 2004. 食品安全检测与现代生物技术[M]. 北京: 化学工业出版社.

陈学进，郭卫丽，姜立娜，等. 2018. 南瓜 DNA 提取方法比较分析[J]. 中国瓜菜，31(1):17-19.

陈玉宝，刘世明，由士江，等. 2021. 柞栎象布氏白僵菌优良菌株筛选[J]. 北华大学学报（自然科学版），
        22(4):449-455.

陈越渠，刘庆珍，王晓霞，等. 2021. 果梢斑螟高毒力白僵菌菌株的筛选[J]. 吉林林业科技，50(2):14-17.

成新跃，周红章，张广学. 2000. 分子生物学技术在昆虫系统学研究中的应用[J]. 动物分类学报，25(2):121-133.

丁俊杰，王政杰. 2018. 全球除草剂市场的发展[J]. 种业导刊，3: 20-21.

房彦军. 2005. 芯片实验室技术及其研究进展[J]. 国外医学临床生物化学与检验学分册，26(2):117-119.

郭东升，翟颖妍，任广伟，等. 2019. 白僵菌属分类研究进展[J]. 西北农业学报，28(4):497-509.

郭忠建，田婷，董现云，等. 2018. 核型多角体病毒多角体作为微晶的研究进展[J]. 蚕业科学，44(6):952-957.

黄丽，苏华楠，唐科志，等. 2012. 柑橘黄龙病 LAMP 快速检测方法的建立及应用[J]. 果树学报，6:30.

纪冬，辛绍杰. 2009. 实时荧光定量 PCR 的发展和数据分析[J]. 生物技术通讯，20(4):598-600.

金鑫，张艳惠，唐萌，等. 2016. 柑橘病毒类病害诊断技术研究进展[J]. 园艺学报，43(9):1675-1687.

来有鹏，张登峰. 2011. 白僵菌和绿僵菌在农业害虫防治中的应用研究进展[J]. 青海农林科技，1:40-42.

李海涛，王金信，杨合同，等. 2005. 微生物除草剂的研究现状和应用前景[J]. 山东科学，18(1):30-34.

李健，李美，高兴祥，等. 2016. 微生物除草剂研究进展与展望[J]. 山东农业科学，48(10):149-151，156.

李敏，傅桂平，任晓东，等. 2017. 苏云金芽孢杆菌鉴定与分类方法评述[J]. 农药，56(7): 469-473，483.

梁子英，刘芳. 2020. 实时荧光定量 PCR 技术及其应用研究进展[J]. 现代农业科技，6: 1-3，8.

卢胜栋. 1999. 现代分子生物学实验技术（第二版）[M]. 北京：中国协和医科大学出版社.

陆兆新. 2008. 微生物学[M]. 北京：科学出版社.

马琪琪，钟肖，冯佩，等. 2020. 苏云金芽孢杆菌筛选及其对蚊科幼虫的杀虫活性[J]. 湖南农业科学，2:49-52.

农向群，张英财，王以燕. 2015. 国内外杀虫绿僵菌制剂的登记现状与剂型技术进展[J]. 植物保护学报，
        42(5):702-714.

全宇，刘永翔，刘作易. 2011. 绿僵菌属分类的研究进展[J]. 贵州农业科学，39(10):113-117，121.

师丙波，黄玉，何晓琳，等. 2017. 利用荧光定量 PCR 法检测转基因绒山羊外源基因整合拷贝数[J]. 中国兽医
        学报，37(8):1605-1612.

孙克. 2013. 全球十大除草剂的市场与展望[J]. 农药，52(7):317-322.

覃茂峰. 2018. 实时荧光定量 PCR 技术在粮油转基因成分检测中的应用研究[J]. 食品界，8:86.

王定锋，李良德，李慧玲，等. 2021. 一株对茶丽纹象甲高毒力白僵菌菌株的筛选、鉴定与培养研究[J]. 茶叶科学，41(1):101-112.

吴杭. 2012 .井冈霉素高产的比较功能基因组研究[D]. 上海：上海交通大学博士学位论文.

吴文君，高希武. 2004.生物农药及其应用[M]. 北京：化学工业出版社.

吴新华，王良华，季健清，等. 1998. 应用聚合酶链反应技术鉴定印度腥黑穗病菌[J]. 植物检疫，12 (3):129-131.

徐莉，李冬植，陈锡岭，等. 2020. 斜纹夜蛾核型多角体病毒的鉴定及室内消除[J]. 河南科技学院学报(自然科学版)，48(2):22-27.

易图永，谢丙炎，张宝玺，等. 2003. 几个抗疫病性不同的辣椒材料抗病基因同源序列的分离与比较[J]. 园艺学报，30(5):6.

袁凤华. 1997. 马铃薯抗菌蛋白分离、纯化、理化特性及免疫金定位[D]. 北京：中国农业科学院博士学位论文.

张红梅，陈玉湘，徐士超，等. 2021. 生物源除草活性物质开发及应用研究进展[J]. 农药学学报，23(6):15.

张建萍，段桂芳，杨爽，等. 2016. 微生物除草剂禾长蠕孢菌孢子助剂筛选[J]. 浙江农业学报，28(1):90-95.

张静. 2013. 我国除草剂的登记现状及其发展趋势分析[D]. 保定：河北农业大学硕士学位论文.

张路路，朱朝华，郭刚. 2014. 苏云金芽孢杆菌 A322 菌株发酵培养基和发酵条件的优化[J]. 热带生物学报，5(3):253-259.

张文飞，全嘉新，谢柳. 2009. 海南岛热带雨林区芽孢杆菌收集及 *Bt* 菌鉴定[J]. 基因组学与应用生物学，28(2):265-274.

仇欢，王开运. 2010. 微生物除草剂研究进展[J]. 杂草科学，2:1-8.

周灼标，郑雷青，管维，等. 2006. 用二重 PCR 技术检测李痘病毒和李坏死环斑病毒[J]. 植物保护，32(4):107-109.

朱青. 2019. 核型多角体病毒杀虫剂专利技术综述[J]. 山西农经，20:86-87.

Abel P P, Nelson R S, De B, et al. 1986. Delay of disease development in transgenic plants that express the tobacco mosaic virus coat protein gene[J]. Science, 232(4751): 738-743.

Ahmad S, Wei X J, Sheng Z H, et al. 2020. CRISPR/Cas9 for development of disease resistance in plants: recent progress, limitations and future prospects[J]. Brief Funct Genomics, 19: 26-39.

Ajene I J, Khamis F, Mohammed S, et al. 2019. First report of field population of *Trioza erytreae* carrying the Huanglongbing-Associated Pathogen 'Candidatus Liberibacter asiaticus' in Ethiopia[J]. Plant Disease, 19:238.

Baidoo R, Yan G. 2021. Developing a real-time PCR assay for direct identification and quantification of soybean cyst nematode, *Heterodera glycines*, in soil and its discrimination from sugar beet cyst nematode, *Heterodera schachtii*[J]. Plant Disease, 21:129.

Bisht D S, Bhatia V, Bhattacharya R. 2019. Improving plant-resistance to insect-pests and pathogens: the new opportunities through targeted genome editing[J]. Semin Cell Dev Biol, 96: 65-76.

Diener T O. 1971. Potato spindle tuber "virus". Ⅳ. A replicating, low molecular weight RNA[J]. Virology, 45(2):411-428.

Duan Y B, Ge C Y, Zhang X K, et al. 2014. Development and evaluation of a novel and rapid detection assay for *Botrytis cinerea* based on loop-mediated isothermal amplification[J]. PLoS One, 9(10): e111094.

Duan Y B, Yang Y, Wang J X, et al. 2015. Development and application of loop-mediated isothermal amplification for detecting the highly benzimidazole-resistant isolates in *Sclerotinia sclerotiorum* [J]. Scientific Reports, 5:17278.

Duan Y B, Yang Y, Wang J X, et al. 2018. Simultaneous detection of multiple benzimidazole- resistant β-tubulin variants of *Botrytis cinerea* using loop-mediated isothermal amplification[J]. Plant Disease, 102(10): 2016-2024.

Fan X D, Zhang Z P, Ren F, et al. 2017. Occurrence and genetic diversity of Grapevine berry inner necrosis virus from grapevines in China[J]. Plant Disease，101(1):144-149.

Fedtke C, Duke S O. 2005. Herbicide. In: Berthold H. Plant Toxicology [M]. 4th ed. New York: Marcel Dekker Press.

Feng J, Jiang J, Liu Y, et al. 2016. Significance of oxygen carriers and role of liquid paraffin in improving validamycin a production[J]. Journal of Industrial Microbiology & Biotechnology, 43(10): 1365-1372.

Flor H H. 1941. Inheritance of rust reaction in a cross between the flax varieties[J]. Journal of Agricultural Research, 63: 369.

Fukuta S, Ohishi K, Yoshida K, et al. 2004. Development of immunocapture reverse transcription loop-mediated isothermal amplification for the detection of tomato spotted wilt virus from chrysanthemum[J]. Journal of Virological Methods, 121(1): 49-55.

Gao Y Q, Li L L, Chen H, et al. 2015. High value-added application of rosin as a potential renewable source for the synthesis of acrylopimaric acid based botanical herbicides[J]. Ind Crops Prod, 78:131-140.

Hamilton R I. 1980. Defenses triggered by previous invaders: viruses[J]. Plant Disease: An advanced Treatise, 5: 279-303.

Hao X, Wang L, Zhang X, et al. 2021. A real-time loop-mediated isothermal amplification for detection of the wheat dwarf virus in wheat and the insect vector *Psammotettix alienus*[J]. Plant Disease, 10(20):2279.

Jiang J, Sun Y F, Tang X, et al. 2018. Alkaline pH shock enhanced production of validamycin A in fermentation of *Streptomyces hygroscopicus*[J]. Bioresource Technology, 249:234-240.

Johal G S, Briggs S P. 1992. Reductase activity encoded by the HM1 disease resistance gene in maize[J]. Science, 258(5084): 985-987.

Kuang Y J, Li S F, Ren B, et al. 2020. Base-editing-mediated artificial evolution of OsALS1 in planta to develop novel herbicide-tolerant rice germplasms[J]. Mol Plant, 13: 565-572.

Kumagai L B, LeVesque C S, Blomquist C L, et al. 2013. First report of *Candidatus* Liberibacter asiaticus associated with citrus Huanglongbing in California[J]. Plant Disease, 97(2): 283.

Liao Y, Wei Z H, Bai L, et al. 2009. Effect of fermentation temperature on validamycin A production by *Streptomyces hygroscopicus* 5008[J]. Journal of Biotechnology, 142(3/4):271-274.

Lievens B, Brouwer M, Vanachter A C R C, et al. 2003. Design and development of a DNA array for rapid detection and identification of multiple tomato vascular wilt pathogens[J]. FEMS Microbiology Letters, 223(1):113-122.

Lu X, Shang J, Niu L, et al. 2021. First report of verticillium wilt of watermelon caused by *Verticillium dahliae* in China[J]. Plant Disease, 105:2723.

Martin G B, Brommonschenkel S H, Chunwongse J, et al. 1993. Map-based cloning of a protein kinase gene conferring disease resistance in tomato[J]. Science, 262(5138): 1432-1436.

McDonald J G, Wong E, White G P. 2000. Differentiation of tilletia species by rep-PCR genomic fingerprinting[J]. Plant Disease, 84(10):1121.

McKinney H H. 1929. Mosaic diseases in the Canary Islands, West Africa and Gibraltar[J]. Journal of Agricultural Research, 39: 577-578.

Powles S B, Yu Q. 2010. Evolution in action: plants resistant to herbicide[J]. Annual Review of Plant Biology, 61:317-347.

Puthoff D P, Ehrenfried M L, Vinyard B T, et al. 2007. GeneChip profiling of transcriptional responses to soybean cyst nematode, *Heterodera glycines*, colonization of soybean roots[J]. Journal of experimental botany, 58:3407-3418.

Qu S, Kang Q, Wu H, et al. 2015. Positive and negative regulation of GlnR in validamycin A biosynthesis by binding to different loci in promoter region[J]. Applied Microbiology and Biotechnology, 99(11): 4771-4783.

Schaad N W, Frederick R D, Shaw J, et al. 2003. Advances in molecular-based diagnostics in meeting crop biosecurity and phytosanitary issues[J]. Annual Review of Phytopathology, 41: 305-324.

Schlumbaum A, Mauch F, Vögeli U, et al. 1986. Plant chitinases are potent inhibitors of fungal growth[J]. Nature, 324(6095): 365-367.

Serdani M, Wiseman M S, Inderbitzin P, et al. 2017. First report of *Verticillium dahliae* causing dieback of highbush blueberry (*Vaccinium corymbosum*) in Oregon and Washington[J]. Plant Disease, 102:439.

Tan G Y, Bai L, Zhong J J. 2013. Exogenous 1, 4-butyrolactone stimulates A-factor-like cascade and validamycin biosynthesis in *Streptomyces hygroscopicus* 5008[J]. Biotechnology and Bioengineering, 110(11):2984-2993.

Tan G Y, Peng Y, Lu C, et al. 2015. Engineering validamycin production by tandem deletion of γ-butyrolactone receptor genes in *Streptomyces hygroscopicus* 5008[J]. Metabolic Engineering, 28:74-81.

van Loon L C, Gerritsen Y A M, Ritter C E. 1987. Identification, purification, and characterization of pathogenesis-related proteins from virus-infected Samsun NN tobacco leaves[J]. Plant Molecular Biology, 9(6): 593-609.

Varga A, James D. 2006. Use of reverse transcription loop-mediated isothermal amplification for the detection of Plum pox virus[J]. Journal of Virological Methods, 138(1-2):184-190.

Volossiouk T, Robb E J, Nazar R N. 1995. Direct DNA extraction for PCR-mediated assays of soil organisms[J]. Applied and Environmental Microbiology, 61(11):3972-3976.

Wei Z H, Bai L, Deng Z, et al. 2011. Enhanced production of validamycin A by H_2O_2-induced reactive oxygen species in fermentation of *Streptomyces hygroscopicus* 5008[J]. Bioresource Technology, 102(2):1783-1787.

Wei Z H, Bai L, Deng Z, et al. 2012. Impact of nitrogen concentration on validamycin A production and related gene transcription in fermentation of *Streptomyces hygroscopicus* 5008[J]. Bioprocess and Biosystems Engineering, 35(7):1201-1208.

Wei Z H, Wu H, Bai L, et al. 2012. Temperature shift-induced reactive oxygen species enhanced validamycin A production in fermentation of *Streptomyces hygroscopicus* 5008[J]. Bioprocess and Biosystems Engineering, 35(8):1309-1316.

Zhao Y L, Yang X, Zhou G H, et al. 2020. Engineering plant virus resistance: from RNA silencing to genome editing strategies[J]. Plant Biotechnology Journal, 18: 328-336.

Zhou T C, Kim B G, Zhong J J. 2014. Enhanced production of validamycin A in Streptomyces hygroscopicus 5008 by engineering validamycin biosynthetic gene cluster[J]. Applied Microbiology and Biotechnology, 98(18):7911-7922.

Zhou T C, Zhong J J. 2015. Production of validamycin A from hemicellulose hydrolysate by *Streptomyces hygroscopicus* 5008[J]. Bioresource Technology, 175:160-166.

Zhou X, Wu H, Li Z, et al. 2011. Over-expression of UDP-glucose pyrophosphorylase increases validamycin A but decreases validoxylamine A production in *Streptomyces hygroscopicus* var. *jinggangensis* 5008[J]. Metabolic Engineering, 13(6):768-776.

Zou Y, Maso M G, Wang Y, et al. 2017. Nucleic acid purification from plants, animals and microbes in under 30 seconds[J]. PLoS Biology, 16(5): e1002630.